高等职业教育信息技术类项目式系列规划教材
首批国家示范性高等职业教育院校建设成果教材

Web项目开发（.NET）

苏叶健　王凤岭　易著梁　黄　伟　编著

科学出版社
北京

内 容 简 介

本书的教学内容以工作过程为导向，以项目案例“会员销售管理系统”的开发过程为主线，深入浅出地介绍了应用 ASP.NET 技术实施 Web 项目开发的基础知识，内容包括 ASP.NET 运行环境与开发平台的构建，母版页、Web 窗体和服务器控件，ASP.NET 的常用内置对象，ADO.NET 数据访问技术、类、组件以及基于 Web 项目的数据绑定技术，部署 ASP.NET 应用程序等。

本书具有概念清晰、结构严谨、语言简练、图文并茂、实用性强等特点，是一本关于.NET Web 项目开发的实用教材，适合作为高职高专院校计算机类专业网络编程教材，也可供从事数据库和 Web 应用程序设计的开发人员参考。

图书在版编目（CIP）数据

Web 项目开发/苏叶健等编著. —北京：科学出版社，2010
（高等职业教育信息技术类项目式系列规划教材）
ISBN 978-7-03-027644-5

Ⅰ.①W… Ⅱ.①苏… Ⅲ. ①主页制作-程序设计-高等学校：技术学校-教材 Ⅳ.①TP393.092

中国版本图书馆 CIP 数据核字（2010）第 091537 号

责任编辑：陈晓萍／责任校对：耿 耘
责任印制：吕春珉／封面设计：耕者设计工作室

科学出版社 出版
北京东黄城根北街 16 号
邮政编码：100717
http://www.sciencep.com

铭浩彩色印装有限公司 印刷
科学出版社发行 各地新华书店经销
*
2010 年 8 月第 一 版 开本：787×1092 1/16
2010 年 8 月第一次印刷 印张：13 1/2
印数：1—3 000 字数：326 000

定价：24.00 元
（如有印装质量问题，我社负责调换〈路通〉）
销售部电话 010-62134988 编辑部电话 010-62135120-8220

序

职业教育作为一种教育类型，其课程也必须有自己的类型特征。从教育学的观点来看，当且仅当课程内容的选择以及所选内容的序化都符合职业教育的特色和要求之时，职业教育的课程改革才能成功。这里，改革的成功与否有两个决定性的因素：一个是课程内容的选择，一个是课程内容的序化。这也是职业教育教材编写的基础。

首先，课程内容的选择涉及的是课程内容选择的标准问题。

一般来说，课程内容涉及两大类知识：一类是涉及事实、概念以及规律、原理方面的“陈述性知识”，一类是涉及经验以及策略方面的“过程性知识”。“事实与概念”解答的是“是什么”的问题，“规律与原理”回答的是“为什么”的问题；而“经验”指的是“怎么做”的问题，“策略”强调的则是“怎样做更好”的问题。

由专业学科构成的以结构逻辑为中心的学科体系，侧重于传授实际存在的显性知识即理论性知识，主要解决“是什么”（事实、概念等）和“为什么”（规律、原理等）的问题，这是培养科学型人才的一条主要途径。

由实践情境构成的以过程逻辑为中心的行动体系，强调的是获取自我建构的隐性知识即过程性知识，主要解决“怎么做”（经验）和“怎样做更好”（策略）的问题，这是培养职业型人才的一条主要途径。

个体所具有的智力类型大致分为两大类：一是抽象思维，一是形象思维。职业教育的教育对象，依据多元智能理论分析，其逻辑数理方面的能力相对较差，而空间视觉、身体动觉以及音乐节奏等方面的能力则较强。职业教育的教育对象多数是具有形象思维特点的个体。

因此，职业教育课程内容选择的标准应该以职业实际应用的经验和策略的习得为主，以适度、够用的概念和原理的理解为辅，即以过程性知识为主、陈述性知识为辅。

其次，课程内容的序化涉及的是课程内容序化的标准问题。

知识只有在序化的情况下才能被传递，而序化意味着确立知识内容的框架和顺序。职业教育课程所选取的内容，由于既涉及过程性知识，又涉及陈述性知识，因此寻求这两类知识的有机融合就需要一个恰当的参照系，以便能以此为基础对知识实施“序化”。

按照学科体系对知识内容序化，课程内容的编排呈现出一种“平行结构”的形式。学科体系的课程结构常会导致陈述性知识与过程性知识的分割、理论知识与实践知识的分割以及知识排序方式与知识习得方式的分割，这不仅与职业教育的培养目标相悖，而且与职业教育所追求的整体性学习的教学目标相悖。

按照行动体系对知识内容序化，课程内容的编排则呈现一种“串行结构”的形式。在学习过程中，学生认知的心理顺序与专业所对应的典型职业工作顺序，或是对多个职业工作过程加以归纳整合后的职业工作顺序（即行动顺序），都是串行的。这样，针对行动顺序的每一个工作过程环节来传授相关的课程内容，实现实践技能与理论知识的整合，将收到事半功倍的效果。

鉴于每一行动顺序都是一种自然形成的过程序列，而学生认知的心理顺序也是循序渐进自然形成的过程序列，这表明认知的心理顺序与工作过程顺序在一定程度上是吻合的。

需要特别强调的是，按照工作过程来序化知识，即以工作过程为参照系，将陈述性知识与过程性知识整合、理论知识与实践知识整合，其所呈现的知识从学科体系来看是离散的、跳跃的和不连续的，但从工作过程来看却是不离散的、非跳跃的和连续的了。因此，参照系在发挥着关键的作用。课程不再关注建筑在静态学科体系之上的显性理论知识的复制与再现，而更多的是着眼于蕴含在动态行动体系之中的隐性实践知识的生成与构建。这意味着，理论知识在数量上未变，但其排序的方式发生变化；理论知识的质量却发生了变化，不是知识的位移而是知识与实践的紧密融合。这正是对行动体系下强调工作过程系统化这一全新的职业教育课程开发中所蕴含的革命性变化的本质概括。

由此，我们可以得出这样的结论：如果“工作过程导向的序化”获得成功，那么传统的学科课程序列就将“出局”，通过对其保持适当的“有距离观察”，就有可能解放与扩展传统的课程视野！寻求现代的知识关联与分离的路线，确立全新的内容定位与支点，从而凸显课程的职业教育特色。

因此，“工作过程导向的序化”是一个与已知的序列范畴进行的对话，也是与课程开发者的立场和观点进行对话的创造性行动。这一行动并不是简单地排斥学科体系，而是通过“有距离观察”，在一个全新的架构中获得对职业教育课程论的元层次认知。所以，“工作过程导向的课程”的开发过程，实际上是一个伴随学科体系的解构而凸显行动体系的重构过程。然而，学科体系的解构并不意味着学科体系的“肢解”，而是依据职业情境对知识实施行动性重构，进而实现新的体系——行动体系的构建过程。不破不立，学科体系解构之后，在工作过程基础上的系统化和结构化的产物——行动体系也就“立在其中”了。

非常高兴，南宁职业技术学院信息工程学院针对高职计算机类专业职业岗位任务的项目化特点，从高等职业教育人才培养模式的角度出发，创新性地将传统“项目教学法”提升和拓展为基于工作过程为导向的“项目教学”人才培养模式。这就是以项目为纽带，加强学校和企业在课程体系建设和教学内容改革方面的深度合作，以校企联合成立的“计算机应用研究所”为孵化器，将真实的企业项目整合为项目教学资源；校企互通，共建项目教学团队，以项目为主线贯穿整个教学过程；吸引IT企业进驻校园，开展生产性实训，以项目教学来培养学生的职业能力和职业素质，并开发了一系列基于工作过程的课程、教材及其教学模式，为高职计算机类专业教学改革起到了很好的示范作用。从内涵来看，系统化的“项目教学”应该是工作过程系统化理论的具体实施。

前　言

.NET Web 项目研发是企业最重要的技术之一，我们通过组建骨干教师、企业技术骨干、课程专家小组深入企业进行调研、与企业家座谈研讨等方式，分析职业工作任务等构建课程结构，并根据行业企业发展需要和完成职业岗位实际工作任务所需要的知识、能力及素质要求，设计了本书的教学内容。

本书以 ASP.NET 技术为基础，基于 Web 项目开发的工作过程，利用一个完整的项目贯穿讲解了整个项目开发过程。本书将 Web 总项目按开发阶段分成 8 个项目，结合每个阶段讲解 ASP.NET 各类核心技术。本书的目的是帮助学生了解 Web 项目从分析、设计到部署的全过程，并从项目教学中获取所需的知识和技能。由于课程以工作过程为导向进行设计，辅助全面实施项目教学法，形成实训的新模式，使学生能够很快地适应企业工作环境和工作要求。

本书吸取了国内外多家软件企业在.NET Web 项目开发方面的成功案例，借鉴了软件企业的软件开发模式，由具有丰富的软件项目研发经验的行业专家和老师共同编写，旨在把最新的 Web 项目研发技术及项目案例引入到课堂教学中。

全书围绕“会员销售管理信息系统”项目，深入浅出地介绍了应用 ASP.NET 开发 Web 项目的知识技能，并着力培养学生具备如下能力。

专业能力：应用 ASP.NET 进行 Web 程序开发所需的各种知识和技能，主要知识包括运行平台与开发平台的搭建、应用各类 UI 控件设计 Web 系统操作界面、服务端与客户机之间的请求处理与响应、开发基于 ADO.NET 的 Web 数据库项目，以及 Web 项目的安装部署。

社会能力：在实施项目教学的过程中，虚拟企业工作环境以小组为单位构建开发团队，培养学生在工作中与他人的合作能力、交流与协商能力。

方法能力：明确工作流程，熟练有效地进行项目制作；具有独立思考能力及解决问题的能力，遇到问题能够通过独立思考寻找到合适的解决方法。

本书由苏叶健、王凤岭、易著梁、黄伟编写，在编写过程中得到了南宁职业技术学院计算机应用研究所的大力支持，在此表示衷心感谢。

本书配有电子课件、源代码等相关资源，可在科学出版社职教技术出版中心网站 www.abook.cn 搜索下载。

本书是国家级精品课程的配套教材，配有电子课件、源代码等相关资源，欢迎读者访问我校相关课程网站（http://116.252.173.100:16000/dotnetweb/dotnetjpkchtml/index.htm）或科学出版社职教技术出版中心网站（www.abook.cn）搜索下载。

由于编写时间仓促，作者水平有限，书中难免存在不足之处，敬请广大读者批评指正。

目　录

阶段 1

项 目 背 景

1）了解项目背景情况。

2）了解本项目的开发、运行环境的搭建。

1.1 背　　景

1.1.1 需求简述

目前，销售行业竞争异常激烈。为了在激烈的竞争中谋求生存和发展，商家致力于满足消费者的各种个性化消费需求，不断推出新产品和新的营销手段。而开发一套会员销售管理信息系统是实现各种销售手段、提高服务质量的必要基础。

会员销售管理信息系统（如图 1.1 所示）是一套应用于管理会员客户资料、销售情况的管理信息系统。该系统实用性强，适用行业广，可用于婚庆摄影、品牌名店等会员制销售模式的行业。会员销售管理信息系统的功能划分为如下几个模块：会员管理模块、商品管理与销售模块、消费数据分析模块、积分奖励管理模块、帐户管理与系统维护模块，提供的功能涉及销售人员进行会员管理、销售、数据分析的全过程。

图 1.1　会员销售管理信息系统界面

本书以会员销售管理信息系统作为教学主线，以每个模块设计的任务作为工作场景，以项目的实施作为工作过程导向，带领读者应用微软.NET 技术研发本项目，最终可以真正地掌握 ASP.NET Web 项目开发相关技术，同时能够应用于实际工作岗位中。

1.1.2 模块功能

1）会员管理模块。该模块提供对会员个人资料进行查询、录入等管理功能。同时，考虑到发展新客户的需要，体现推荐新会员的激励机制。当老会员推荐新客户成为会员，老客户将享受积分奖励的权益。

2）商品管理与销售模块。利用该模块，管理人员可以添加、删除和修改产品信息，在销售过程中可随时查看有关商品销售的详细情况。销售人员可以非常方便地对不断变化的商品进行管理，同时了解商品的销售记录，便于作出营销决策。为了控制案例规模，本书重点讨论面向会员消费管理相关业务的应用，未引入进货入库等管理功能。

3）数据查询分析模块。该模块根据会员消费情况作出统计分析，得出如月销售额、销售量等对市场营销有决策意义的数据。

4）积分奖励管理模块。积分奖励机制能有效地激励会员客户消费积极性，会员随着消费积分的不断积累，其权益越来越多，这对稳定老客户群体起到关键性作用。本模块需要实现积分累计、积分查询、积分兑换等相关业务。

5）帐户管理与系统维护模块。该模块提供相应功能来管理本系统操作人员的帐户、权限及与系统运行相关的基础数据。

1.1.3 系统体系结构

本系统拟采用 B/S 系统体系结构，即 Browser/Server（浏览器/服务器）结构。

随着 Internet 技术的兴起，通过利用不断成熟的 WWW 浏览器技术，结合浏览器的多种 Script 语言（VBScript、JavaScript 等）和 ActiveX 技术，使用通用浏览器就实现了原来需要复杂专用软件才能实现的强大功能，并节约了开发成本，是一种全新的软件系统构造技术。随着各类操作系统将浏览器技术植入到系统内部，这种结构更成为当今应用软件的首选体系结构。

下面对市场上采用了 B/S 系统体系结构的主流软件产品或解决方案作具体分析。

1. Web 电子邮件系统

B/S 系统体系结构引发了 Web Mail 技术的出现，彻底解决了移动用户办公的需要，使得电子邮件用户可以在任何地方登录邮件服务器收发邮件，而不需安装和配置邮件客户端程序。

Google 公司的 Gmail 电子邮箱系统（如图 1.2 所示）提供了基于 B/S 结构 Web 操作模块，用户无需安装 Outlook、Foxmail 等邮件客户端，只需打开 WWW 浏览器即可登录访问邮件系统，实现发送、查看、回复、转发电子邮件、管理邮件通讯地址等功能，同时还具备在线查毒杀毒、确保电子邮件端到端邮件内容安全保密、防范垃圾邮件的电子邮件服务，功能强大。

图 1.2　B/S 结构的 E-mail 系统

2. 网上购物

随着互联网的全面普及和电子商务的高速发展，越来越多的互联网用户热衷于网上购物。商家通过互联网营销，节省了物业、人员等方面的开支，为用户提供物美价廉的商品。

图 1.3 所示是广大互联网用户所熟悉的淘宝网购物网站，网站由一套 B/S 结构的软件系统构成。客户通过浏览器访问购物网站，站点服务器程序根据用户的操作访问数据库系统搜索客户所需的商品信息，查询结果被站点服务器程序生成 HTML 页面的输出结果返回到客户端浏览器，客户端浏览器像解释静态网页一样解释并展示来自服务器的输出结果。

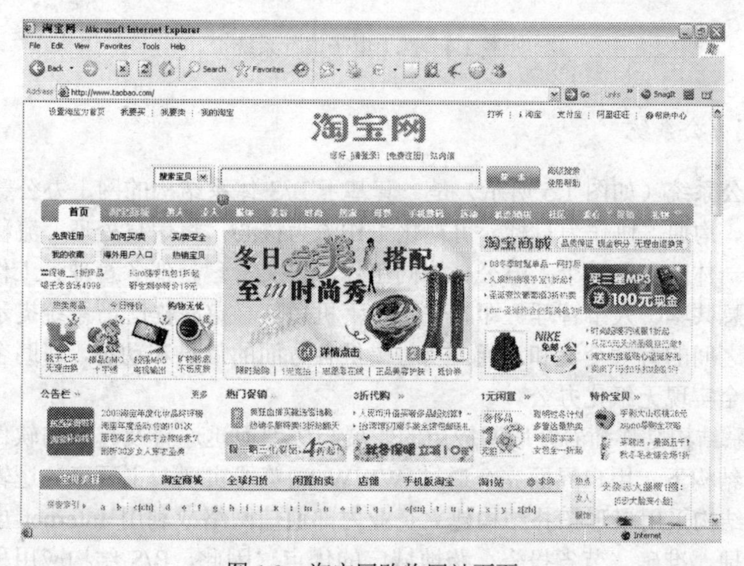

图 1.3　淘宝网购物网站页面

3. 网上电子银行

网上电子银行（如图 1.4 所示）向企业及个人提供 7×24 在线电子银行业务，提供电子商务解决方案正常实施的支付工具。为方便客户可以随时随地使用银行业务，网上电子银行系统常采用 B/S 体系结构，软件系统向客户端提供操作界面，在服务器端实现安全验证及业务处理，并且连接到银行内部网络，实现银行业务处理过程。远程客户端只需打开浏览器即可访问电子银行系统，办理帐户查询、转帐、网上支付、投资理财等业务。

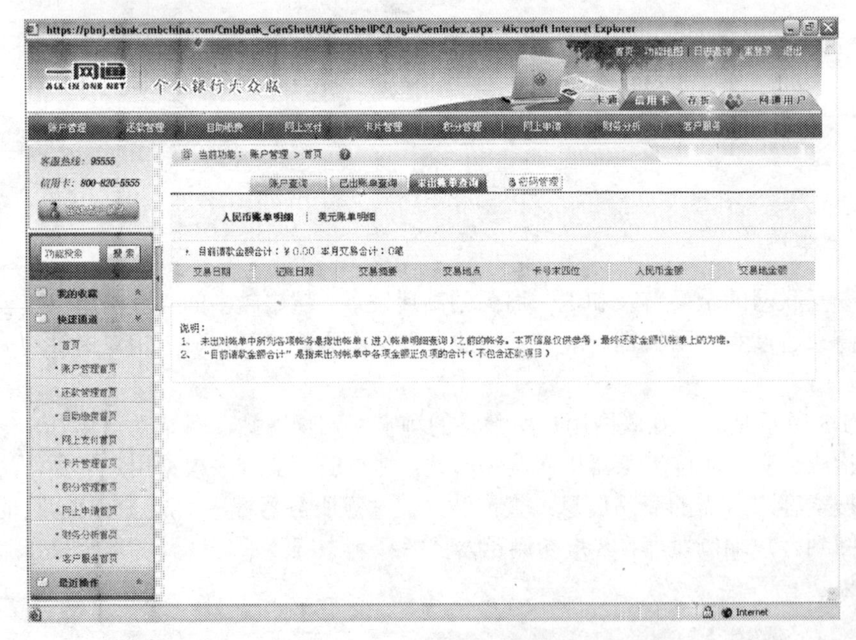

图 1.4 网上电子银行系统

4. 协同办公系统

协同办公系统（如图 1.5 所示）是一套基于 B/S 体系结构的网上办公管理系统。该系统以管理、沟通、协作为目标，可视化工作流为核心，将信息处理、流程管理和知识管理融合于一体，实现了个人办公、协同工作、公文管理、任务管理、工作流管理、电子邮件、信息共享、人事管理、即时快讯、手机短信、定时提醒、系统提示等功能，实现人员相互之间的有效交流和沟通，及时提供各方面的信息和动态，帮助企事业单位和政府部门完全实现无纸化办公。

B/S 体系结构是伴随着互联网应用的发展与成熟而迅速普及起来的软件体系结构。在这种体系结构下，用户界面完全通过 WWW 浏览器实现，主要事务逻辑在服务器端实现，B/S 结构采用星形拓扑结构建立企业内部通信网络或利用 Internet 虚拟专网，具有安全、快捷、准确、节省投资、跨地域广的优点。因此，B/S 结构应用程序在网络应用方面相对于传统的 C/S 结构应用程序有极大的优势。

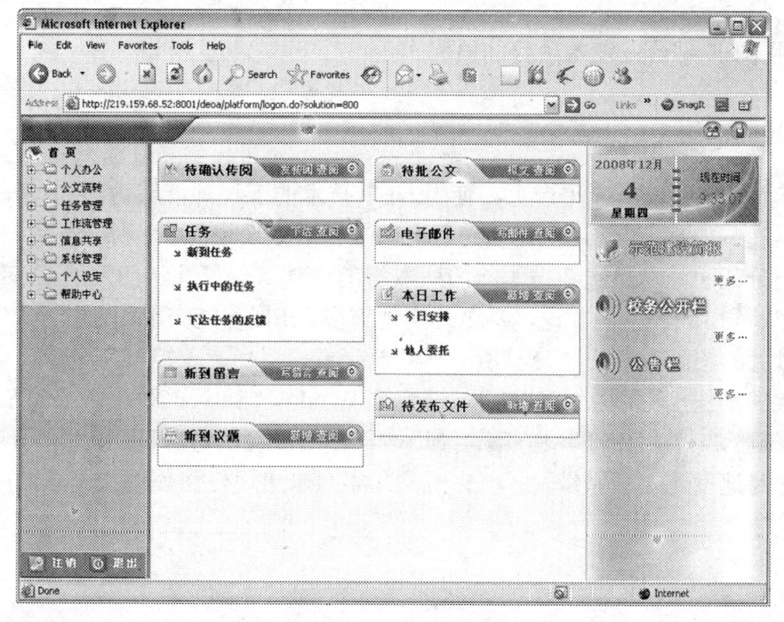

图 1.5 协同办公系统

1.2 基于.NET 平台的 Web 解决方案

1.2.1 了解基于.NET 平台的 Web 开发技术(ASP.NET)

.NET 是一个成熟庞大的技术平台，利用集成开发环境 Microsoft Visual Studio 可以快速地建立 Windows 窗体应用程序、Web 应用程序及 Web 服务。

其中，微软 ASP.NET 是.NET 平台的一种技术，通过它可以快速地构建 Web 应用程序。ASP.NET 与 J2EE 的 JSP 技术有类似之处，可以通过服务端技术实现动态网页效果，但又不完全相同，它体现出如下优点。

ASP.NET 作为.NET 平台的一部分，通过它建立的 Web 应用程序能够与服务器无缝隙地结合在一起，能够轻松地访问丰富的服务器资源，使 Web 应用程序具备很强的可伸缩性，ASP.NET 既可以设计出普通的动态网站，又可以构建大型的电子商务应用系统。

依靠可视化集成开发环境 Microsoft Visual Studio 可快速建立基于 ASP.NET 的 Web 应用程序。ASP.NET 的 Code-Behind 技术使 Web 页面设计与程序设计分离，极大地提高了应用程序的可读性，同时更有利于美工与程序员的分工合作，极大地提高了开发效率。

ASP.NET 程序设计可使用 C#、Visual Basic 等多种程序设计语言，甚至连某些第三方厂商的编程语言（例如，来自 Borland 公司的 Delphi.NET）也可以实现 ASP.NET Web 项目开发。因此，开发人员选择程序语言产品的余地很大，极大地方便了研发人员。由于.NET 平台编译机制，开发人员不管选用哪种语言，所生成的应用程序的运行效率几乎相等。

1.2.2 选用.NET 平台开发本项目的原因

1. 高性能、低成本的运营平台

.NET 运行于 Windows 平台上，使用.NET 技术的工程师能够访问到 Windows 操作系统的各个细节，有利于使用操作系统已有的丰富的系统资源，有利于与系统集成开发。微软已经充分证明其在追赶新技术方面所取得的成功。仅仅几年的发展，.NET 平台的性能已经能够同 J2EE 相提并论，甚至还实现许多 J2EE 未能实现的新技术。

全球最大的国际现金股票交易所——纽约证券交易所，承担着为全球公司募集资本和交易股票的重任，采用微软.NET 平台（包括 Windows Server 2003、Visual Studio、SQL Server）实施股票交易系统解决方案，经历数年使用环境的考验证明，微软.NET 技术非常稳定，交易速度比上一系统快了 15 倍，几年间未出现任何使用故障，而成本优势却远胜于其竞争对手。

2. 成熟的开发环境

基于.NET 平台上面成熟的开发工具 Microsoft Visual Studio，其提供的集成开发环境可对项目进行快速开发，大大降低了项目研发成本。其成熟的可视化开发有助于简化任务，并确保研发人员可以集中精力完成高价值的设计任务。Microsoft Visual Studio Team System 提供的工具、流程和指导还可用于目前任何规模的研发团队，使研发团队能更有效地协同工作，构建更优秀的应用程序。

Visual Studio 可以为用户构建所有类型的应用程序引入一个统一的开发环境，它不只是一个集成的编辑器、编译器和调试器。通用的外壳承载组成 Visual Studio 2008 各种类型的工具，例如，Visual C#代码编辑器、可视化 Windows Form 设计器、新的可视化 Web 设计器和服务器资源管理器等。该外壳也可扩展，允许将外接程序、新的项目类型及新的设计器插入到开发环境中。

上述两个方面充分说明了.NET 平台优越的性能、极高的安全性及低成本优势，在已有的成功案例中得到充分体现，因此.NET 平台无疑是销售管理信息系统的首选开发平台。

1.3 建立.NET Web 开发环境

任务 1 安装 Internet 信息服务

Internet 信息服务（简称 IIS 服务）组件能够提供 Web、FTP、STMP 等一系列互联网服务，要想在 Windows 操作系统中架设服务器，并提供站点浏览服务，就必须安装 IIS 服务。

ASP.NET 应用程序需要建立在 IIS 服务的基础上运行，毫无疑问，最终用户必须安装 IIS 服务方可运行 ASP.NET Web 项目。但微软为了使软件开发人员在开发、调试、配置管理等方面的工作更加便捷，Visual Studio 集成了 ASP.NET Development Server，使开

发人员无须安装IIS服务也可以开发、调试ASP.NET Web项目。因此，开发平台无须安装IIS服务，但作为在项目最终用户上面的项目部署运行平台，则必须安装IIS服务。为了便于展开后续的项目部署工作，下面简单介绍如何建立IIS服务。

安装IIS通常有两种方法。

1. 使用“控制面板”中的“添加或删除程序”

安装步骤如下：

1）选择“开始”菜单，单击“控制面板”。

2）双击“添加或删除程序”图标项。

3）单击“添加/删除 Windows 组件”项，打开如图1.6所示的“Windows 组件向导”窗口。

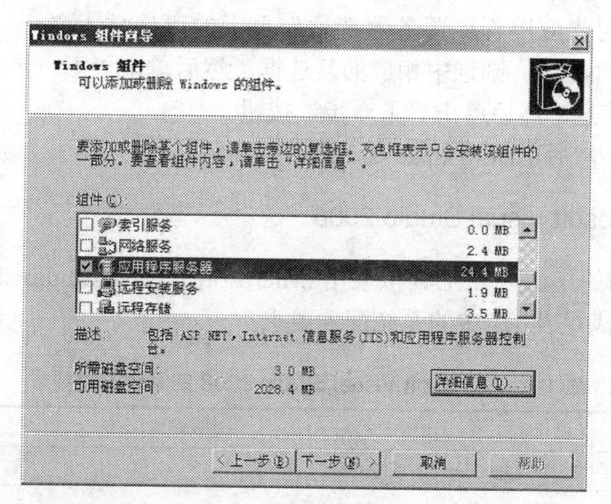

图1.6　添加/删除Windows组件

4）在“组件”列表框中，单击“应用程序服务器”选项。

5）单击“详细信息”按钮。

6）单击“Internet 信息服务（IIS）”选项，如图1.7所示。

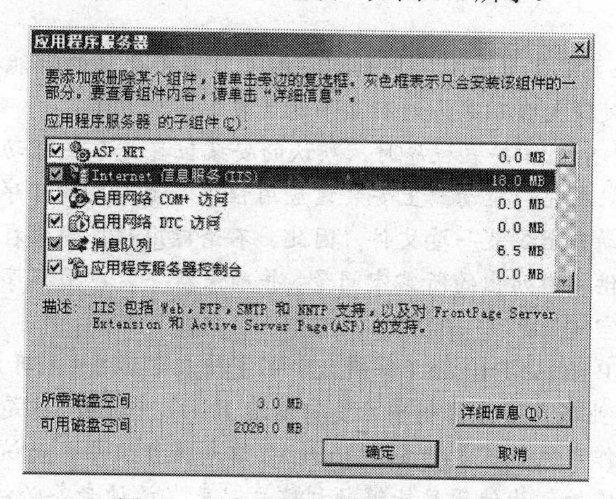

图1.7　添加/删除Internet信息服务

7）单击“详细信息”按钮以查看 IIS 可选组件的列表，包括 Web 站点服务、FTP 服务、SMTP 服务等，默认选择通常可以满足开发的需求。

8）选择要安装的所有可选组件，确认安装。

2. 在 Windows 2003 Server 等服务器版本的操作系统中，使用“配置您的服务器向导”

安装步骤如下：

1）选择“开始”菜单，单击“管理您的服务器”选项。

2）在“管理您的服务器角色”下，单击“添加或删除角色”选项。

3）阅读“配置您的服务器向导”中的预备步骤，然后单击“下一步”按钮。

4）在“服务器角色”下，单击“应用程序服务器（IIS、ASP.NET）”选项，然后单击“下一步”按钮。默认情况下，该向导将安装并启用 IIS、COM+ 和 DTC。

5）如果要使用“应用程序服务器选项”页上的可选技术之一（FrontPage Server Extensions 或 ASP.NET），则选中相应的复选框，然后单击“下一步”按钮。

6）阅读概要信息，然后单击“下一步”按钮。

7）完成向导，然后单击“完成”按钮。

任务 2　安装 Microsoft Visual Studio 2008

本书项目案例的集成开发工具拟采用 Microsoft Visual Studio 2008，安装 Visual Studio 的计算机应满足表 1.1 中的系统配置要求。

表 1.1　Microsoft Visual Studio 2008 的系统配置要求

部件	建议配置
处理器	2.2 GHz Pentium IV 或 Athlon
内存	1 GB
可用硬盘空间	8 GB 剩余空间
操作系统	带 Service Pack 1 (SP1) 的 Windows Server 2003 标准版、企业版 带 Service Pack 2 (SP2) 的 Windows XP 专业版、企业版

注意：

1）微软建议在系统配置基础上增加内存配置可获得更高的性能提升，特别是在运行多个应用程序、处理大型项目或进行企业级开发时尤为明显。

2）启动 Visual Studio 安装程序时，默认的安装位置是系统驱动器，即引导系统的驱动器。用户亦可以在任何驱动器上安装该应用程序。无论应用程序安装在何位置，安装进程将在系统驱动器上安装一些文件。因此，不论应用程序安装在何位置，请确保系统驱动器上能够提供表中列出的所需空间量，并确保在安装应用程序的驱动器上具有表中列出的附加可用空间。

3）Windows XP Home Edition（家庭版）不支持在本地 IIS 上开发 Web 应用程序，只有在 Windows 专业版或服务器版中才支持本地 IIS 应用开发。这是因为产品使用许可的原因，家庭版操作系统并不支持安装 Internet 信息服务组件，而该组件是调试、运行 Web 应用程序所必需的，为使项目能够顺利建立起来，请读者务必注意这点。

安装 Visual Studio 2008 的过程非常简单，双击安装文件之后，出现如图 1.8 所示的界面。第一项是安装 Visual Studio 2008 功能和所需的组件，第二项是安装产品文档，其中包含 Visual Studio 帮助，第三项可在线检查相关的 Service Release。其中，后两项操作是灰色的，暂时不能选择。

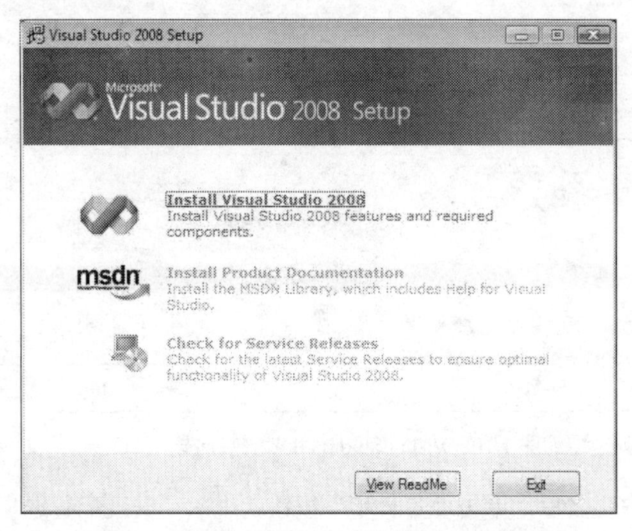

图 1.8　Visual Studio 2008 安装程序起始界面

单击 Install Visual Studio 2008（安装 Visual Studio 2008），进入安装 Visual Studio 2008 的向导，如图 1.9 所示。

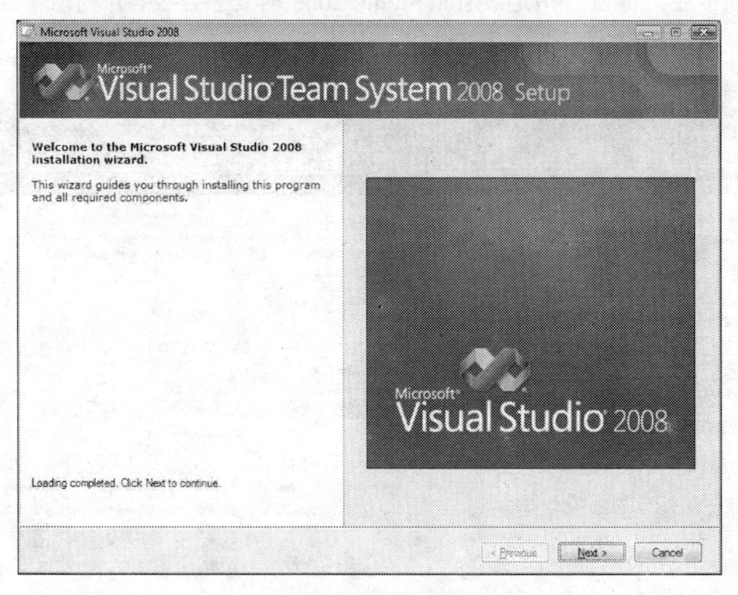

图 1.9　Visual Studio 2008 安装向导（一）

直接单击 Next（下一步）按钮，出现如图 1.10 所示界面，此时必须选中 I have read and accept the license terms（我接受许可协议中的条款）单选项方可进入下一步的安装。此时可以在 Name（名称）文本框中填写用户名称。

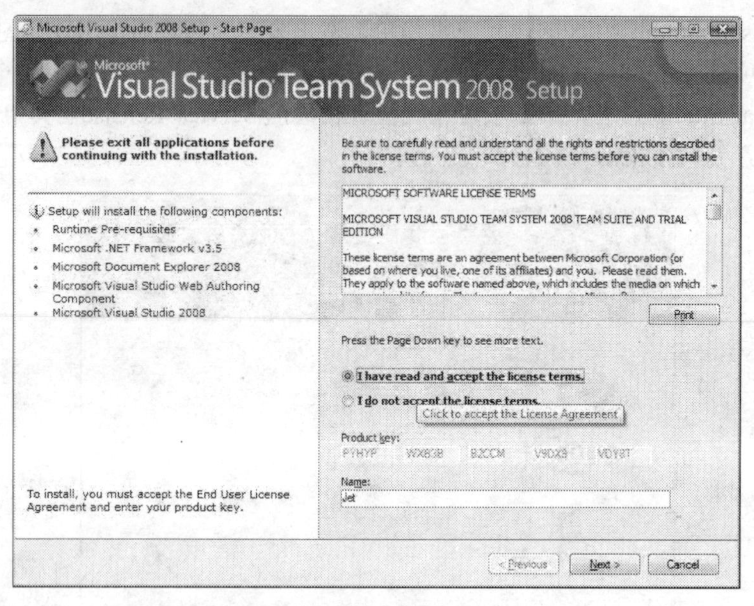

图 1.10　Visual Studio 2008 安装向导（二）

在完成上述内容之后，单击“下一步”按钮就进入了安装配置选项界面，如图 1.11 所示。这里有三种安装方式可供选择：默认、完全、自定义，如果是一般用户，建议选择“默认”方式进行安装。作为开发人员，建议选择“自定义”方式来自主选择所需的功能。

在该界面中还可以自行指定 Visual Studio 2008 的安装路径，并列出了当前计算机中的磁盘空间使用情况供用户参考。

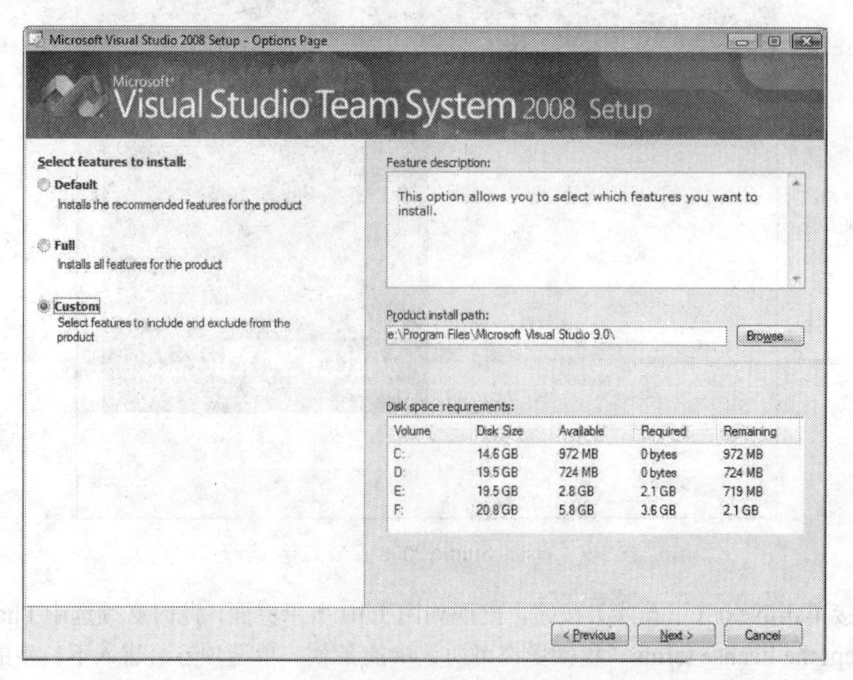

图 1.11　Visual Studio 2008 安装配置选项

选择 Custom（自定义）方式，并单击 Next（下一步）按钮，则在下一个安装界面中将以树形列表的形式列出即将安装到系统中的各项功能，如图 1.12 所示。有些选项前面有个空心的三角形符号，单击该符号可以查看当前功能所包含的子功能。只需选中各个功能选项前面的复选框中即可选择必需的功能，不需要安装的功能只需取消选择即可。例如，如果只采用 C# 语言进行系统开发，那么用户可以选择不安装“Visual Basic”、“Visual C++”等其他几种语言。

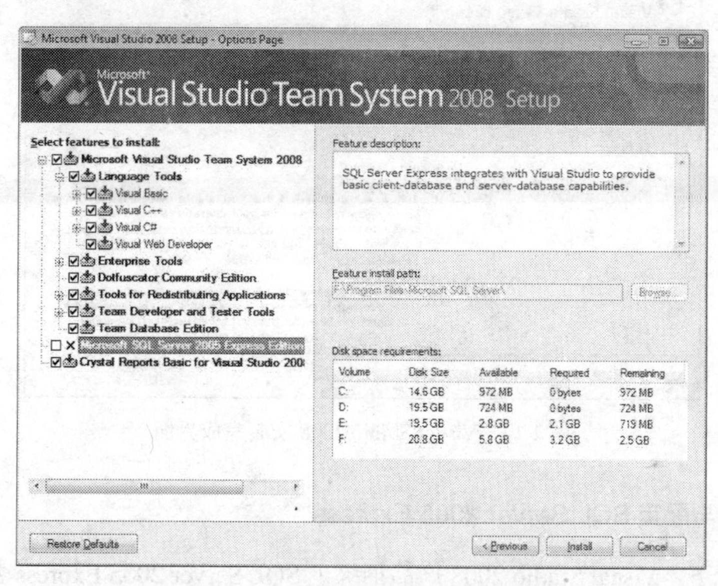

图 1.12　组件选择及安装目录设置

安装配置确定后，单击 Next（下一步）按钮，安装程序将自动安装 Visual Studio 2008，如图 1.13 所示。

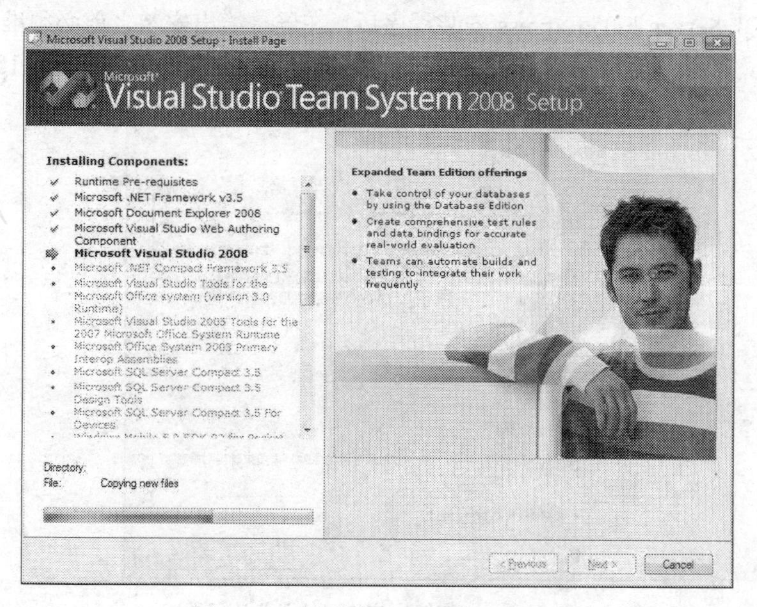

图 1.13　正在安装 Visual Studio 2008

Visual Studio 2008 安装完成后，将会出现如图 1.14 所示的界面，单击 Finish（完成）按钮即可关闭安装向导，返回到起始界面。

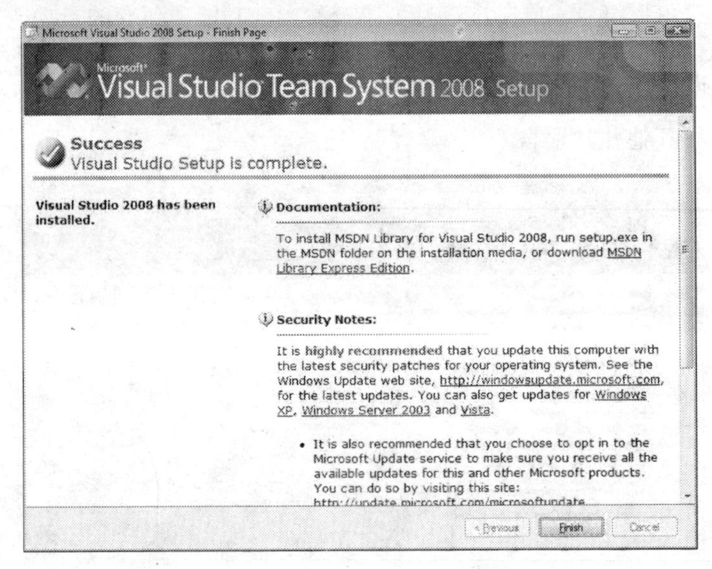

图 1.14 Visual Studio 2008 安装完成界面

任务 3 安装与配置 SQL Server 2005 Express

通常情况下，Visual Studio 2008 产品捆绑了 SQL Server 2005 Express 数据库系统，这是 SQL Server 2005 的轻型版本，可满足项目开发的需要，无需购买独立发行的 SQL Server 2005 数据库产品。如果在安装 Visual Studio 2008 时未选择安装 SQL Server 2005 Express，可在微软官方网站免费下载安装包，另行安装。

启动 SQL Server 2005 Express 安装程序后，在屏幕给出安装之前必须准备的必要条件信息之前，必须同意端用户许可协议，并单击“下一步”按钮，如图 1.15 所示。

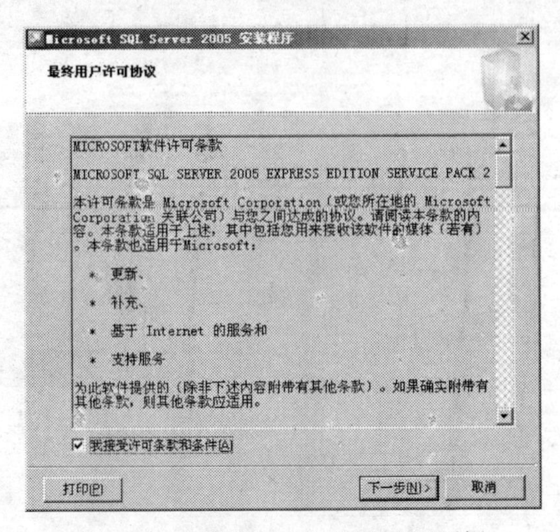

图 1.15 “最终用户许可协议”对话框

在“安装必备组件”对话框中，安装程序显示将安装 SQL Server 2005 Express 的必需软件，如图 1.16 所示。

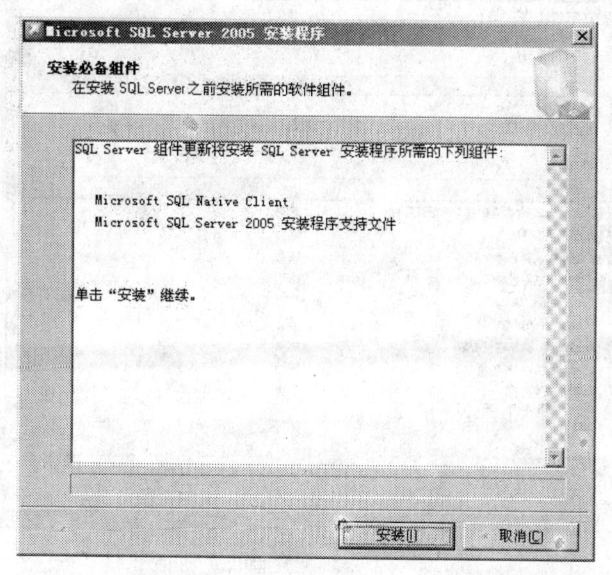

图 1.16　“安装必备组件”对话框

成功安装所需的组件之后，安装程序将自动进行系统配置检查，配置检查完成后，SQL Server Express 安装向导将显示“欢迎使用 Microsoft SQL Server 安装向导”对话框，如图 1.17 所示，在此对话框中单击“下一步”按钮，继续安装。

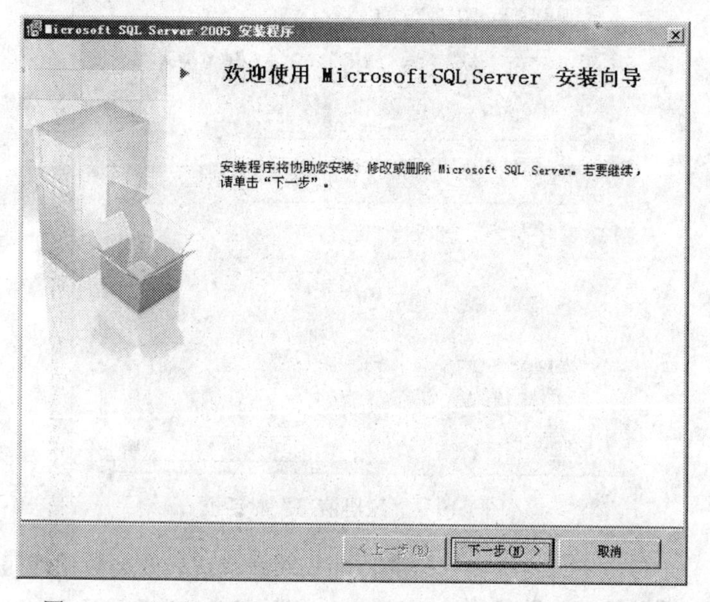

图 1.17　“欢迎使用 Microsoft SQL Server 安装向导”对话框

安装程序开始检查机器性能、运行环境是否可以满足 SQL Server 2005 Express 的最低要求，如果检查通过，可以单击“下一步”按钮继续安装，如图 1.18 所示；如果检查出现警告信息，允许继续安装，但可能影响使用；如果出现错误，则无法往下安装，需要根据错误提示排除机器存在的问题。

Microsoft SQL Server 2005 安装程序

系统配置检查

请等待，正在检查系统中是否有潜在的安装问题。

成功　13 总计　13 成功　0 错误　0 警告

详细信息(D):

操作	状态	消息
SQL Server 版本的操作系统兼容性	成功	
最低硬件要求	成功	
挂起的重新启动要求	成功	
默认安装路径权限要求	成功	
Internet Explorer 要求	成功	
COM+ 目录要求	成功	
ASP.Net 版本注册要求	成功	
MDAC 版本的最低要求	成功	
版本变更检查	成功	

筛选(T)　停止(S)　报告(R)

帮助(H)　下一步(N) >

图 1.18 “系统配置检查”对话框

此步骤需要提供用户名和计算机名，并且不要选中“隐藏高级配置选项”复选项，以便接下去的安装向导能提供更详细的配置，如图 1.19 所示。

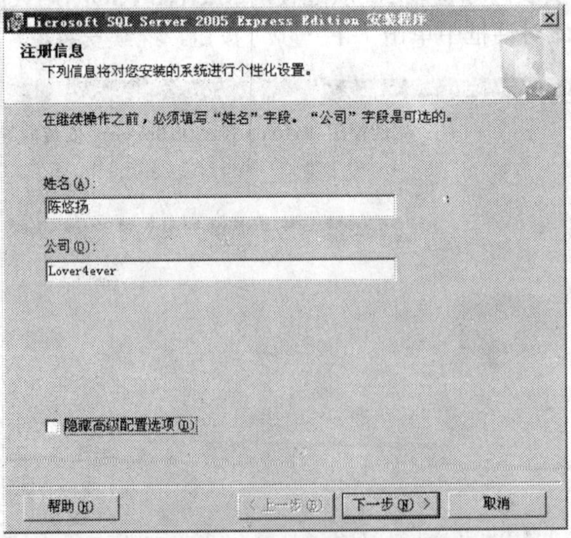

Microsoft SQL Server 2005 Express Edition 安装程序

注册信息

下列信息将对您安装的系统进行个性化设置。

在继续操作之前，必须填写“姓名”字段。“公司”字段是可选的。

姓名(A):

陈悠扬

公司(O):

Lover4ever

隐藏高级配置选项(D)

帮助(H)　< 上一步(B)　下一步(N) >　取消

图 1.19 “注册信息”对话框

单击“下一步”按钮，将选择安装的特性与功能，选择安装数据库服务及客户端组件的所有选项。系统的默认路径为：C:\Program Files\Microsoft SQL Server，如果需要安装在其他路径上，则单击“浏览”按钮并选择新路径即可，如图 1.20 所示。

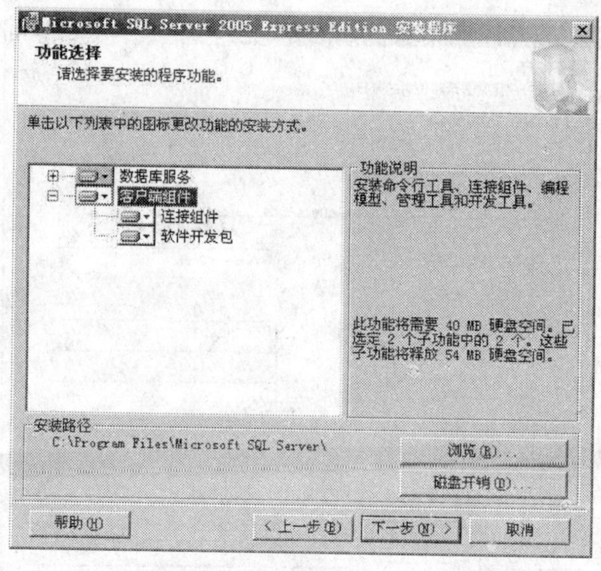

图 1.20 “功能选择”对话框

使用过 SQL Server 2000 的读者知道，在同一个运行环境当中可以安装多个运行实例，并且可以从单个 SQL Sever 向多个数据库提供服务，SQL Server 2005 Express Edition 支持多达 16 个指定的实例，而 Enterprise Edition 则支持更多，达到 50 个。

现在需要定义第一个运行实例的实例名称，如图 1.21 所示。

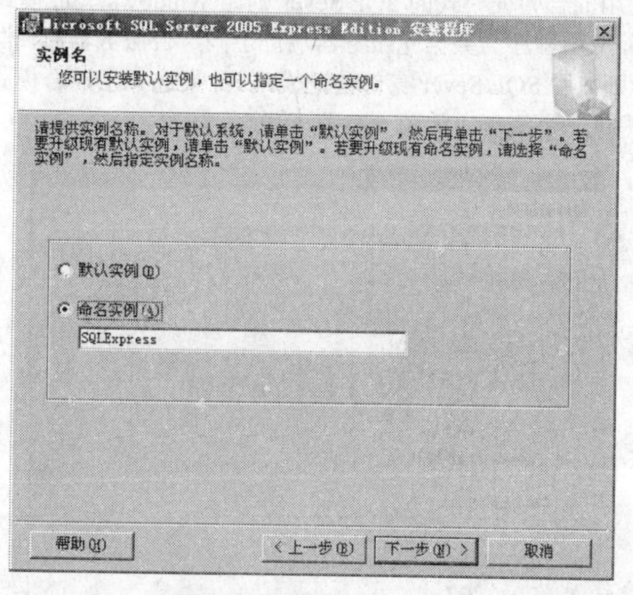

图 1.21 “实例名”对话框

设置服务帐户的作用是更好地保护 SQL Server 和网络的其他部分，尤其是在出现安全问题的时候。如果在管理员帐户下运行 SQL Server，则存在其他风险，将有可能危及服务器的安全。因此，一般在普通用户帐户下运行 SQL Server 2005 Express Edition 比较安全，如图 1.22 所示。

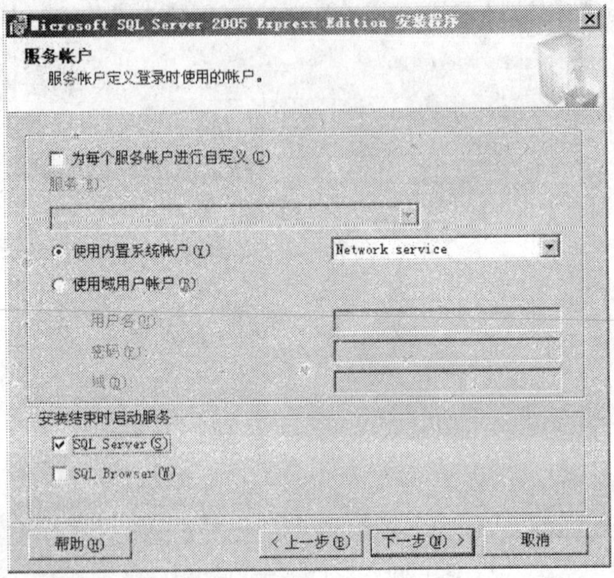

图 1.22　“服务帐户”对话框

SQL Server 使用两种方法验证使用用户：Windows 验证模式及依赖其自身数据库的混合模式（同时支持 Windows 验证）。

从安全角度考虑，Windows 验证模式是首选。然而，Windows 验证模式不一定都是合适的，有时候使用混合验证模式的 SQL Sever 则比 Windows 验证模式 SQL Sever 更加方便。通常情况下，应用程序与数据库服务器端位于同一台服务器时，推荐使用 Windows 身份验证模式，否则使用 SQL Sever 身份验证模式。如果选择了混合模式，则需要为 SQL Sever 的 sa 用户提供一个密码，如图 1.23 所示。

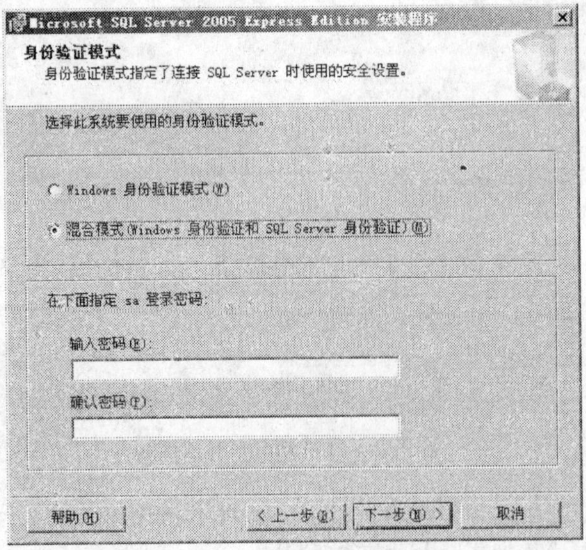

图 1.23　“身份验证模式”对话框

单击“下一步”按钮，则是选择排序规则。如果需要保持与以前老版本的 SQL Sever

的兼容性，则必须选择 “SQL 排序规则”单选项。如果不需要考虑兼容性问题，则可选择“排序规则指示符和排序顺序”单选项，同时选择使用不同的语言，如图 1.24 所示。

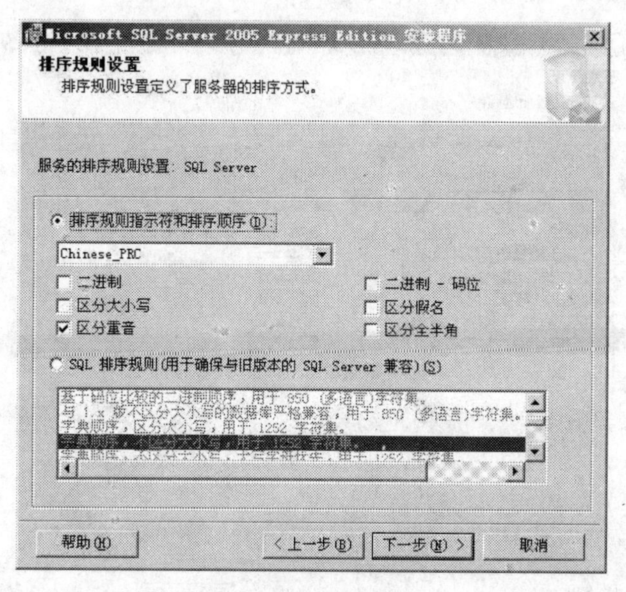

图 1.24　“排序规则设置”对话框

SQL Server 2005 Express 提供了一些新特征，比如在普通用户帐户下运行产品实例。使用用户实例，则用户可具有 sandbox 的 SQL 系统管理员权限，但是其他系统仍受保护，因为用户的初级帐户没有权力作全局修改。数据库在用户实例下只支持单连接，高端特征如“复制”则不支持。如果在安装中需要支持用户实例，则应选中“启用用户实例”复选项，如图 1.25 所示。

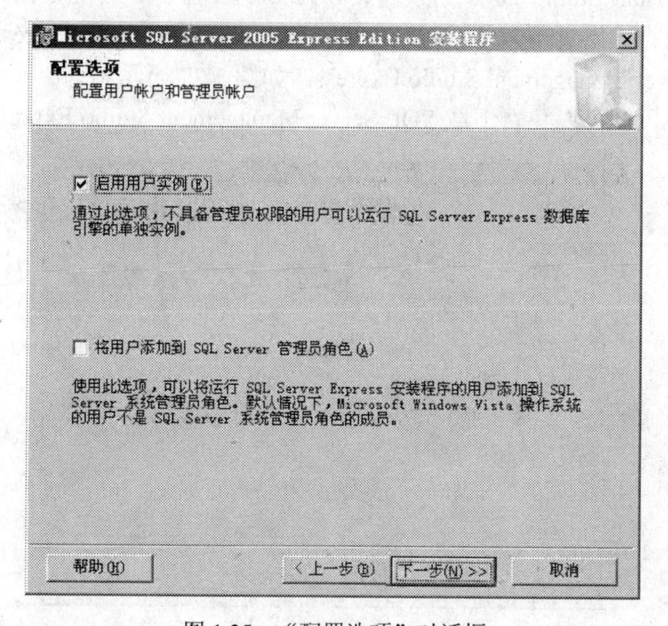

图 1.25　“配置选项”对话框

此时，系统开始依照用户设置对各项产品组件进行安装，并显示安装状态，如图 1.26 所示。所有产品组件全部安装完成后，SQL Server 2005 Express 即可启动服务投入应用。

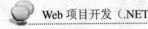

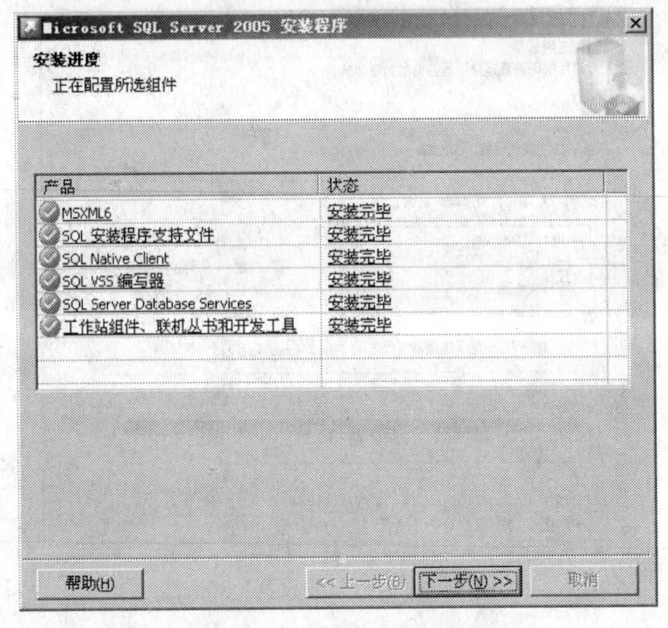

图 1.26 “安装进度”对话框

任务 4 安装数据库客户端工具 SQL Server Management Studio Express

默认情况下，SQL Server 2005 Express 没有随产品提供数据库客户端管理工具，开发人员可以在 Visual Studio 2008 当中连接 SQL Server 服务、管理数据库系统，如果通过该方式管理数据库感觉不方便，可以考虑安装 SQL Server 2005 Express 数据库系统管理工具 SQL Server Management Studio Express，如图 1.27 所示。

从微软官方网站可以免费下载 SQL Server Management Studio Express 软件程序。

图 1.27 “欢迎使用 SQL Server Management Studio Express 安装向导”对话框

单击“下一步”按钮，填写必要的单位或个人信息，接下来是选择安装的产品，同时指定安装路径，通常情况下，默认设置可满足用户要求，如图 1.28 所示。

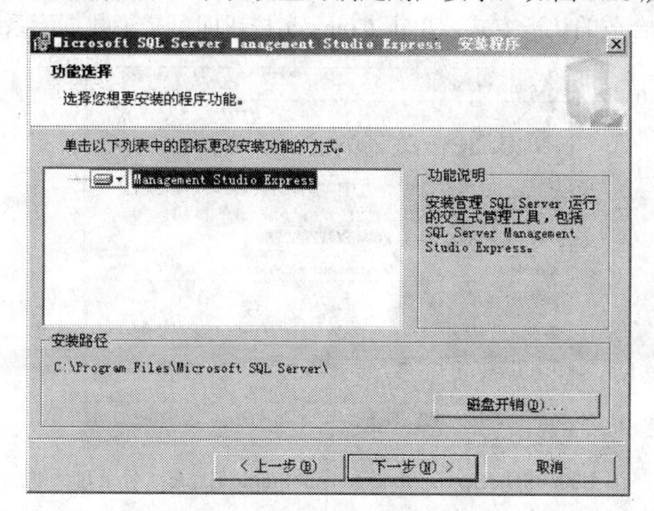

图 1.28 “功能选择”对话框

设置完成后，单击“下一步”按钮开始进入复制文件与安装流程，安装过程将自动进行，由于安装耗费时间较长，用户需耐心等待，如图 1.29 所示。

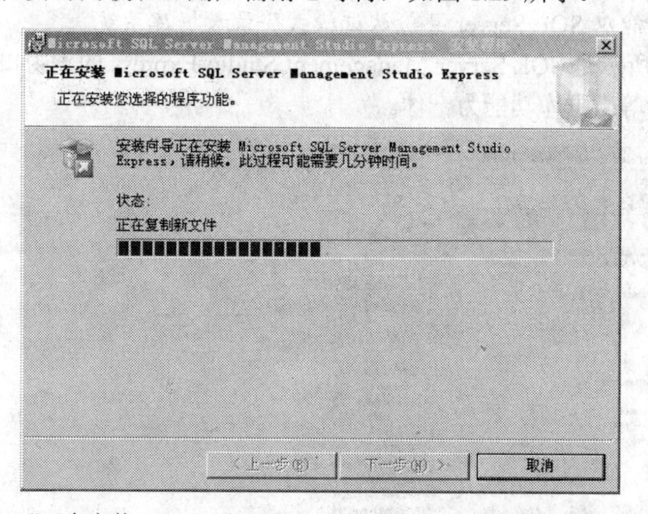

图 1.29 “正在安装 Microsoft SQL Server Management Studio Express”对话框

SQL Server Management Studio Express 是集管理维护数据库、查询分析等数据库功能为一体的图形化数据库管理维护工具，它的作用类似 SQL Server 2000 企业管理器＋查询分析器，但 SQL Server Management Studio Express 的功能更加强大，使用更加便利。

任务 5 使用 SQL Server Management Studio Express

SQL Server 2005 Express 非常易于管理和使用。开发人员可以通过 SQL Server Management Studio Express 访问和管理数据库，也可以通过 Visual Studio 2005 维护数据库。

通过 SQL Server Management Studio Express 访问和管理数据库的步骤如下。

1）启动 SQL Server Management Studio Express，看到如图 1.30 所示的数据库系统登录对话框。SQL Server 2005 支持集成 Windows 身份认证和 SQL Server 身份认证两种认证方式，选择合适的认证方式，单击 Connect 按钮即可登录数据库系统。

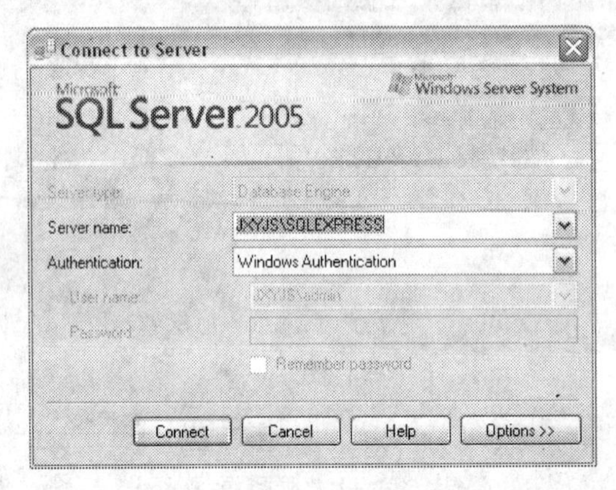

图 1.30　SQL Server Management Studio Express 登录对话框

注意：即使在安装 SQL Server 数据库时选择了混合身份验证模式，数据库系统仍默认设置为 Windows 身份认证模式。用户需在 SQL Server Management Studio Express 中将数据库服务的身份认证模式设置为 SQL Server 认证模式，同时启用 sa 帐号（或新建登录帐户），才能以 SQL Server 身份认证模式登录数据库系统。

2）图 1.31 所示是 SQL Server Management Studio Express 的主窗口，集管理维护数据库、查询分析等数据库功能为一体。

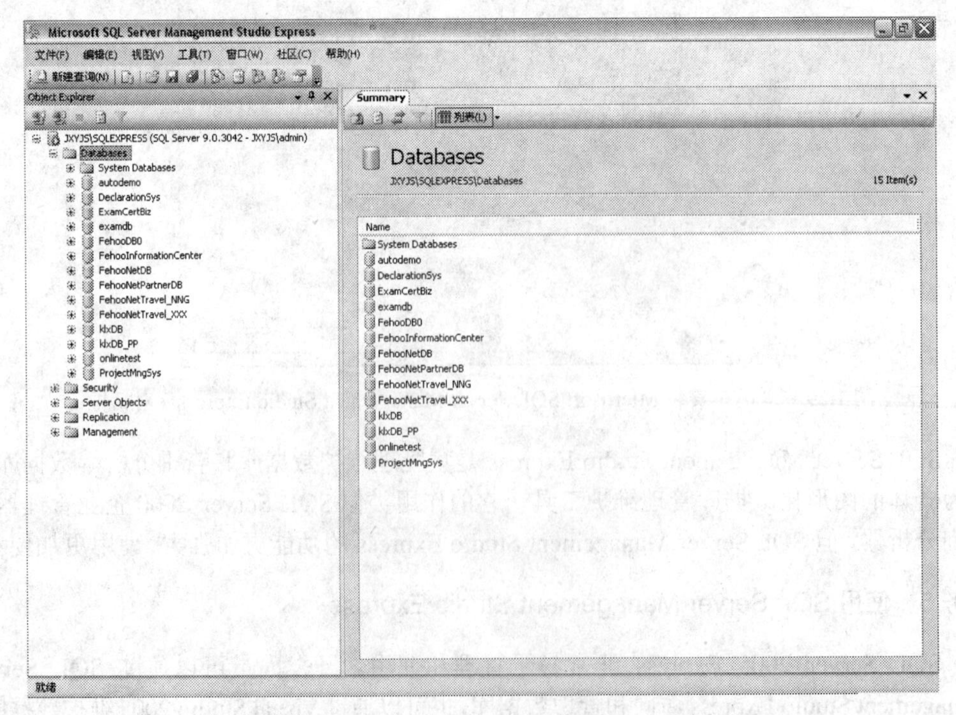

图 1.31　SQL Server Management Studio Express 管理窗口

3）展开 SQL Server Management Studio Express 左窗格的树形结构，可管理和维护数据库，如图 1.32 所示。

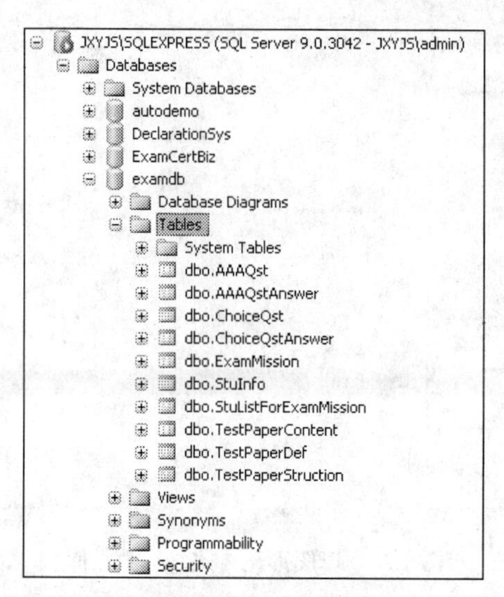

图 1.32　SQL Server Management Studio Express 左窗格的树形结构

4）支持以图形化方式设计数据库结构，如图 1.33 所示。

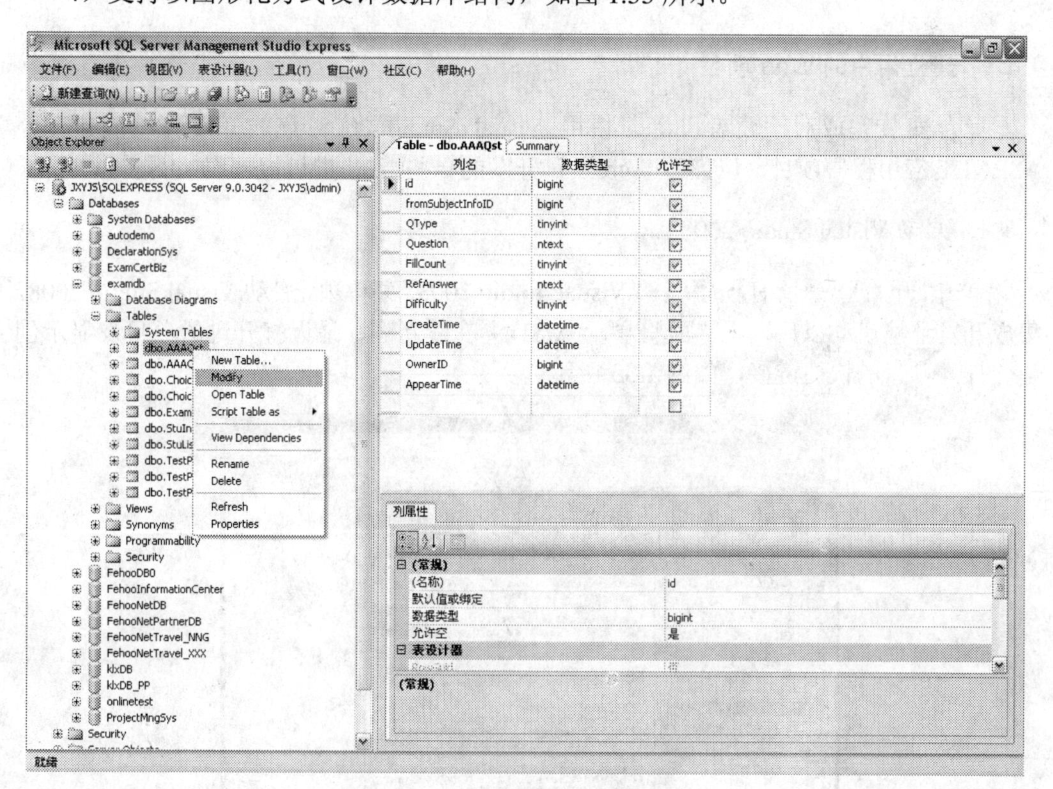

图 1.33　以图形化方式设计数据库

5）支持以图形化方式对数据表进行维护（图 1.34）。

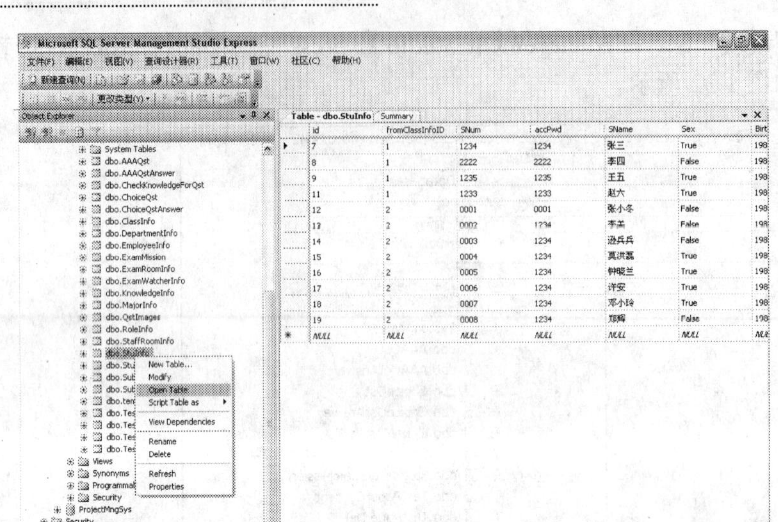

图 1.34 以图形化方式维护数据库

1.4 创建基于.NET 的 Web 项目

1.4.1 建立用户的 Web 项目

平台安装完成后，读者可练习使用 Visual Studio 2008 集成开发环境创建一个 ASP.NET 应用程序项目，以熟悉 Web 项目开发的一些情况。具体步骤如下。

1. *启动* Visual Studio 2008

单击“开始”→“所有程序”→“Visual Studio 2008”菜单项，启动 Visual Studio 2008。集成开发环境启动以后，主界面将显示 MSDN 在线新闻、最近打开过的项目及显示创建、打开项目的快捷链接，如图 1.35 所示。

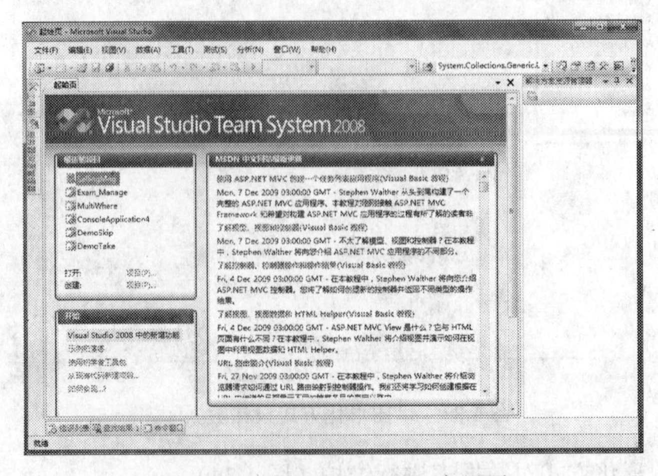

图 1.35 Visual Studio 2008 主界面

2. 新建一个 ASP.NET Web 应用程序

在主界面或者主菜单中单击“新建项目”选项，系统弹出“新建项目”对话框，在对话框的“名称”文本框中输入项目名称 SellingMng，在“位置”栏单击“浏览”按钮，指定一个保存位置，如 C:\My Documents\Visual Studio Projects，单击“确定”按钮，如图 1.36 所示。

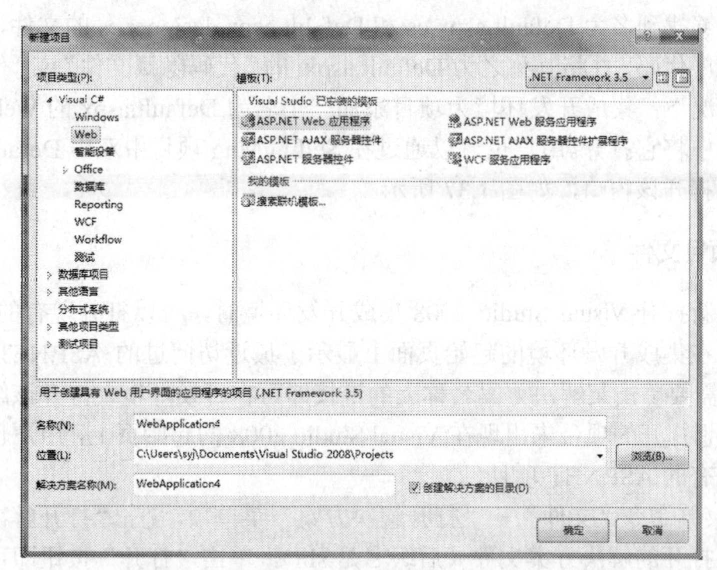

图 1.36　“新建项目”对话框

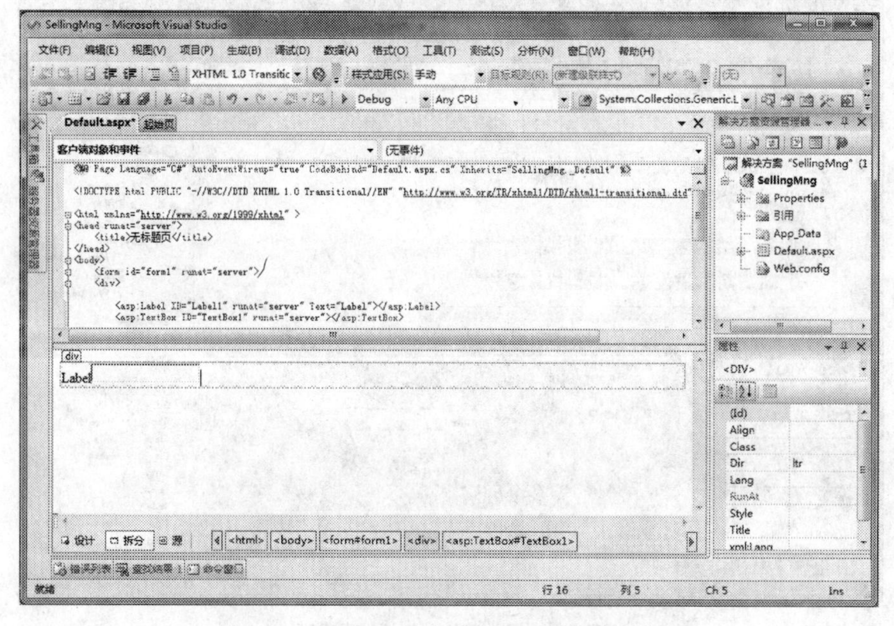

图 1.37　Visual Studio 2008 Web 项目开发窗口

3. 代码隐藏文件

Visual Studio 2008 会在 C:\My Documents\Visual Studio Projects 目录下创建一个文件夹 SellingMng，并在该目录中创建一些文件。这个过程完成后，SellingMng 项目将出现在“解决方案资源管理器”的 SellingMng 解决方案中。SellingMng 项目窗口的默认视图中包含了如下几个文件：AssemblyInfo.cs、Web.config、Default.aspx。除了上述几个文件，用户还能够找到名为 Default.aspx.cs 和 Default.aspx.designer.cs 的文件，可以在这个文件中编写程序代码，并将其称之为 Default.aspx 的“代码隐藏文件”或“代码隐藏页”。

在默认情况下，集成开发环境为项目添加一个名为 Default.aspx 的 Web 窗体，并且已经在编辑器中将它打开。用户也可以通过在 SellingMng 项目中双击 Default.aspx 图标，在开发环境中打开该窗口，如图 1.37 所示。

1.4.2 管理项目文件

当用户重新打开 Visual Studio 2008 集成开发环境时，可以打开现有的 ASP.NET 项目进行编辑。在集成开发环境的起始页面上显示了最近访问过的 ASP.NET 解决方案的列表，用户只需要单击某解决方案名称上的链接即可在开发环境中打开该解决方案包含的项目。如果想打开的项目未出现在 Visual Studio 2008 的起始页上，用户也可以通过以下方式打开现有的 ASP.NET 项目。

1）选择菜单命令“文件”→“打开解决方案”菜单项，在 “打开解决方案”对话框中选择需要打开的解决方案文件（后缀名是.sln），单击“打开”按钮即可在开发环境中打开该解决方案，如图 1.38 所示。

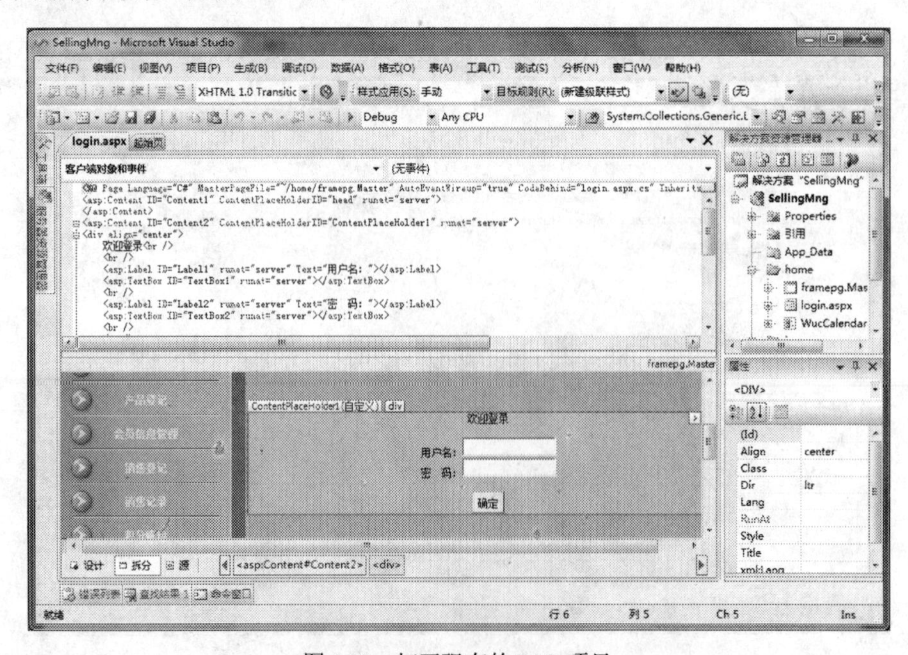

图 1.38 打开现有的 Web 项目

2）用户也可以不通过解决方案文件而直接打开单个项目，选择“文件”→“打开”→

“项目”菜单项，或者在起始页上单击按钮 打开项目(O)，在“打开项目”对话框中选择需要打开的C#项目文件（后缀名是.csproj）即可。

1.5　思考与提高

1）开发Web项目有多种技术平台可选择，应用ASP.NET开发Web项目能体现出哪些优势？

2）一个.NET Web项目需要怎样的运行环境？

3）请根据本书案例的项目背景情况作简单的需求分析。

阶段 2

设计用户操作界面

1）熟练应用常用 Web 服务器控件设计系统用户界面。

2）熟练掌握母版页、内容页、用户控件等界面重用技术。

2.1 任 务 分 析

2.1.1 新问题

会员销售管理信息系统是一个 B/S 结构的应用系统，用户通过 Web 浏览器的方式访问本系统。会员销售管理信息系统的用户界面是动态网页，其表现形式与 Windows 窗口程序有很大区别，界面设计过程亦有很大区别。本阶段着重讲解系统界面的设计方法和步骤。

根据用户需求及功能模块的定义，系统需向用户提供如下的操作界面。

1. 会员管理模块

为了实现向用户提供对商店会员个人资料进行查询、录入的管理，本模块需向用户提供便捷的操作方式来实现新增和编辑会员客户资料、查询和浏览会员信息，其操作界面如图 2.1 所示。在录入会员信息的过程当中，操作界面能够提供不同的输入方式，如

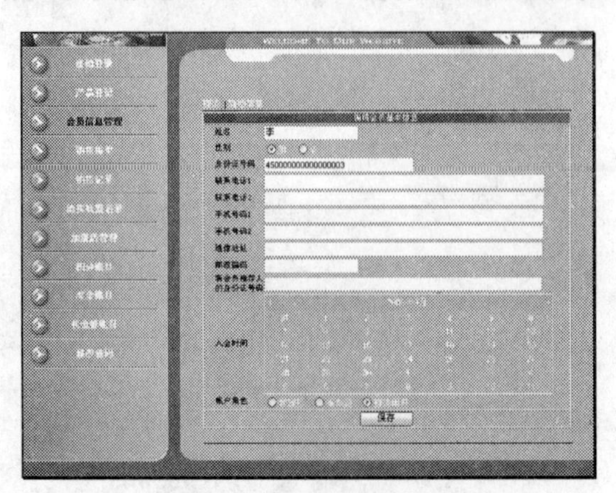

图 2.1　会员管理界面（一）

“性别”提供单选项的录入方式，入会时间提供日历选择的输入方式，使数据录入的工作效率得到提高。

当用户需要查询会员信息库，可以输入身份证号码、姓名组合条件模糊查询，以表格的方式显示查询结果，如图 2.2 所示。由于屏幕宽度有限，表格无法在一行当中显示完某位会员的全部信息，当用户希望查看会员的全部信息时，可单击记录旁边的“详细”按钮，打开该会员的详细信息，亦可对该项会员信息进行修改编辑。

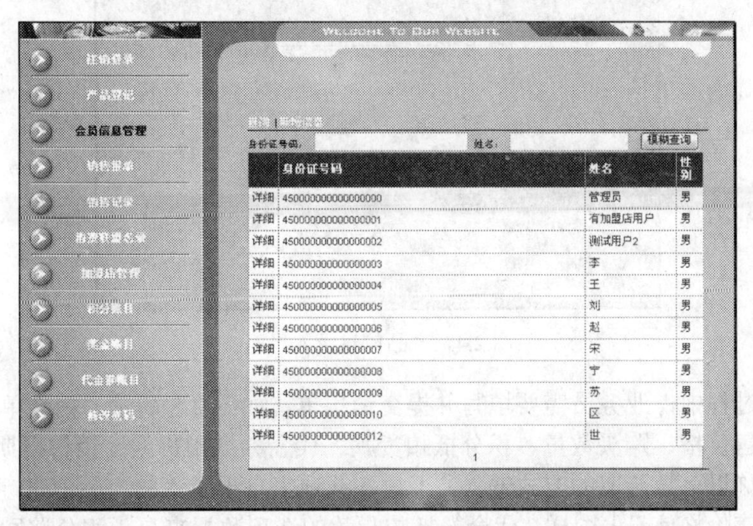

图 2.2　会员管理界面（二）

2. 商品管理与销售模块

本模块的商品信息管理维护功能为用户提供操作界面对门店可销售的产品的相关信息进行管理，包括产品信息的录入、查询、浏览界面，操作界面与会员管理模块类似，如图 2.3 所示。

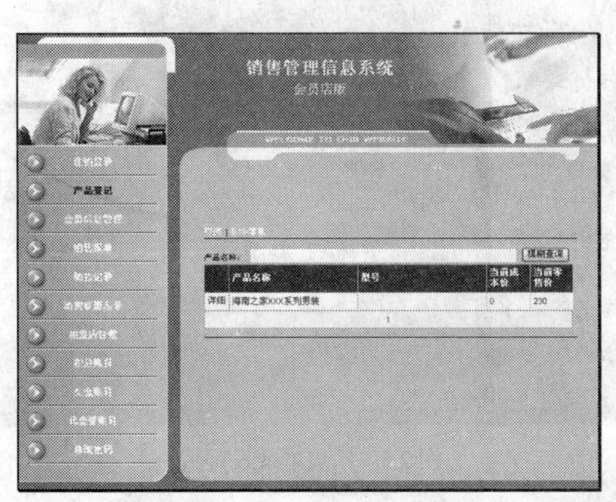

图 2.3　产品信息查询界面

产品信息录入操作界面需提示用户录入产品名称、型号、成本、建议售价等产品信

息，如图 2.4 所示，其中产品名称是必填项，系统中需检查产品名称是否已经填写，同时需检查成本价、售价的数据输入格式是否符合要求。

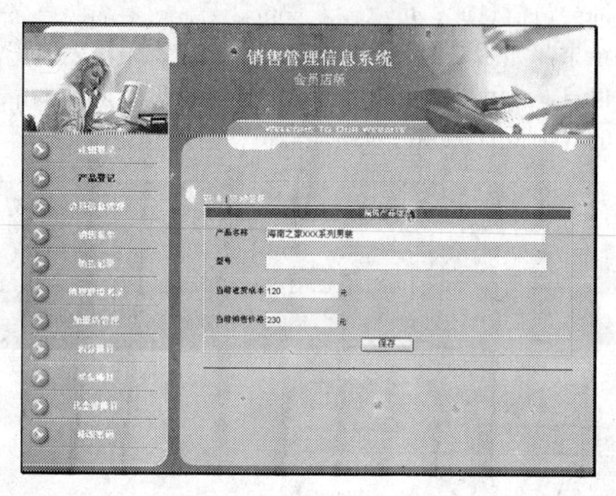

图 2.4　产品信息录入界面

在销售过程中，业务员需要填写并提交销售单，如图 2.5 所示。销售单包括商品名称、商品销售价格、购买数量、积分抵扣货款、代金券抵扣货款、销售日期等数据项。其中商品名称以下拉选取的方式输入，下拉备选项来自于录入的产品信息，同时与商品相关联的销售价格信息；同样，代金券抵扣货款的选项数据来自于积分奖励管理模块所产生的代金券奖励记录，系统能够根据用户选择的代金券减免货款。销售单被提交以后，系统根据销售单填写情况生成销售记录，同时调用积分奖励模块根据客户消费情况生成积分记录、奖金和代金券记录。

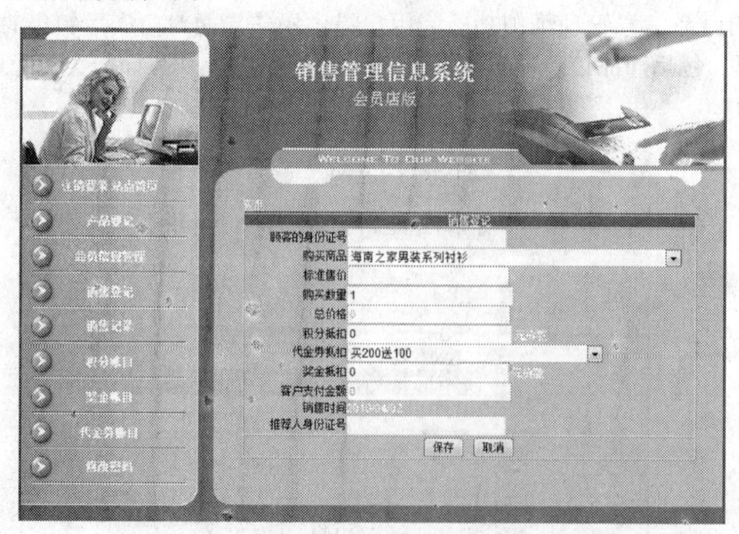

图 2.5　销售单录入界面

3. 消费数据查询分析模块

用户通过单击“消费记录”菜单项可打开消费数据查询分析模块，通过身份证号码、姓名、交易时间段等检索条件可查询消费记录清单，同时可以得到销售总额等统计数据，如图 2.6 所示。

为增强操作界面的友好性，确保数据格式合法，日期时间数据项以下拉选择的操作方式出现，以防止用户输入的日期时间格式不符合系统要求；销售途径数据项以单项选择的操作方式出现，以方便用户操作。

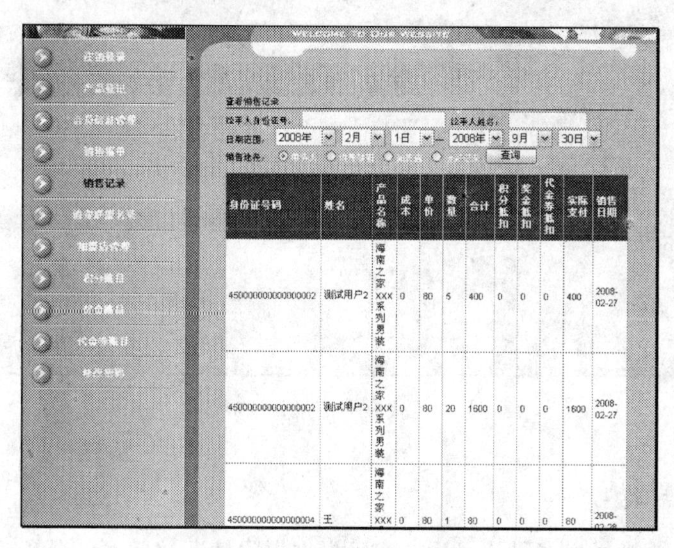

身份证号码	姓名	产品名称	成本	单价	数量	合计	积分抵扣	奖金抵扣	代金券抵扣	实际支付	销售日期
450000000000000002	测试用户2	海南之家XXX系列男装	0	80	5	400	0	0	0	400	2008-02-27
450000000000000002	测试用户2	海南之家XXX系列男装	0	80	20	1600	0	0	0	1600	2008-02-27
450000000000000004	王	海南之家XXX	0	80	1	80	0	0	0	80	2008-

图 2.6　销售记录查询界面

4. 积分奖励管理模块

积分奖励模块的所有信息均在销售过程中由系统自动生成。通过积分信息查询界面（见图 2.7）和代金券信息查询界面（见图 2.8）可以查询指定客户相关记录。

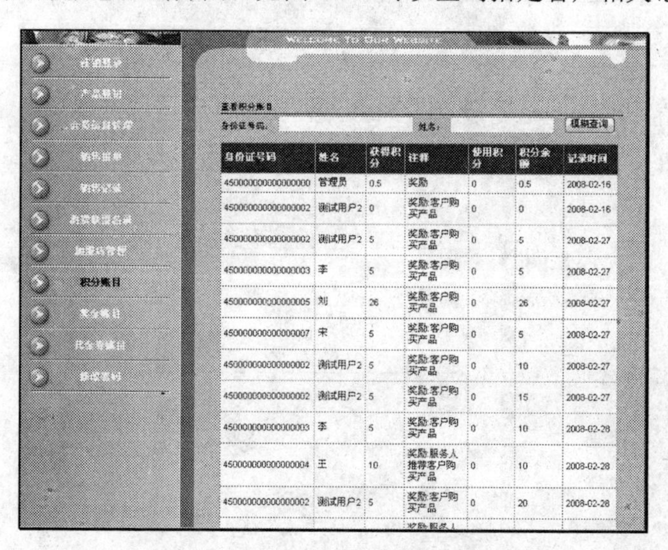

身份证号码	姓名	获得积分	注释	使用积分	积分余额	记录时间
450000000000000000	管理员	0.5	奖励	0	0.5	2008-02-16
450000000000000002	测试用户2	0	奖励:客户购买产品	0	0	2008-02-16
450000000000000002	测试用户2	5	奖励:客户购买产品	0	5	2008-02-27
450000000000000003	李	5	奖励:客户购买产品	0	5	2008-02-27
450000000000000005	刘	26	奖励:客户购买产品	0	26	2008-02-27
450000000000000007	宋	5	奖励:客户购买产品	0	5	2008-02-27
450000000000000002	测试用户2	5	奖励:客户购买产品	0	10	2008-02-27
450000000000000002	测试用户2	5	奖励:客户购买产品	0	15	2008-02-27
450000000000000003	李	5	奖励:客户购买产品	0	10	2008-02-28
450000000000000004	王	10	奖励:服务人推荐客户购买产品	0	10	2008-02-28
450000000000000002	测试用户2	5	奖励:客户购买产品	0	20	2008-02-28

图 2.7　积分信息查询界面

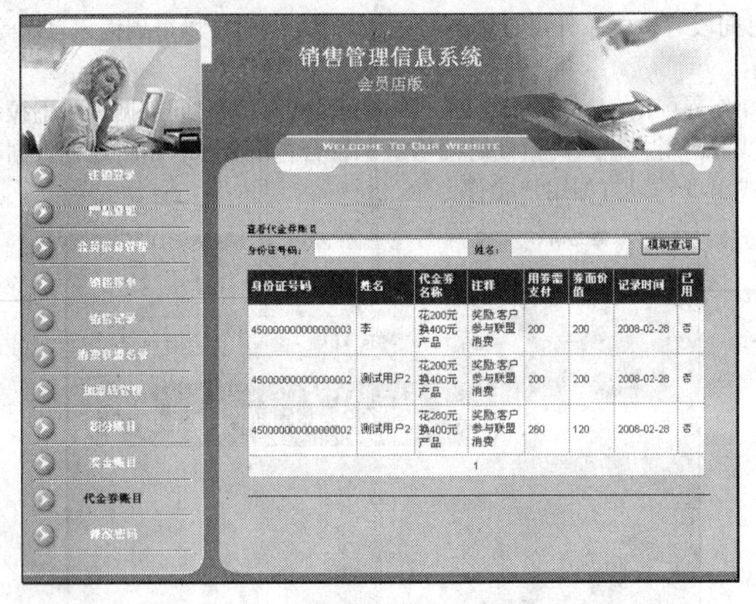

图 2.8　代金券信息查询界面

5. 帐户管理模块

通过输入登录帐号、密码认证后，即可根据权限情况访问系统各项功能，也允许在登录时选择“以后无需输入密码直接登录”，保存登录状态实现免登录访问本系统。

系统新建登录帐户的默认登录密码与登录标识号相同，用户可在第一次使用本系统时修改默认密码，亦可根据需要定期修改登录密码。为确保登录帐户的安全性，修改密码时需要验证旧密码，同时需要二次输入新密码，以确保新密码的正确，如图 2.9 所示。

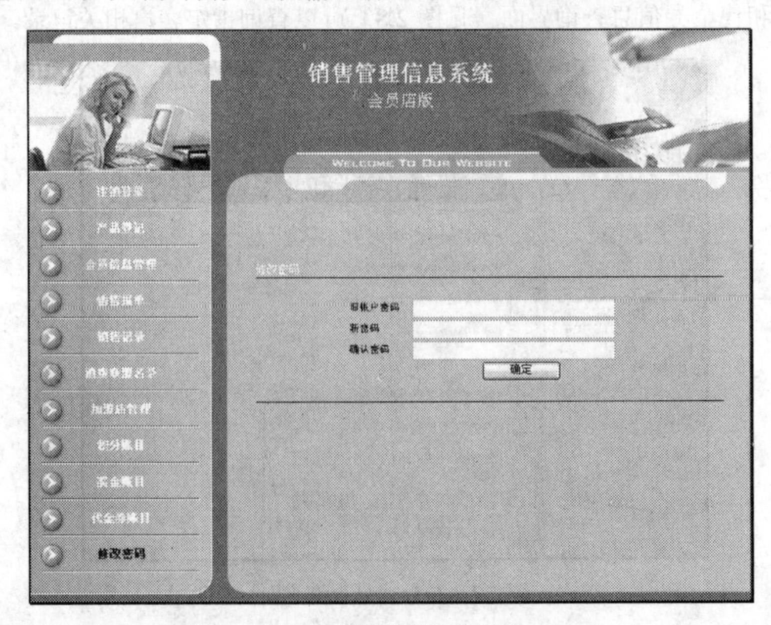

图 2.9　修改密码操作界面

2.1.2　解决方案

Visual Studio 可以以可视化设计方式高效率地设计出 Web 应用系统的操作界面，整个过程所见即所得，无需设想界面的设计效果。Web 应用系统的操作界面主要通过设计母版页、内容页来实现。

本项目的界面设计需经过两个环节。

1. 应用母版页搭建页面框架

细心的读者发现，像新浪、搜狐等站点的每个页面都拥有很多相同的元素，例如，每个页面都显示标题栏、菜单栏、页脚位置的版权信息，并且所有页面都保持着相同的风格。在前面展示的会员销售管理信息系统操作界面当中，每个界面都拥有标题栏、菜单栏，为此在项目当中应考虑通过应用母版页来设计系统界面的标题栏、菜单栏等公共内容。

2. 应用内容页和 Web Controls 控件设计系统操作页面

在母版页设计完成的基础上，为项目新建内容页，通过在工具箱选取 Web Controls 控件添加到页面上，即可实现可视化设计操作界面。

2.2　销售管理系统操作界面的设计与实现

任务 1　利用母版页设计销售管理系统页面框架

销售管理系统的每个操作界面均由标题栏、菜单栏、表单数据构成，为了使所有页面的风格保持一致，每张页面的标题栏、菜单栏需保持一致，所有页面的布局结构需保持统一，为此考虑应用母版页来满足上述需求。

1. 了解母版页

母版页是一个以.master 作为文件后缀名的页面文件，它将站点标识、菜单栏、标题栏等重复出现于每个页面的公共元素抽取出来整合在一起，有效提高了页面设计的重用性，从而提高了页面设计的开发效率。

每个 Web 操作界面均由公共的母版页和私有的内容页组合而成，其关系如图 2.10 所示。

由此可见，母版页是整个系统界面的基础框架，是界面设计工作当中的首要任务。下面详细介绍母版页的设计步骤。

2. 利用母版页设计销售管理系统页面框架的步骤

（1）建立母版页

通过鼠标右击“解决方案资源管理器”的项目结点，弹出属性菜单，如图 2.11 所示。

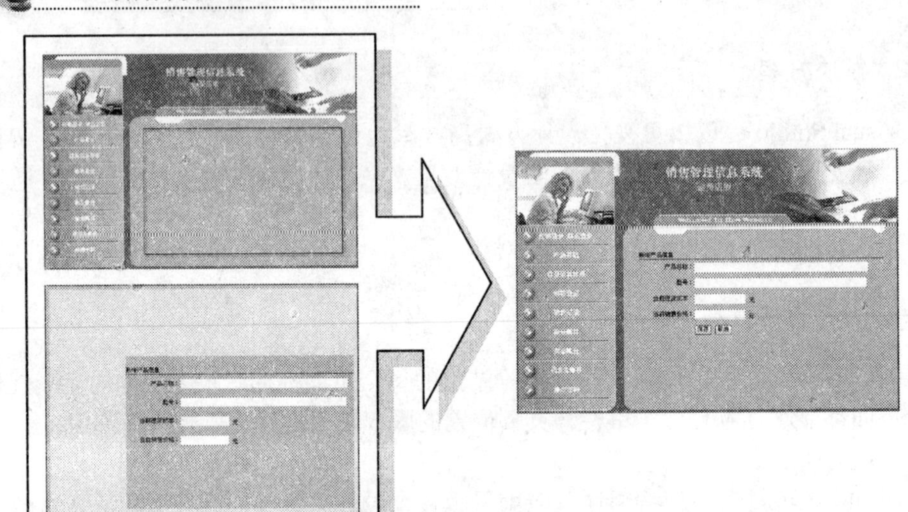

图 2.10　母版页和内容页的关系

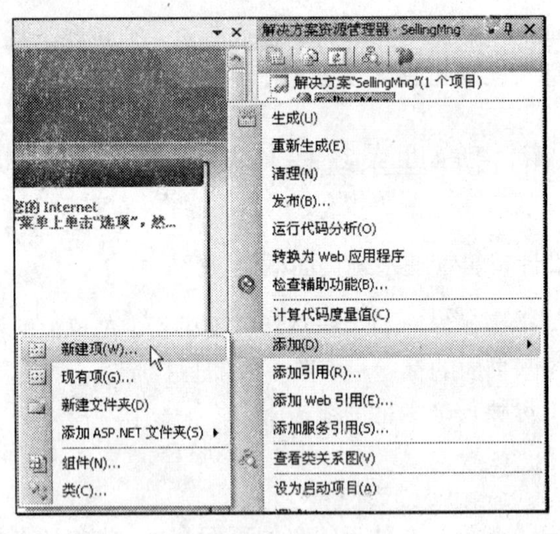

图 2.11　新建项

选取菜单当中的“添加”和“新建项”菜单选项，此时弹出“添加新项”对话框，如图 2.12 所示。

选取“母版页”的母版选项，在“名称”栏输入用户所需的文件名（后缀名需定义为 .Master），默认取名为 Site1.Master，本项目当中将母版页的文件名设置为 framepg.Master，单击“添加”按钮，即可创建一张母版页，如图 2.13 所示。

默认情况下，新建页面显示为 HTML 源代码。为便于实时查看设计效果，可以单击屏幕左下方的“设计”按钮，以可视化方式设计页面；也可以单击屏幕左下方的“拆分”按钮，将窗口显示按拆分为源代码、设计效果图的上下两部分对照显示，实现可视化方式设计页面，如图 2.14 所示。

添加新项 - SellingMng

类别(C):

- Visual C#
  - Web
  - Windows Forms
  - WPF
  - 常规
  - 代码
  - 数据
  - Reporting
  - Workflow

模板(T):

Visual Studio 已安装的模板

Web 窗体	母版页
Web 用户控件	Web 内容窗体
数据库单元测试	AJAX Web 窗体
AJAX 客户端控件	AJAX 客户端库
AJAX 客户端行为	AJAX 母版页
HTML 页	JScript 文件
LINQ to SQL 类	SQL Server 数据库
WCF 服务	Web 服务
Web 配置文件	Windows 脚本宿主
XML 架构	XML 文件
XSLT 文件	安装程序类
报表	报表向导
程序集信息文件	代码文件

Web 应用程序的母版页

名称(N): Site1.Master

添加(A)　取消

图 2.12　“添加新项”对话框

framepg.Master　起始页

客户端对象和事件　(无事件)

```
<%@ Master Language="C#" AutoEventWireup="true" CodeBehind="framepg.master.cs"

<!DOCTYPE html PUBLIC "-//W3C//DTD XHTML 1.0 Transitional//EN" "http://www.w3.

<html xmlns="http://www.w3.org/1999/xhtml" >
<head runat="server">
    <title>无标题页</title>
    <asp:ContentPlaceHolder ID="head" runat="server">
    </asp:ContentPlaceHolder>
</head>
<body>
    <form id="form1" runat="server">
    <div>
        <asp:ContentPlaceHolder ID="ContentPlaceHolder1" runat="server">

        </asp:ContentPlaceHolder>
    </div>
    </form>
</body>
</html>
```

设计　拆分　源

图 2.13　空白的母版页

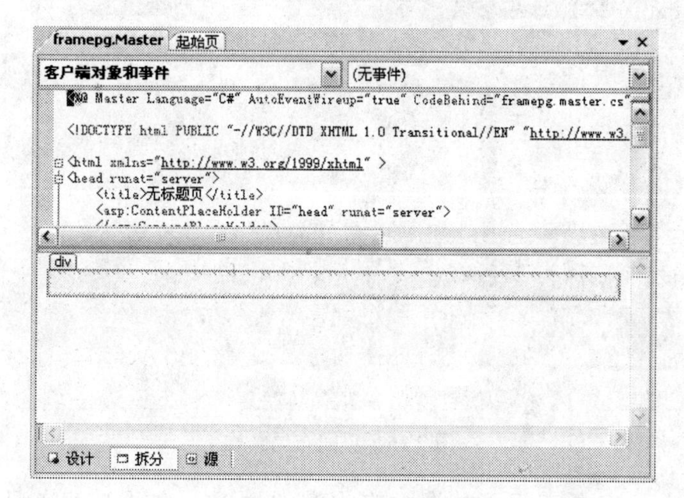

图 2.14　母版页的设计视图

（2）在母版页上面设计页面布局结构

页面布局结构是 HTML 版面设计层面的问题，常见的页面布局结构通常由站点标志、标题栏、菜单栏、页脚栏构成，结合用户需求，本项目确定采用如图 2.15 所示的布局结构。

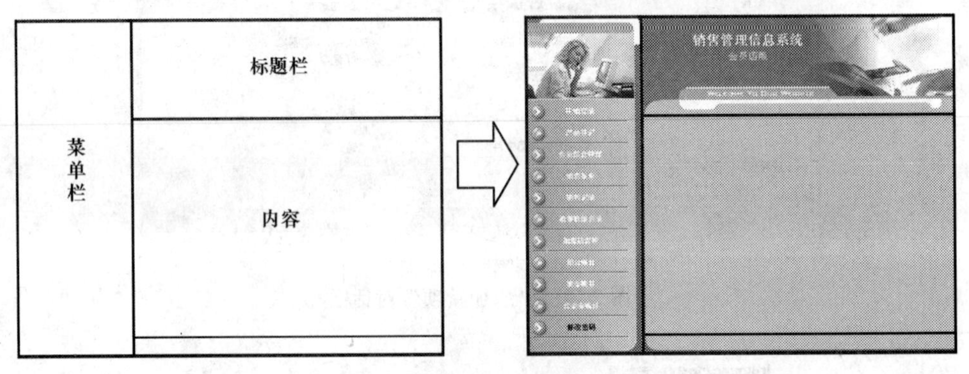

图 2.15　母版页的页面布局结构

从技术上可以通过应用<Table>标记定义表格线来设计布局结构，也可以通过应用 DIV+CSS（层叠样式表单）的方式实现。通过应用<Table>标记定义表格线来设计布局结构具备简单实用、条例分明、格局清晰严谨等优点，本项目将采用此方式设计布局结构。

整个页面布局结构设计将在母版页进行，其中，标题栏、菜单栏的图文细节直接在母版页当中设计实现，而“内容”区域代表着基于母版页上面所建立的内容页面。在此，通过应用<Table>标记定义表格线来设计布局结构，同时添加图片、文字完成标题栏、菜单栏的界面设计，如图 2.16 所示。

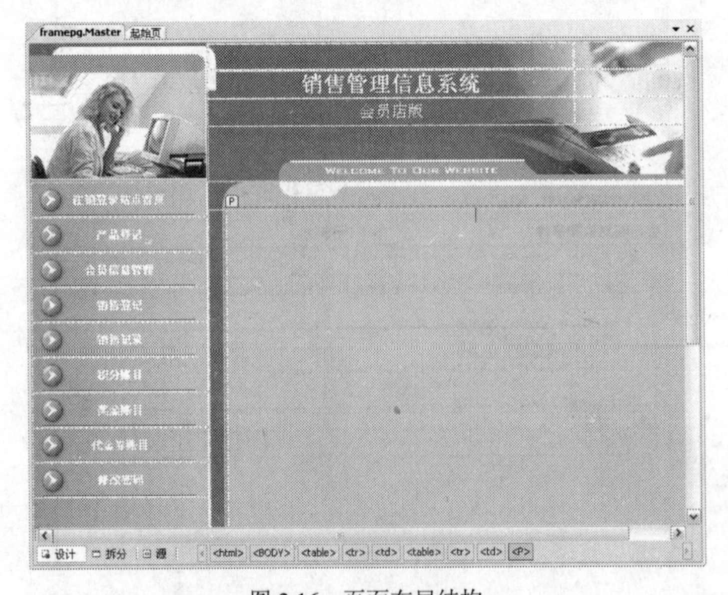

图 2.16　页面布局结构

版面右边大片空白空间是放置站点内容的位置，在此打开工具箱，添加一个 ContentPlaceHolder 控件到该位置，将其定义为内容区域，如图 2.17 所示。

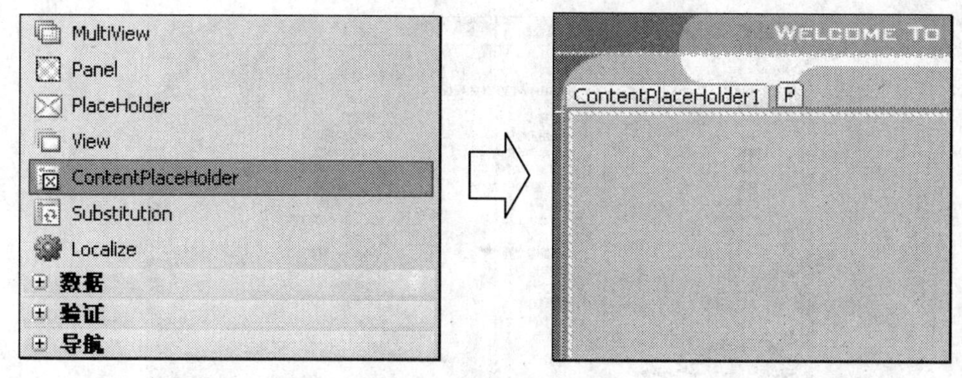

图 2.17　定义内容区域

定义内容区域之后，引用母版页的所有内容页将在此区域显示各自的内容信息。

（3）使用页面框架设计内容页

前面利用母版页搭建起来的页面框架还需要有内容页支撑页面内容，才能在运行过程中正常显示。

创建内容页有三种操作方式。

1）在母版页空白的位置右击，弹出属性菜单，选取“添加内容页”菜单项，如图 2.18 所示。

2）在“解决方案资源管理器”当中，右击 framepg.Master 文件弹出属性菜单，选取“添加内容页”选项，如图 2.19 所示。

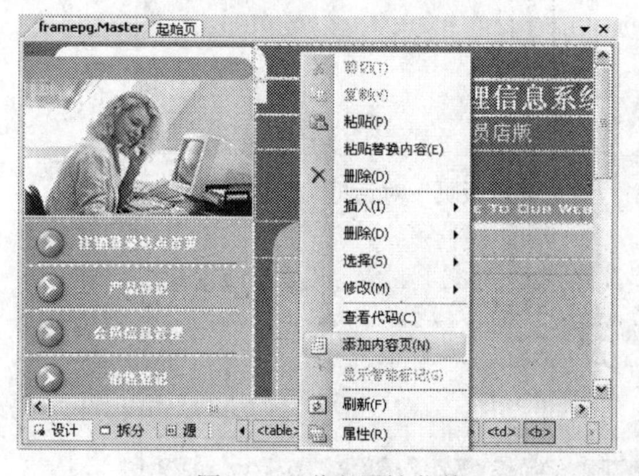

图 2.18　弹出属性菜单

图 2.19　在“解决方案资源管理器”中弹出属性菜单

3）在“解决方案资源管理器”当中，右击“添加新建项”菜单选项，在弹出的“添加新项”对话框当中选择 Web 内容窗口，并设置页面文件名，如图 2.20 所示。

单击上述对话框的“添加”按钮后，还将看到系统提示选择应用到内容页上面的母版页，如图 2.21 所示。

在上述对话框当中，选取 framepg.Master 母版页，单击“确定”按钮，即可完成内容页的创建。

新建内容页后，Visual Studio 将自动生成 Webform1.aspx 页面文件，如图 2.22 所示。

图 2.20 “添加新项”对话框

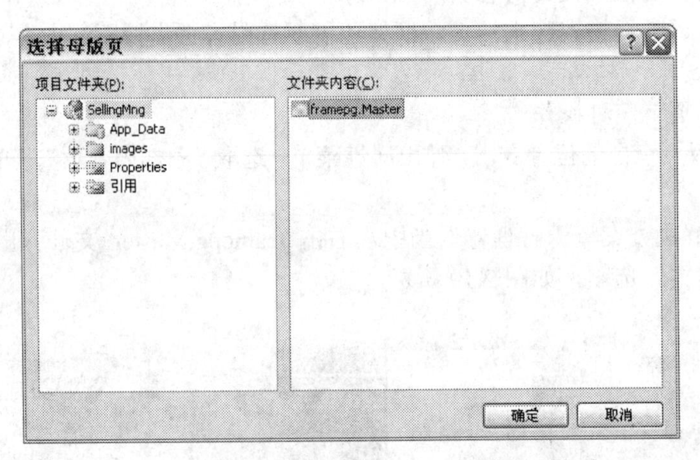

图 2.21 “选择母版页”对话框

图 2.22 内容页新建完成

从图 2.22 中读者将有两个发现：一是按上述操作新建的内容页 Webform1.aspx 的 HTML 代码只有短短几行；二是只允许在标注有 ContentPlaceHolder1 的空白区域编辑页面内容，无法对该区域之外的标题栏、菜单栏等位置进行设计编辑。

为验证上述设计是否正确，现在将一幅关于产品介绍的图片作为页面设计放置到内容页里面，如图 2.23 所示。

图 2.23　尝试往 ContentPlaceHolder 内容区域插入图片

在“解决方案资源管理器”当中，右击 WebForm1.aspx，弹出属性菜单，选取“设为起始页”选项，接下来单击 Visual Studio 主菜单的启动调试功能（或按 F5 快捷键）编译项目源文件，如图 2.24 所示。

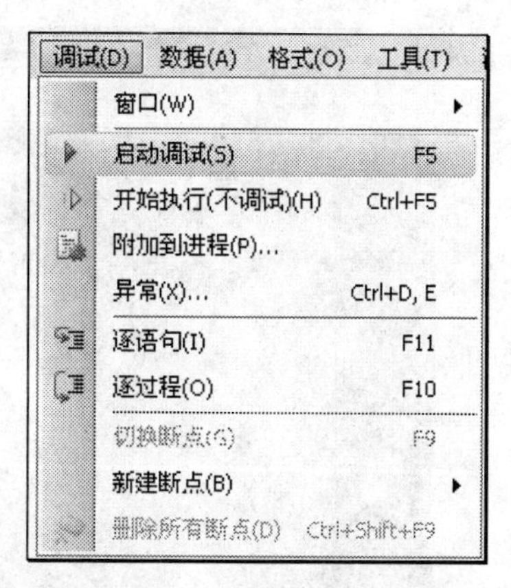

图 2.24　运行调试页面

系统将自动启动 Internet Explorer 浏览器查看运行结果，如图 2.25 所示。

读者看到的是内容页 WebForm1.aspx 的运行结果，虽然设计时内容页只作添加一张图片的设计，但由于内容页通过链接母版页，通过公共的母版页和私有的内容页组合成完整标准的 Web 窗体页面，使之得到上述的运行结果，到此页面布局结构设计圆满完成。

图 2.25　页面运行结果

任务 2　设计系统登录操作界面

1. 了解设计任务

系统登录操作界面是整个系统当中最简单的一个界面，然而它又是信息系统当中不可缺少的一个界面。系统登录操作界面只需要提供用户名、密码两项数据项，并提供登录操作按钮即可达到用户需求，如图 2.26 所示。

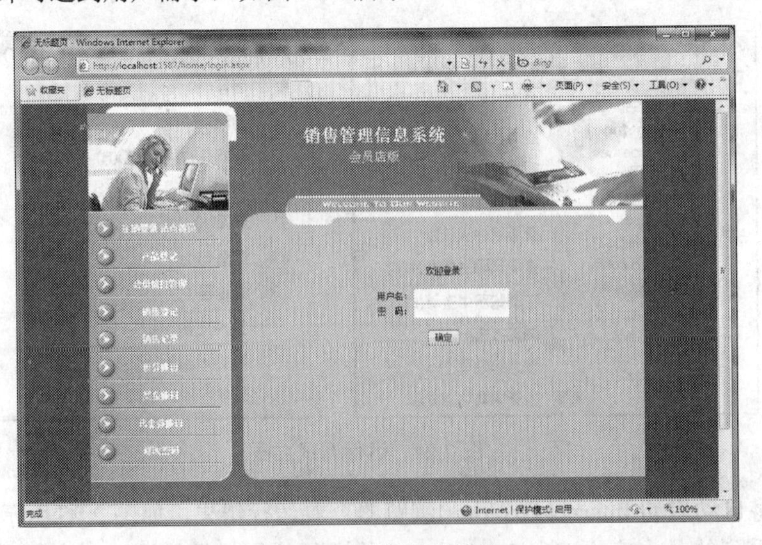

图 2.26　系统登录页面

2. 设计登录窗体，深入理解 Web 窗体和母版页

Web 项目的窗体界面被称为 Web 窗体（简称 Web Form），是 ASP.NET 页面的一种

类型，含有一个交互式的窗体（即页面中有一个<form>元素），是服务器端与客户端浏览器之间数据传递的一种结构模式。由于很多 ASP.NET 页面都包含有窗体，所以在通常情况下术语“Web 窗体”和“ASP.NET 页面”是可以交换使用的。

Web 窗体有两种构造形式，现在对这两种不同构造形式的 Web 窗体分别讲述如何设计系统登录界面，使读者深入理解 Web 窗体页面和母版页。

1）以文件后缀名为.ASPX 的标准 Web 窗体可以独立存在。现在通过“解决方案资源管理器”的“添加新建项”的菜单选项，新建一张 Web 窗体页面，利用表格设计如图 2.27 所示的视图。

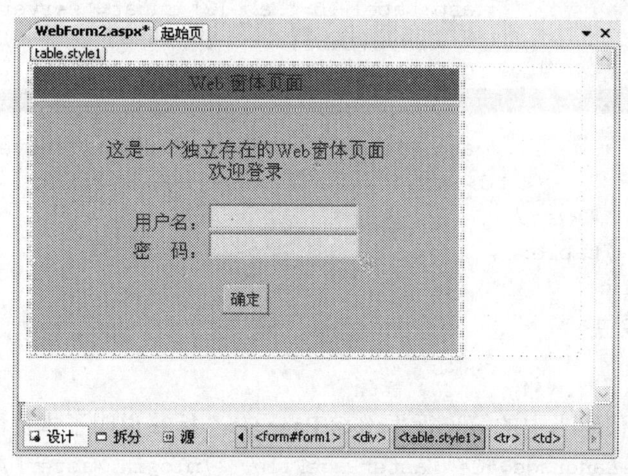

图 2.27　系统登录页面

上述视图的“用户名”、“密码”来源于工具箱当中的 Label 控件，文本框是 TextBox 控件，“确定”按钮是 Button 控件，控件的应用将在后续内容当中作详细讲解。实现上述视图的 HTML 编码见实例 2.1。

实例 2.1

```
<%@ Page Language="C#" AutoEventWireup="true" CodeBehind="WebForm2.aspx.cs"
Inherits="SellingMng.WebForm2" %>
<!DOCTYPE html PUBLIC "-//W3C//DTD XHTML 1.0 Transitional//EN"
"http://www.w3.org/TR/xhtml1/DTD/xhtml1-transitional.dtd">
<html xmlns="http://www.w3.org/1999/xhtml" >
<head runat="server">
    <title>无标题页</title>
              … 省略部分代码 …
    </style>
</head>
<body>
    <form id="form1" runat="server">
    <div>
        <table class="style1">
            <tr>
                <td align="center" bgcolor="#666666" class="style2">
                    Web 窗体页面</td>
```

```
                </tr>
                <tr>
                    <td align="center" bgcolor="#CCCCCC">
                        这是一个独立存在的Web窗体页面<br />
                        欢迎登录<br /><br />
                        <asp:Label ID="Label1" runat="server"
                            Text="用户名："></asp:Label>
                        <asp:TextBox ID="TextBox1" runat="server">
                            </asp:TextBox><br />
                        <asp:Label ID="Label2" runat="server" Text="密码：">
                            </asp:Label>
                        <asp:TextBox ID="TextBox2" runat="server">
                            </asp:TextBox><br /><br />
                        <asp:Button ID="Button1" runat="server" Text="确定"/>
                    </td>
                </tr>
            </table>
        </div>
        </form>
    </body>
    </html>
```

上述HTML代码当中的第一行“<%@ Page %>”标签说明了本页面是Web窗体页：

```
<%@ Page Language="C#" MasterPageFile="~/mlogin.Master" AutoEventWireup=
"true" CodeBehind="WebForm3.aspx.cs" Inherits="SellingMng.WebForm3"
Title="无标题页" %>
```

其中，Language属性表示Web窗体页面处理程序的语言类型，CodeBehind属性表示页面处理程序（即隐藏代码）的文件名。

上述HTML代码与一般的HTML静态网页没有太大区别，主要区别有以下几点。

① 代码应用<form>标签定义了一个Web窗体，由于Web窗体是服务器端与客户端浏览器之间数据传递的一种结构模式，因此只有放置在<form>与</form>之间的控件才能被服务端代码访问；

② 代码的第一行<%@ Page>标签定义了Web窗体页面链接了一个C#语言的服务端程序。实际上，一个Web窗体是由<html>标签描述的可视组件和C#语言的服务端程序构成，服务端程序实现了用户与窗体进行交互操作，编程位于与用户界面文件不同的文件中，该文件称为“代码隐藏（CodeBehind）”文件，如图2.28所示，其扩展名为.aspx.cs（或.aspx.vb）。

在代码隐藏文件中编写的程序可以使用Visual C#、Visual Basic.NET等平台语言来编写，方法与设计Windows窗体应用程序类似，以事件驱动程序运行。对Web窗体的控件设置属性、建立事件编写程序与Windows窗体应用程序的设计方法是类似的，如图2.29所示。

以本窗体为例，当程序运行时，鼠标单击“确定”按钮后，程序需要对用户在Web窗体输入的用户名、密码进行验证，在设计时，可以建立“确定”按钮的鼠标单击事件。在设计界面用鼠标双击一下“确定”按钮可创建按钮事件，并打开代码窗口显示自动创建的事件函数，如图2.30所示。

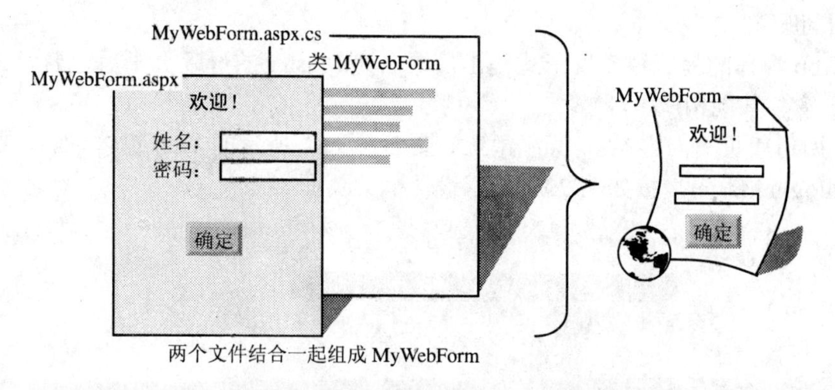

图 2.28　ASP.NET 的 CodeBehind

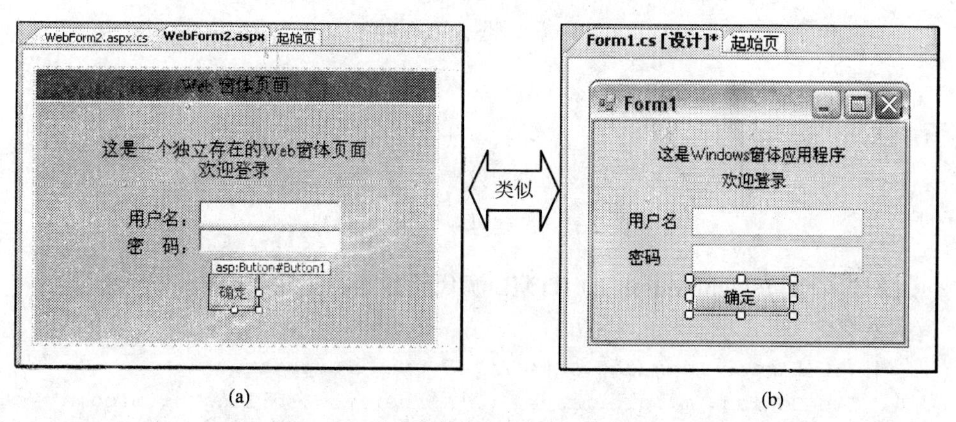

(a)　(b)

图 2.29　Web 窗体与 Windows 窗体

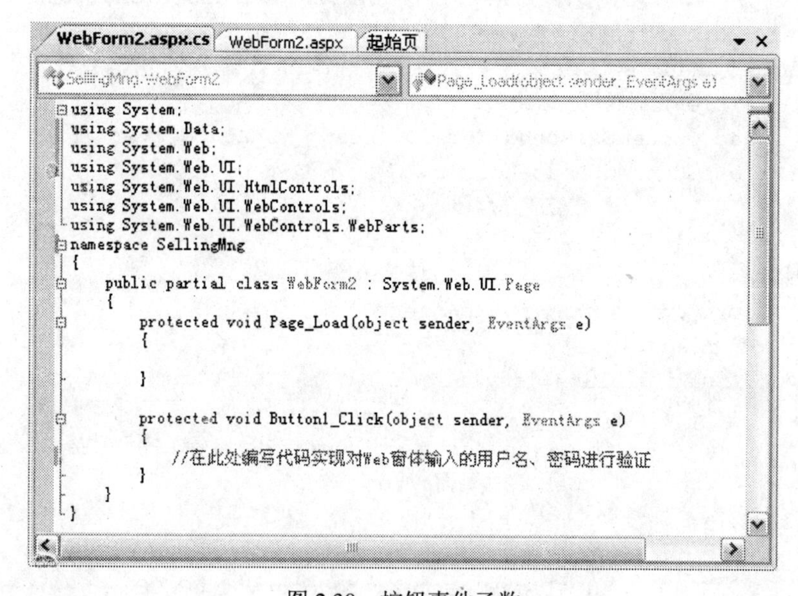


```
using System;
using System.Data;
using System.Web;
using System.Web.UI;
using System.Web.UI.HtmlControls;
using System.Web.UI.WebControls;
using System.Web.UI.WebControls.WebParts;
namespace SellingMng
{
    public partial class WebForm2 : System.Web.UI.Page
    {
        protected void Page_Load(object sender, EventArgs e)
        {

        }

        protected void Button1_Click(object sender, EventArgs e)
        {
            //在此处编写代码实现对Web窗体输入的用户名、密码进行验证
        }
    }
}
```

图 2.30　按钮事件函数

阅读上述代码窗口中的程序，感觉建立 Web 窗体程序是否与 Windows 窗体应用程序几乎相同呢？

2）Web 窗体的另一种表现形式是由后缀名为.Master 的母版页＋后缀名为.ASPX 的内容 Web 窗体共同构成。

现在用母版页＋内容 Web 窗体建立如图 2.29（a）所示的 Web 窗体页面，首先新建母版页 mlogin.Master，按如图 2.31 所示设计框架页面。

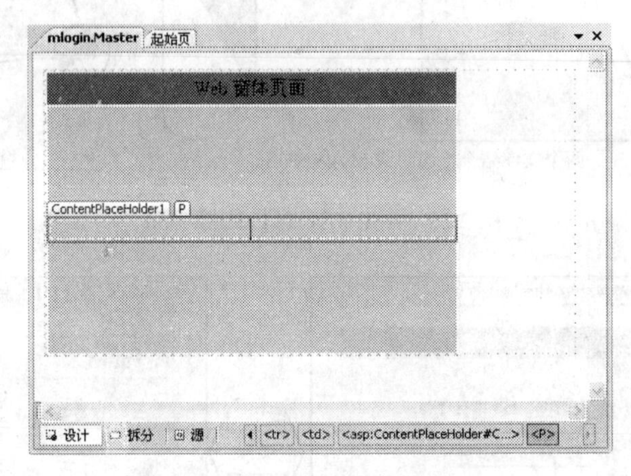

图 2.31　新建母版页 mlogin.Master

此时，看到 mlogin.Master 的 HTML 源代码如下，见实例 2.2。

实例 2.2

```
<%@ Master Language="C#" AutoEventWireup="true"
CodeBehind="mlogin.master.cs" Inherits="SellingMng.mlogin" %>
<!DOCTYPE html PUBLIC "-//W3C//DTD XHTML 1.0 Transitional//EN"
"http://www.w3.org/TR/xhtml1/DTD/xhtml1-transitional.dtd">
<html xmlns="http://www.w3.org/1999/xhtml" >
<head runat="server">
    <title>无标题页</title>
    <asp:ContentPlaceHolder ID="head" runat="server">
    </asp:ContentPlaceHolder>
            … 省略部分代码 …
</head>
<body>
    <form id="form1" runat="server">
    <div>
        <table class="style1">
            <tr>
                <td align="center" bgcolor="#666666" class="style2">
                    Web 窗体页面</td>
            </tr>
            <tr>
                <td align="center" bgcolor="#CCCCCC">
                    <asp:ContentPlaceHolder ID="ContentPlaceHolder1"
```

```
                runat="server"> <P align="center"></P>
            </asp:ContentPlaceHolder>
        </td>
    </tr>
</table>
</div>
</form>
</body>
</html>
```

请用户阅读上述 HTML 代码的同时注意以下两个问题。

① 当中的第一行“<%@ Master %>”标签说明了本页面是母版页：

```
<%@ Master Language="C#" AutoEventWireup="true" CodeBehind=
"mlogin.master.cs"
Inherits="SellingMng.mlogin" %>
```

其中，Language 属性表示母版页的页面处理程序的语言类型，CodeBehind 属性表示页面处理程序的文件名。

② 注意在 HTML 代码当中应用 ContentPlaceHolder 控件定义母版页提供给内容页的内容存放区域：

```
<asp:ContentPlaceHolder ID="ContentPlaceHolder1" runat="server">
</asp:ContentPlaceHolder>
```

也就是说，内容页的页面信息将嵌套到母版页 ContentPlaceHolder 控件所定义的区域显示。

接下来应用新建的 mlogin.Master 母版页创建 Web 内容窗体页面，并按照如图 2.32 所示设计内容区域。

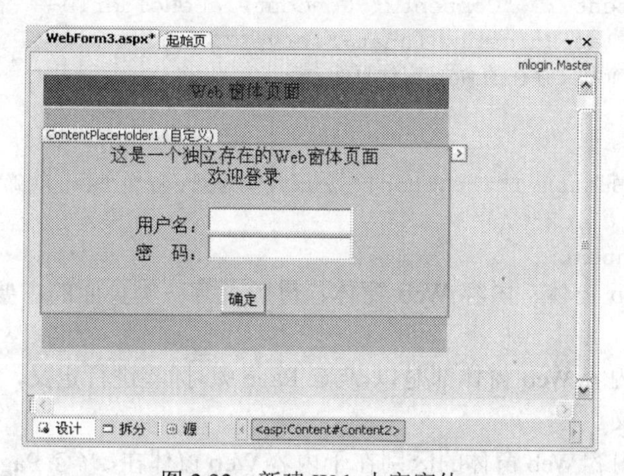

图 2.32　新建 Web 内容窗体

上述设计视图的 HTML 源代码如下：

```
<%@ Page Language="C#" MasterPageFile="~/mlogin.Master" AutoEventWireup=
"true" CodeBehind="WebForm3.aspx.cs" Inherits="SellingMng.WebForm3"
Title="无标题页" %>
<asp:Content ID="Content1" ContentPlaceHolderID="head" runat="server">
</asp:Content>
```

```
<asp:Content ID="Content2" ContentPlaceHolderID=
"ContentPlaceHolder1" runat="server">
    这是一个独立存在的 Web 窗体页面<br />
    欢迎登录<br />
    <br />
    <asp:Label ID="Label1" runat="server" Text="用户名：" ></asp:Label>
    <asp:TextBox ID="TextBox1" runat="server"></asp:TextBox>
    <br />
    <asp:Label ID="Label2" runat="server" Text="密  码：" ></asp:Label>
    <asp:TextBox ID="TextBox2" runat="server"></asp:TextBox>
    <br />
    <br />
    <asp:Button ID="Button1" runat="server" Text="确定"
onclick="Button1_Click" />
</asp:Content>
```

请用户阅读上述 HTML 代码的同时注意以下两个问题。

① HTML 代码当中的第一行“<%@ Page %>”标签说明了本页面是 Web 窗体页：

```
<%@ Page Language="C#" MasterPageFile="~/mlogin.Master" AutoEventWireup=
"true" CodeBehind="WebForm3.aspx.cs" Inherits="SellingMng.WebForm3"
Title="无标题页" %>
```

其中，Language 属性表示内容 Web 窗体页面处理程序的语言类型，MasterPageFile 属性表示本页面应用了哪张母版页，CodeBehind 属性表示页面处理程序的文件名。

② 在 HTML 代码当中应用 Content 控件定义该区域的设计将嵌入到 ContentPlaceHolderID 属性所指定的母版页区域。

```
<asp:Content ID="Content2" ContentPlaceHolderID=
"ContentPlaceHolder1" runat="server">
    这是一个独立存在的 Web 窗体页面<br />
    …
    …
    <asp:Button ID="Button1" runat="server" Text="确定" onclick=
"Button1_Click" />
</asp:Content>
```

由此可见，Web 窗体、内容 Web 窗体、母版页等三类页面的主要区别在于 HTML 定义上面的区别。

- Web 窗体和内容 Web 窗体都是以<%@ Page %>标签进行定义，而母版页以<%@ Master %>进行定义。
- Web 窗体和内容 Web 窗体的区别在于内容 Web 窗体在<%@ Page %>标签当中定义了 MasterPageFile 属性，表示本页面应用了哪张母版页作为设计视图。
- 母版页通过应用 ContentPlaceHolder 控件定义母版页提供给内容页的内容存放区域，内容 Web 窗体通过应用 Content 控件定义该区域的设计，将嵌入到 ContentPlaceHolderID 属性所指定的母版页区域。

通过上述三点区别，可以得到一个认识：“母版页＋内容 Web 窗体”与“Web 窗体”在页面结构上是完全等价的。

3. 如何修改内容页使之应用另外一个母版页

经历前面的设计环节，已经建立了一个系统登录窗口 WebForm3.aspx，在“解决方案资源管理器”当中将该文件设置为起始页，按 F5 键运行调试，可看到运行结果，如图 2.33 所示。

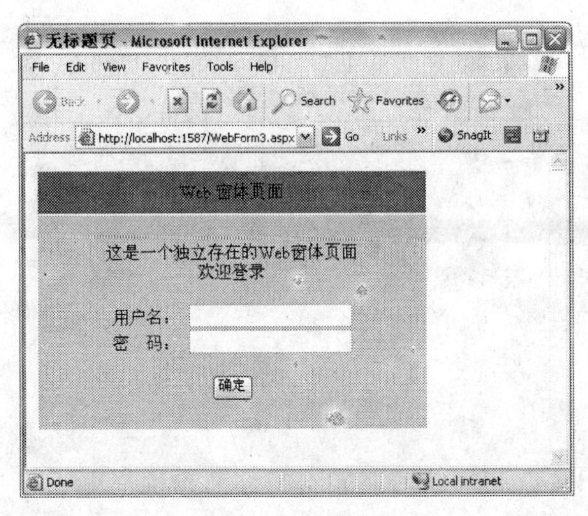

图 2.33　运行结果

然而，这绝对不是软件用户所需的界面，用户希望所有的操作界面都能够应用 framepg.Master 母版页所设计的框架，此时应该如何修改 WebForm3.aspx 才能达到用户的要求呢？这个问题换句话来说其实是如何通过修改 WebForm3.aspx 页面，使之从原来应用 mlogin.Master 母版页改成应用 framepg.Master 母版页。解决该问题的详细步骤如下。

1）打开 WebForm3.aspx 页面的 HTML 源代码，对如下代码（位于 HTML 源代码的第一行）进行修改：

```
<%@ Page Language="C#" MasterPageFile="~/mlogin.Master"
AutoEventWireup="true"
CodeBehind="WebForm3.aspx.cs" Inherits="SellingMng.WebForm3"
Title="无标题页" %>
```

上述代码的“MasterPageFile="~/mlogin.Master"”属性描述表示该页面应用了当前路径之下的 mlogin.Master 母版页作为页面框架，现在将它修改为应用 framepg.Master 母版页，即

```
<%@ Page Language="C#" MasterPageFile="~/framepg.Master"
AutoEventWireup="true"
CodeBehind="WebForm3.aspx.cs" Inherits="SellingMng.WebForm3"
Title="无标题页" %>
```

2）在 WebForm3.aspx 页面的 HTML 代码当中检查该页面对母版页的内容区域定义的引用是否正确，需检查的代码如下：

```
<asp:Content ID="Content2" ContentPlaceHolderID=
"ContentPlaceHolder1" runat="server">
```

上述代码的 ContentPlaceHolderID 属性描述该页面对母版页的 ContentPlaceHolder1 内容

区域定义的引用是否存在，如果母版页 framepg.Master 不存在 ID 为 ContentPlaceHolder1 的内容区域定义，那么该页面的定义是无效的。

3）经过前面两个步骤，已经能够得到基本符合用户需求的登录操作页面，对 WebForm3.aspx 内容页的排版细节进行调整，使之居中显示（方法是对需要居中的内容加上<div align="center">标签），运行结果如图 2.34 所示。

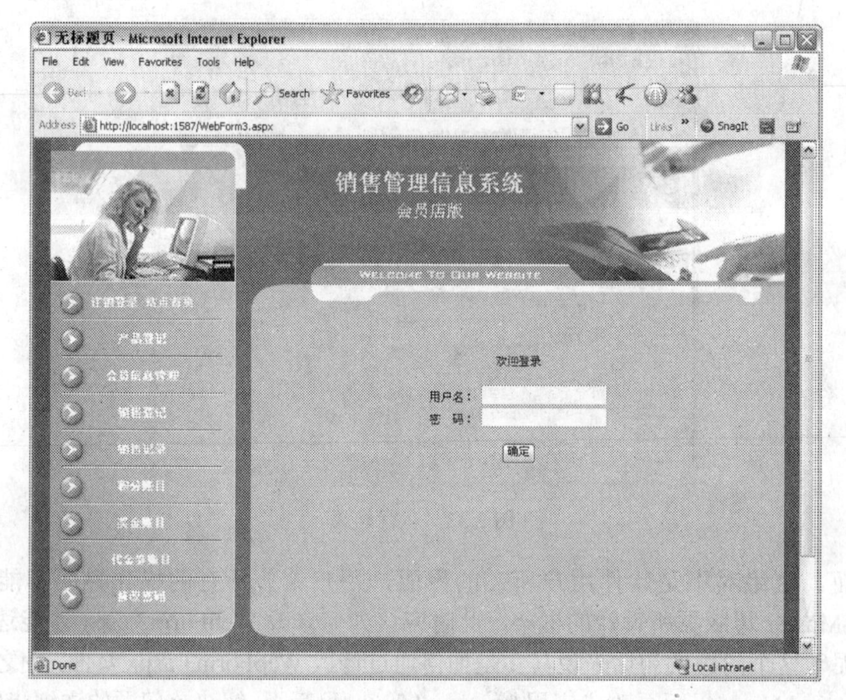

图 2.34 运行结果

4. 如何重命名 Web 窗体页面的文件名

Web 窗体页面的命名要求与变量名命名规则的要求类似，Web 窗体页面的文件命名应该选取有特定含义、不与程序语法构成冲突的名字。前面设计完成的登录页面文件名“WebForm3.aspx”是一个默认的命名，现在需要执行如下步骤，应将 Web 窗体的页面文件名重命名为 login.aspx。

1）在解决方案资源管理器当中，使用鼠标右键单击文件 WebForm3.aspx，弹出属性菜单，选取“重命名”菜单项，将文件名更改为 login.aspx，如图 2.35 所示。

2）使用鼠标右键单击已重命名的页面文件 login.aspx，弹出快捷菜单，选取“查看代码”菜单项，将类名 WebForm3 更改为 login，使页面处理程序的类名与页面文件名保持一致，如图 2.36 所示。

3）打开 login.aspx 页面的 HTML 代码，将<%@ Page%>定义的 Inherits 属性修改为 SellingMng.login，Web 页面能够正确加载类名为 login 的页面处理程序，如图 2.37 所示。

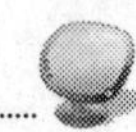

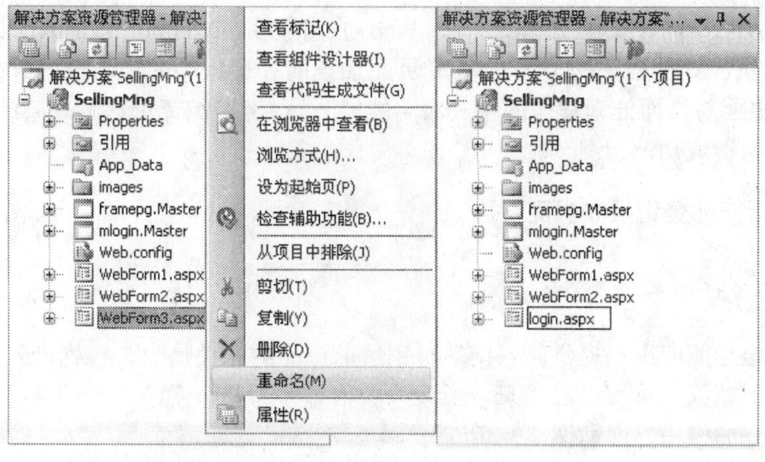

图 2.35 重命名 Web 页面

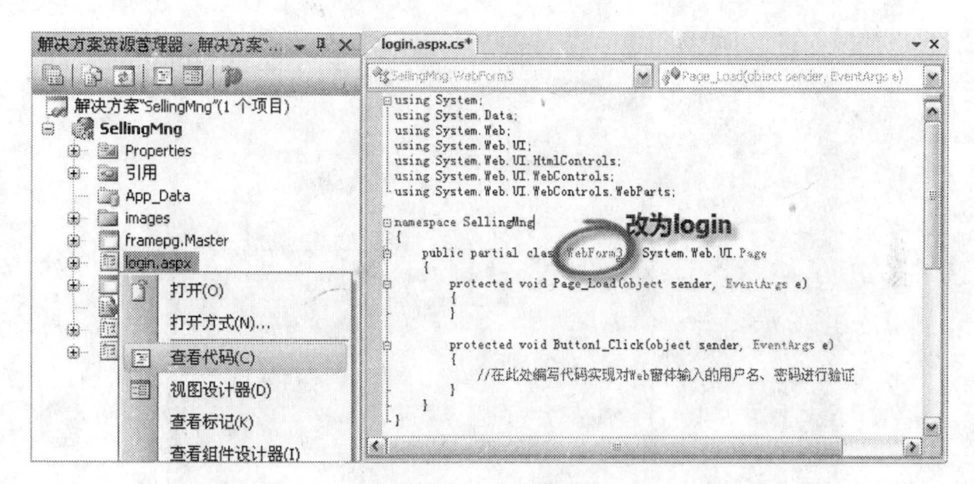

图 2.36 修改类名

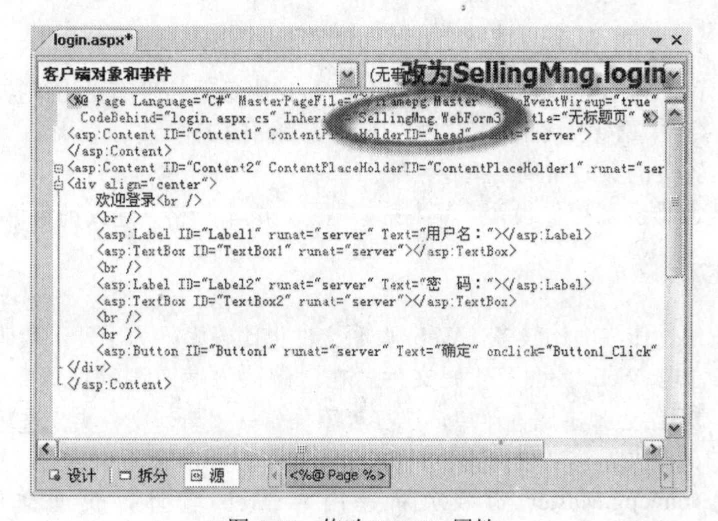

图 2.37 修改 Inherits 属性

通过上述三个步骤的处理之后，Web 窗体页面 WebForm3.aspx 被重命名为 login.aspx，页面处理程序的类名、Web 页面加载的处理程序的类名也同时被重命名为 login。Web 页面与页面处理程序的相关命名能够一致，经过编译调试发现系统运行正常，重命名操作取得成功。

任务 3　设计产品登记操作界面

1. 了解设计任务

产品登记功能向用户提供录入门店可销售的产品的相关信息，包括录入产品名称、型号、成本、建议售价等产品信息，所录入的信息作为整个系统运行的基础数据。

产品登记的操作界面如图 2.38 所示。

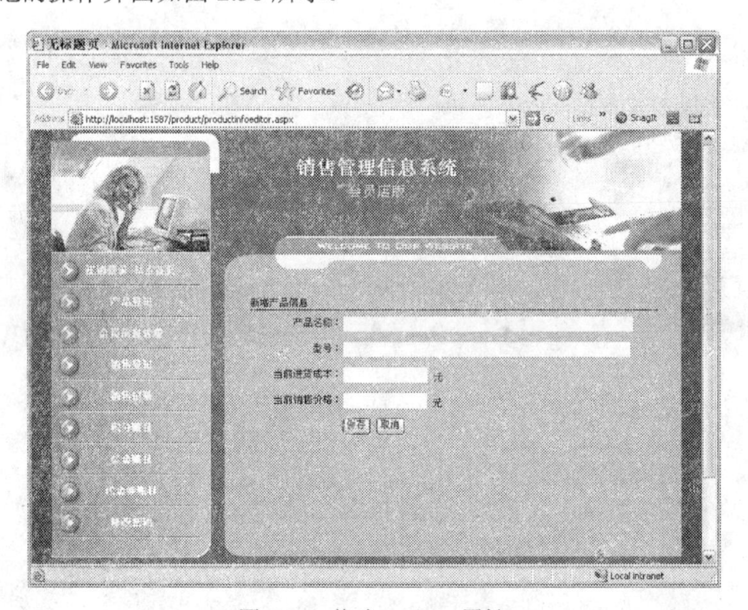

图 2.38　修改 Inherits 属性

为完成设计任务，这里将要学习和使用的 Web 服务器控件有 Label 控件、TextBox 控件和 Button 控件。本设计任务需要做以下两个方面的工作。

1）定义内容页的页面布局结构。

2）应用 Web 服务器控件设计产品名称、型号、成本价格、建议销售价格等输入项。

2. 设计步骤

1）本系统的操作界面比较多，Web 页面文件也比较多，为了便于代码管理，可以使用文件夹来管理 Web 页面及代码文件。在“解决方案资源管理器”当中，右击 SellingMng 项目结点弹出属性菜单，选择“添加”→“新建文件夹”选项，添加一个名为 product 的文件夹。

2）应用 framepg.Master 母版页新建内容 Web 窗体，页面文件名命名为 productinfoeditor.aspx。

页面建立起来以后出现了一个意想不到的问题，新建的内容 Web 窗体当中的全部图片不能正常显示，如图 2.39 所示。

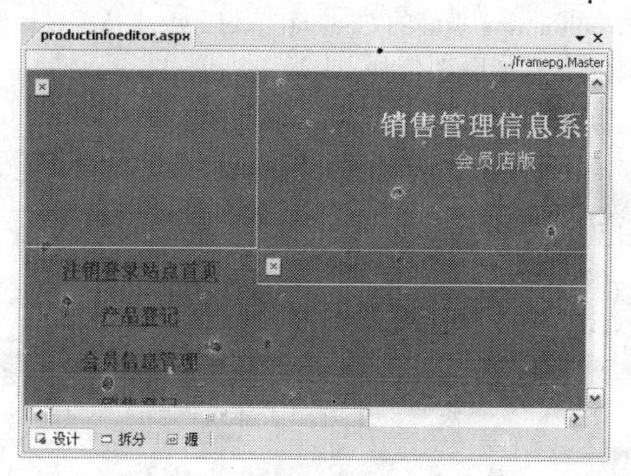

图 2.39 Web 窗体无法正常显示图片

出现上述问题的原因是图片链接的相对路径设置不正确，为了能够顺利解决问题，请读者特别留意本项目的文件路径结构，如图 2.40 所示。

图 2.40 项目文件路径结构

母版页通过这样一个 HTML 语句显示当前文件夹之下的 images 子文件夹的 index_pic.gif 图片：

```
<img src="images/index_pic.gif" width=
"200" height="150">
```

内容 Web 窗体 login.aspx 页面应用母版页时没有任何问题，是因为 login.aspx 和母版页 framepg.Master 位于相同的文件夹，运行时 login.aspx 页面肯定能够正确显示当前文件夹之下的 images 子文件夹的 index_pic.gif 图片。

但内容 Web 窗体 productinfoeditor.aspx 页面的情况就不一样了，productinfoeditor.aspx 页面位于 product 文件夹，它依照母版页描述的图片路径（images/index_pic.gif）根本无法找到图片文件，因为 productinfoeditor.aspx 的当前文件夹（即 product 文件夹）之下根本不存在 images 文件夹，因此无法正常显示图片。

处理上述问题的方法如下所述。

图 2.41 新的项目文件路径结构

① 在项目根目录另建 home 文件夹，将 framepg.Master、login.aspx 移动到 home 文件夹之下，处理后，新的项目文件路径结构如图 2.41 所示。

② 编辑 framepg.Master 的 HTML 源代码，将 images/全文替换为../images/。

③ 编辑 login.aspx 的 HTML 源代码，将<%@ Page %>标记的 MasterPageFile 属性修改为"~/home/framepg.Master"。

④ 编辑 productinfoeditor.aspx 的 HTML 源代码，

将<%@ Page　%>标记的 MasterPageFile 属性修改为“~/home/framepg.Master”。

经过上述处理后，母版页所链接的图片已能够在内容 Web 窗体上正确显示。

3）在 productinfoeditor.aspx 页面的 ContentPlaceHolder1 位置设计内容页，应用<table>表格线定义内容页版面结构如图 2.42 所示。

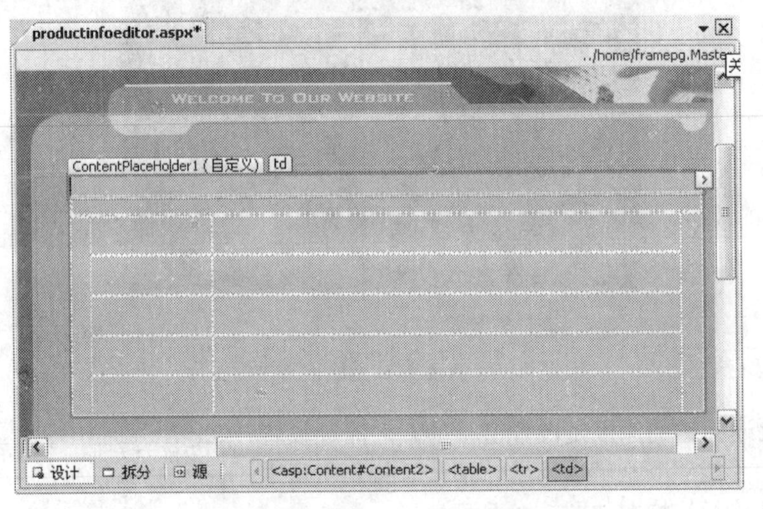

图 2.42　定义内容页版面结构

4）从工具箱拖放 Label 控件到页面上，此时页面上出现 Label1 标签，用鼠标单击 Label1，选定该标签，在属性表当中找到（ID）项，将（ID）设置为 lblTitle，同时找到 Text 属性并将该属性设置为“新增产品信息”，如图 2.43 所示。

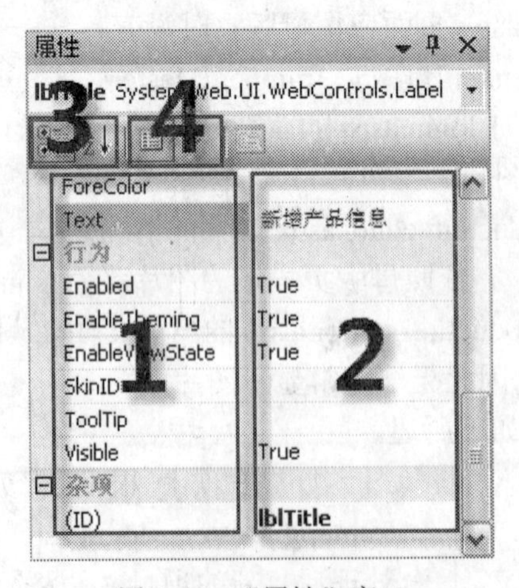

图 2.43　“属性”窗口

在图 2.43 中所标注的 1 区表示属性名称；2 区表示属性值；3 区表示属性表各属性项的排序方式，其中图标表示按属性分类排序，图标表示属性表按属性名称的字母排序；4 区表示查看属性表/事件表的切换，其中图标表示显示属性表，图标表示查看事件表。

注意：如果不小心关闭了属性窗口，可以通过单击主菜单“视图”→“属性窗口”

选项或按快捷键 F4 键重新打开属性窗口。

5）同样将两个 Label、两个 TextBox、两个 Button 控件拖放到屏幕上，按表 2.1 的描述设置属性。

表 2.1　控件属性设置

控件类	控件名（ID）	属性设置
Label	lblProductName	Text：产品名称
Label	lblModel	Text：型号
Label	lblCurrentCosts	Text：当前进货成本
Label	lblCurrentStdSalesPrice	Text：当前销售价格
TextBox	txtProductName	Text：（空），Width：350px
TextBox	txtModel	Text：（空），Width：350px
TextBox	txtCurrentCosts	Text：（空），Width：100px
TextBox	txtCurrentStdSalesPrice	Text：（空），Width：100px
Button	btnSave	Text：保存，Width：85px
Button	btnCancel	Text：取消，Width：85px

上述设计步骤完成后将得到完整的产品信息录入界面，如图 2.44 所示，界面设计工作全部完成，执行编译项目文件即可调试运行本系统。

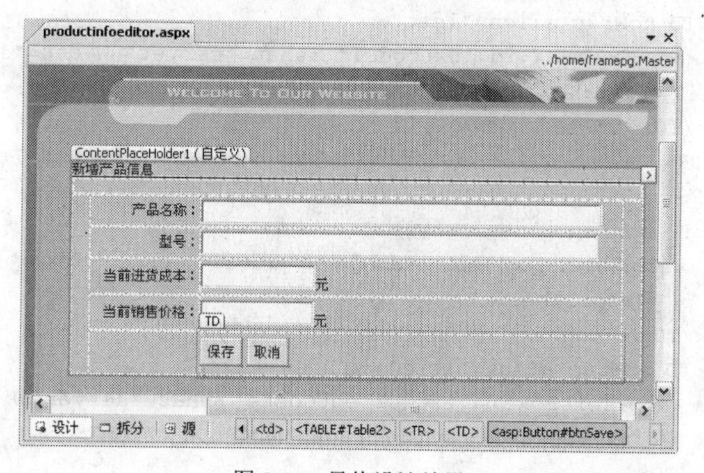

图 2.44　最终设计结果

3. 设计分析

为加深用户对 Web 窗体构造模型的认识，掌握 Web 窗体页面、Web 服务器控件的 HTML 语法格式，现在对本任务的设计结果进行深入分析。

Web 窗体页面设计完成后，Visual Studio 将生成与 Web 窗体对应的 HTML 源代码，见实例 2.3。

实例 2.3

```
<%@ Page Language="C#" MasterPageFile="~/framepg.Master"
    AutoEventWireup="true" CodeBehind="login.aspx.cs"
```

```
    Inherits="SellingMng.login" Title="无标题页" %>
              … 省略部分代码 …
<asp:Content ID="Content2"
    ContentPlaceHolderID="ContentPlaceHolder1" runat="server">
              … 省略部分代码 …
<TABLE id="Table2" height="154" cellSpacing="0" cellPadding="0"
  width="469" border="0">
  <TR>
    <TD noWrap class="style1" align="right">
     <asp:Label ID="lblProductName" runat="server" Text="产品名称：">
       </asp:Label>
   </TD>
   <TD noWrap align="left">
     <asp:TextBox id="txtProductName" runat="server" Width="353px">
       </asp:TextBox>
   </TD>
  </TR>
  <TR>
    <TD noWrap class="style1" align="right">
     <asp:Label ID="lblModel" runat="server" Text="型号："></asp:Label>
    </TD>
    <TD noWrap align="left">
     <asp:TextBox id="txtModel" runat="server" Width="350px">
       </asp:TextBox>
    </TD>
  </TR>
  <TR>
    <TD noWrap class="style1" align="right">
      <asp:Label ID="lblCurrentCosts" runat="server" Text="当前进货成本：">
        </asp:Label>
    </TD>
    <TD noWrap align="left">
      <asp:TextBox id="txtCurrentCosts" runat="server" Width="101px">
        </asp:TextBox> <FONT face="宋体">元 </FONT>
    </TD>
  </TR>
  <TR>
    <TD noWrap class="style1" align="right">
      <asp:Label ID="lblCurrentStdSalesPrice" runat="server"
         Text="当前销售价格："></asp:Label>
    </TD>
    <TD noWrap align="left">
      <asp:TextBox id="txtCurrentStdSalesPrice" runat="server"
        Width="100px"></asp:TextBox><FONT face="宋体">元 </FONT>
    </TD>
  </TR>
```

```
<TR>
  <TD noWrap class="style1" align="right"> 
  </TD>
  <TD noWrap align="left">
    <asp:Button ID="btnSave" runat="server" Text="保存" />
      <asp:Button ID="btnCancel" runat="server" Text="取消" />
  </TD>
 </TR>
</TABLE>
```

… 省略部分代码 …

```
</asp:Content>
```

通过 HTML 源代码可以看到，Label 标签被描述为

```
<asp:Label ID=" lblProductName" runat="server" Text="产品名称：">
</asp:Label>
```

而 TextBox 控件在 HTML 源代码当中被描述为

```
<asp:TextBox id=" txtProductName" runat="server" Width="353px">
</asp:TextBox>
```

由此可见，Web 服务器控件在 Web 窗体页面当中的 HTML 代码语法格式是

```
<asp:控件类名 ID="控件命名" runat="server" 控件属性描述></asp: 控件类名>
```

凡是采用上述格式描述的元素均属于 Web 服务器控件，设计时，页面处理程序可以访问这些控件，程序运行时，它们被服务器解释运行，生成运行结果。了解这个问题，有利于今后更好地编辑维护 Web 页面的 HTML 代码。

现在将 productinfoeditor.aspx 设置为起始页，按快捷键 F5 初步运行设计结果，运行结果如图 2.45 所示。

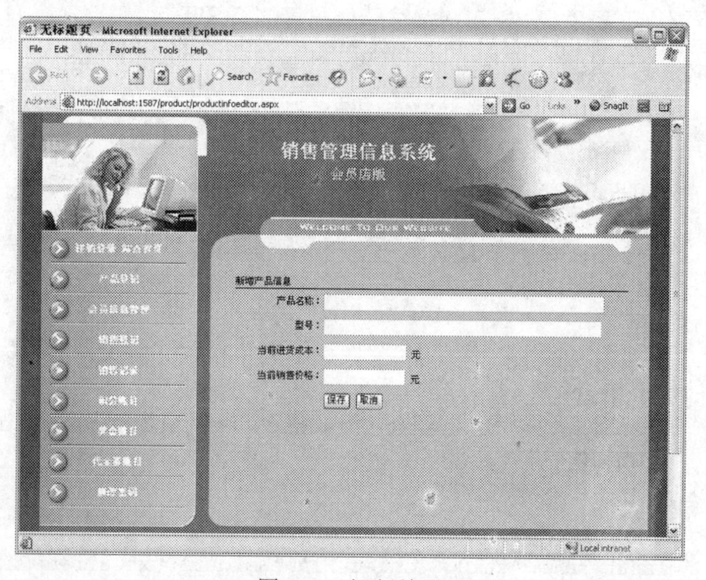

图 2.45　运行结果

此时，单击浏览器的“视图”→“源代码”菜单选项，查看运行结果页面的 HTML 代码，见实例 2.4)，请读者仔细分析。

实例 2.4

```
        … 省略部分代码 …
<TABLE id="Table1" height="154" cellSpacing="0" cellPadding="0"
 width="469" border="0">
 <TR>
   <TD noWrap class="style1" align="right">
    <span id="ctl00_ContentPlaceHolder1_lblProductName">产品名称:
       </span>
   </TD>
   <TD noWrap align="left">
    <input name="ctl00$ContentPlaceHolder1$txtProductName"
       type="text" id="ctl00_ContentPlaceHolder1_txtProductName"
       style="width:353px;" />
   </TD>
 </TR>
 <TR>
   <TD noWrap class="style1" align="right">
    <span id="ctl00_ContentPlaceHolder1_lblModel">型号: </span>
   </TD>
   <TD noWrap align="left">
    <input name="ctl00$ContentPlaceHolder1$txtModel" type="text"
     id="ctl00_ContentPlaceHolder1_txtModel" style="width:350px;"/>
   </TD>
 </TR>
 <TR>
   <TD noWrap class="style1" align="right">
    <span id="ctl00_ContentPlaceHolder1_lblCurrentCosts">
       当前进货成本: </span>
   </TD>
   <TD noWrap align="left">
    <input name="ctl00$ContentPlaceHolder1$txtCurrentCosts" type="text"
      id="ctl00_ContentPlaceHolder1_txtCurrentCosts"
      style="width:101px;" /> <FONT face="宋体">元 </FONT>
   </TD>
 </TR>
 <TR>
   <TD noWrap class="style1" align="right">
    <span id="ctl00_ContentPlaceHolder1_lblCurrentStdSalesPrice">
      当前销售价格: </span>
   </TD>
   <TD noWrap align="left">
    <input name="ctl00$ContentPlaceHolder1$txtCurrentStdSalesPrice"
     type="text" id="ctl00_ContentPlaceHolder1_txtCurrentStdSalesPrice"
     style="width:100px;" />
    <FONT face="宋体">元 </FONT>
   </TD>
```

```
    </TR>
    <TR>
      <TD noWrap class="style1" align="right"> 
      </TD>
      <TD noWrap align="left">
        <input type="submit" name="ctl00$ContentPlaceHolder1$btnSave"
          value="保存" id="ctl00_ContentPlaceHolder1_btnSave" /> 
        <input type="submit" name="ctl00$ContentPlaceHolder1$btnCancel"
          value="取消" id="ctl00_ContentPlaceHolder1_btnCancel" />
      </TD>
    </TR>
  </TABLE>
```

… 省略部分代码 …

通过上述系统运行时生成的运行结果的 HTML 代码可以看出，设计时的 Web 窗体 HTML 源代码与运行时生成的运行结果的 HTML 代码大部分地方是相同的，但也有部分代码不一致，总结起来有以下两点。

1）设计时的 Web 窗体的“<%@ Page %>”、“<%@ Master%>”等服务端标记、标注有“runat=server”的“<asp:>”控件定义标记在运行时，全部被生成可被客户端浏览器打开的标准 HTML 标记，例如，在 Web 窗体页面中如下的 Label 控件定义为

```
<asp:Label ID="lblProductName" runat="server" Text="产品名称：">
</asp:Label>
```

在运行时已被转换为如下代码：

```
<span id=" ctl00_ContentPlaceHolder1_lblProductName">帐户密码：
</span>
```

因此，通过客户端浏览器查看的 HTML 代码再也看不到这些标记。

2）用 C#语言编写的页面处理程序（例如，按钮控件的鼠标单击事件）只在 Web 服务器上面运行，不会发送给客户端浏览器，因此客户端无法查看会员销售管理信息系统的源代码，既有利于确保系统安全运行，又能有效地保护程序源代码、确保软件产权不被窃取。

3）通过分析运行结果的 HTML 代码发现，这些 HTML 标记既来源于母版页，又来源于内容页，这个现象验证了前面的说法：“母版页＋内容 Web 窗体”与“Web 窗体”是完全等价的。

4. 简单分析本设计任务所应用的控件

（1）Label 控件

Label 控件是一个最简单的控件，它主要用来在页面的设定位置显示文本。与静态文本不同，当需要使用程序来改变其显示的文字时，只要改变它的 Text 属性即可。

Label 控件的主要属性有以下三个。

1）Text：指定 Label 控件显示的文字。

2）ForeColor：指定 Label 控件显示文字的颜色。

3）Font：指定 Label 控件显示文字的字体属性，包括字体名称、大小等。

（2）TextBox 控件

TextBox 控件是让用户输入文本的输入控件。

TextBox 控件放置到页面之后，Visual Studio 将生成如下 HTML 代码格式：

```
<asp:TextBox id="控件在程序中的唯一标识"
        AutoPostBack="True | False"
        Columns="字符数目"
        MaxLength="字符数目"
        Rows="列数"
        Text="要显示的文字"
        TextMode="SingleLine | MultiLine | Password"
        Wrap="True | False"
        OnTextChanged="事件处理程序名称"
        … 其他更多的属性 …
        Runat="server">
</asp:TextBox>
```

TextBox 控件的常用属性见表 2.2。

表 2.2　TextBox 控件常用属性

属性名	描述	取值
AutoPostBack	表示当用户更改文本框的内容时是否自动向服务器进行回发	True | False
Columns	设定 TextBox 的显示宽度，单位是字符	数值
MaxLength	设置 TextBox 中允许输入的最多字符数	数值
Rows	设定 TextBox 的高度为多少列，仅在 TextMode 属性设为 MultiLine（多行）时才生效	数值
Text	用于获取或设置 TextBox 中的文本内容	字符串
TextMode	用于设置 TextBox 的类型	SingleLine|MultiLine|Password，默认为 SingleLine
Wrap	设定当到达文本框的结尾时是否允许自动换行。仅在 TextMode 属性设为 MultiLine 时才生效	True | False

任务 4　设计销售单录入界面

1. 了解设计任务

在销售过程中业务员需要在系统当中录入销售单，如图 2.46 所示。销售单录入界面需要录入的信息包括购买商品、商品销售价格、购买数量、积分抵扣货款、代金券抵扣货款、销售日期等数据项。购买商品、代金券抵扣货款的数据项以下拉式选取的方式输入，从功能需求来说这两项数据项的下拉备选项分别来自于录入的产品信息、积分奖励管理模块所产生的代金券奖励记录，但考虑到目前没讲述数据库操作的相关技术，可暂时在下拉式选项控件的备选项属性中预定义若干选项用于演示本功能。

完成销售单录入界面设计任务需要学习和使用的 Web 服务器控件有：Button 按钮控件、DropDownList 下拉选择控件、Calendar 日历控件。本设计任务主要包括三个方面的工作内容。

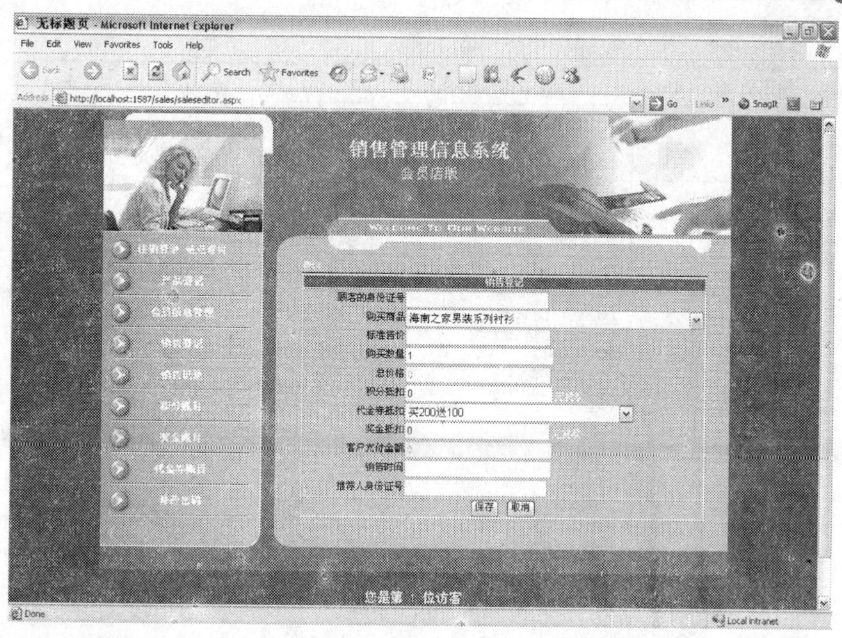

图 2.46　销售单录入界面

1）定义内容页的页面布局结构；

2）应用 Web 服务器控件设计购买商品、商品销售价格、购买数量、积分抵扣货款、代金券抵扣货款、销售日期等输入项。

3）编写“保存”按钮的鼠标单击事件，编译以后实现数据存储操作。

2. 详细设计步骤

1）在“解决方案资源管理器”的根目录路径之下添加一个名为 sales 的文件夹。

2）应用 framepg.Master 母版页新建内容 Web 窗体，页面文件名命名为 saleseditor.aspx。

3）从工具箱拖放 Label 控件、TextBox 控件、DropDownList 控件到窗体上，按照表 2.3 设置各个控件的属性。

表 2.3　控件属性设置

控　件　类	控　件　名（ID）	属 性 设 置
Label	lblConsumerIDCardNO	Text：顾客的身份证号码
Label	lblProducts	Text：购买商品
Label	lblStdSalesPrice	Text：标准售价
Label	lblCount	Text：购买数量
Label	lblTotal	Text：总价格
Label	lblScoreDiscount	Text：积分抵扣
Label	lblCoupon	Text：代金券抵扣
Label	lblMerchantDiscount	Text：奖金抵扣
Label	lblFinalPay	Text：客户支付金额
Label	lblDateSold	Text：销售时间
Label	lblRefIDCardNO	Text：推荐人身份证

续表

控 件 类	控 件 名（ID）	属 性 设 置
TextBox	txtConsumerIDCardNO	Text：（空），Width：171px
TextBox	txtProducts	Text：（空），Width：370px
TextBox	txtStdSalesPrice	Text：（空），Width：174px
TextBox	txtCount	Text：（空），Width：178px
TextBox	txtTotal	Text：（空），Width：175px
TextBox	txtScoreDiscount	Text：（空），Width：177px
TextBox	txtCoupon	Text：（空），Width：284px
TextBox	txtMerchantDiscount	Text：（空），Width：174px
TextBox	txtFinalPay	Text：（空），Width：177px
TextBox	txtDateSold	Text：（空），Width：177px
TextBox	lblRefIDCardNO	Text：（空），Width：171px
Button	btnSave	Text：保存，Width：74px
Button	btnCancel	Text：取消，Width：74px

Web 窗体的销售单录入界面设计视图如图 2.47 所示。

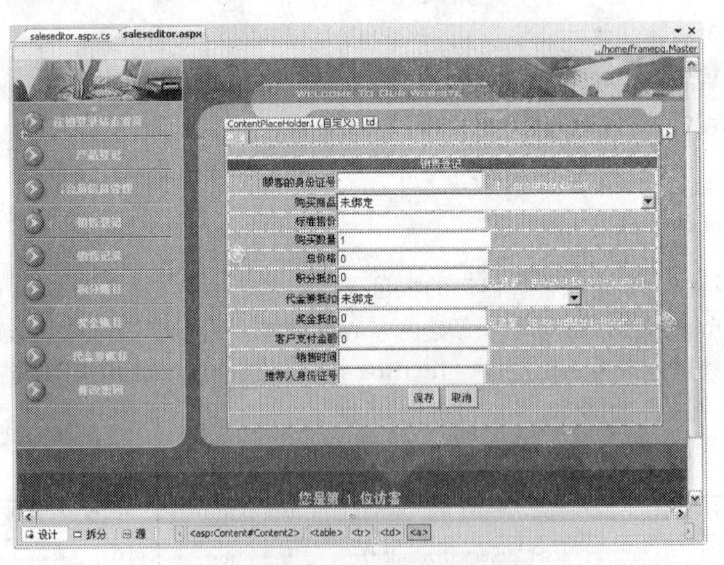

图 2.47　销售单录入界面设计视图

4）Web 窗体页面设计完成后，接下来需要编写页面处理程序。Web 窗体页面处理程序与 Windows 窗体处理程序的情况类似，采用事件驱动的方式来执行用户的操作。

销售单录入界面有“保存”、“取消”两个按钮需要设计事件程序来实现执行用户的操作。

选中“保存”按钮，单击属性窗口，如图 2.48 所示的⚡图标，打开事件表。当切换到查看事件表时，1 区将显示事件名称，2 区将显示与事件对应的事件函数。

找到 Click 事件，这是鼠标单击事件，系统运行时，当用户鼠标单击控件时触发该事件。双击事件表当中的 Click 项，Visual Studio 自动创建“保存”按钮的鼠标单击事

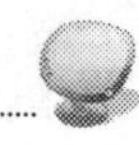

件，如图 2.49 所示。

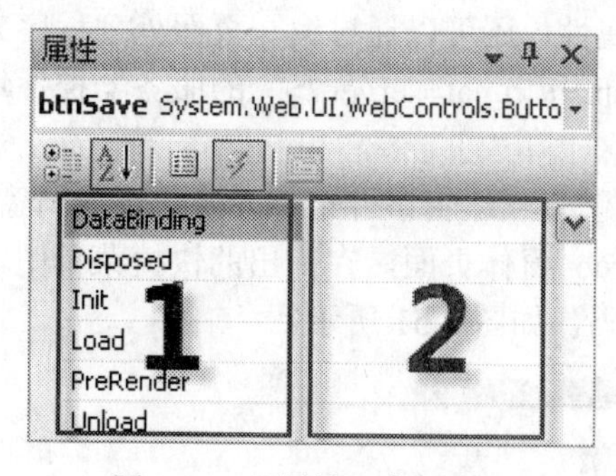

图 2.48 “属性”窗口（一）

图 2.49 “属性”窗口（二）

同时，Visual Studio 还为该事件创建了相应的事件函数，即 btnSave_Click 函数。尽管目前未涉及数据库技术应用，无法真正实现数据存储功能，但仍可通过输出提示信息演示“保存”按钮被单击后的操作结果，见实例 2.5。

实例 2.5

```
protected void btnSave_Click(object sender, EventArgs e)
{
    //将销售单写入数据库的程序源代码暂略
    //…
    btnSave.Text = "保存成功";
    btnSave.Enabled = false;
    btnCancel.Text = "关闭";
}
```

上述程序的运行结果是：当用户单击“保存”按钮后，该按钮的文字提示变成“保存成功”，并且不允许再次单击，而“取消”按钮的提示文字则变为“关闭”，如图 2.50 所示。

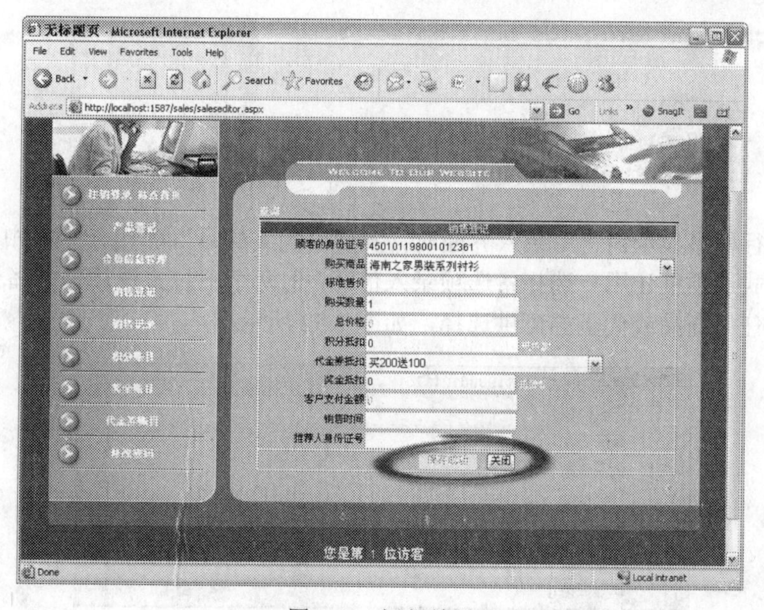

图 2.50 运行结果

该程序说明了一个问题：如同 Windows 窗体应用程序一样，不仅可以在 Visual Studio 的“属性窗口”编辑属性项来设置控件对象的属性，还可以通过编写页面处理程序来访问控件对象的属性。事实上，只要标注有“<asp:… runat=server />”的服务器控件均可被页面处理程序访问。

5）可以通过在“属性”窗口的事件表当中创建或编辑事件来打开源代码编辑窗体，也可以在“解决方案资源管理器”中，右击 Web 窗体页面，在弹出的快捷菜单中，选取“查看”代码菜单，打开页面处理程序源代码，如图 2.51 所示。

图 2.51　打开页面处理程序编辑窗口的菜单项

6）在页面处理程序源代码中存在一个 Page_Load 函数，这是 Web 窗体页面对象（对象固定命名为 Page）的 Load 事件对应的函数，通常在该函数中编写实现页面初始化操作的源代码。例如，可以对购买数量、积分抵扣、奖金抵扣等数据项初始化为初值，见实例 2.6。

实例 2.6

```
protected void Page_Load(object sender, EventArgs e)
{
    txtCount.Text = "1";
    txtScoreDiscount.Text  = "0";
    txtMerchantDiscount.Text = "0";
}
```

前面运行程序显示销售单录入界面时，发现“购买商品”、“代金券抵扣”两项数据项通过下拉式选项框让用户选择备选项录入信息，但两个下拉式选项框的备选项却是空白的，没有任何商品或代金券可供选择，如图 2.52 所示。

顾客的身份证号码	450101198001011251	
购买商品		
标准售价		
购买数量	1	
总价格	0	
积分抵扣	0	元货币
代金券抵扣		
奖金抵扣	0	元货币

图 2.52　未初始化的下拉式选项框

这是因为“购买商品”、“代金券抵扣”两个下拉式选项框未得到任何初始化，若使选项框能够正常使用，必须通过程序对它们的备选项进行初始化，或者将备选项绑定到数据源。现在介绍如何在 Web 窗体页面的 Load 事件当中编写程序，对两个下拉式选项框的备选项进行初始化。

下拉式选项框是由选项框对象和备选项对象构成，在初始化时，应根据实际需求情况，应用 ListItem 类创建若干备选项对象，同时将备选项对象添加到选项框中，见实例 2.7。

实例 2.7

```
protected void Page_Load(object sender, EventArgs e)
{
    ListItem liItem;
    liItem=new ListItem("海南之家男装系列衬衫","H0001");//创建备选项对象
    ddlProducts.Items.Add(liItem); //将备选项对象添加到下拉式选项框中
    liItem = new ListItem("啄木鸟西装", "H0002");
    ddlProducts.Items.Add(liItem);
    liItem = new ListItem("买200送100", "C0001");
    ddlCoupon.Items.Add(liItem);
    liItem = new ListItem("买300送200", "C0002");
    ddlCoupon.Items.Add(liItem);
}
```

保存上述代码，对项目进行编译调试，通过运行结果发现，“购买商品”、“代金券抵扣”两个数据项已经能够提供备选项让用户选择选项录入信息，如图 2.53 所示。

至此，销售单录入界面的设计工作全部完成。

3. 简单分析本设计任务所应用的控件

（1）Button 按钮控件

Button 控件是页面设计中最常用的控件之一。它可以接收用户对 Button 的 Click（单击）事件，并执行相应的事件处理程序来完成相应的操作。

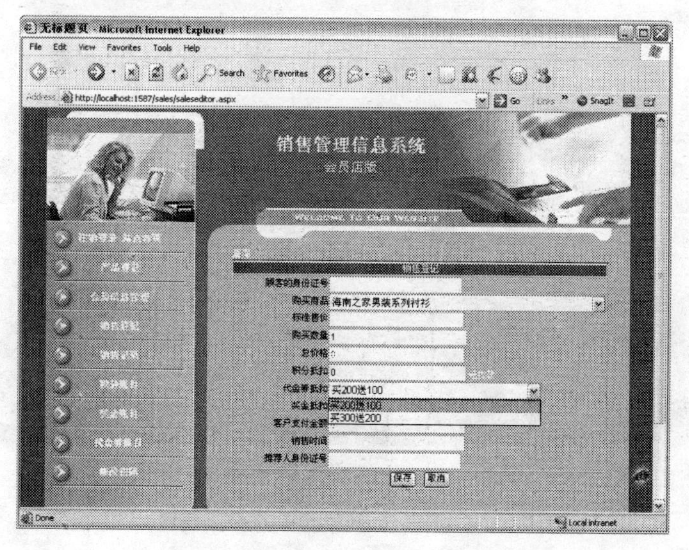

图 2.53　经过初始化的下拉式选项框

表 2.4 列出了 Button 控件的主要属性。

表 2.4　Button 控件常用属性

属 性 名	描　　述	取　　值
Text	表示在按钮上显示的文本	字符串
CommandName	用来设置与 Button 控件相关联的命令名，该属性用于在程序中判断用户单击的是哪个按钮，以执行相应的操作	字符串
CommandArgument	用来设置与 CommandName 属性相关联的参数，该属性与 CommandName 一起被传递到 Command 事件中	字符串
CauseValidation	表示在单击 Button 控件时是否引发数据验证	True | False

Button 控件可以创建两种类型的按钮：“提交”按钮和“命令”按钮，在默认情况下创建的是“提交”按钮。

当用于类似 Repeater、DataList 或 DataGrid 的模板列表时，很多 Button 控件会在列表重复其数据源时呈现。因为这些 Button 控件中的每一个事件都共享相同的 ID，所以为了确定被单击的特定 Button，不能简单地将事件处理程序绑定到每个 Button 控件的 OnClick 事件上。为了解决这个问题，可以使用事件冒泡方法在容器控件上（Repeater、DataList 或 DataGrid）激发一个事件，并让该容器向事件处理程序告知有关激发该事件的项目的附加信息（如命令名称、命令参数等），从而让程序可以判断用户单击的是哪个按钮，以执行相应的操作。

通过用事件名称（如 Edit、Update、Cancel）来指定 CommandName 属性，可以从 Button 激发这些事件。当单击 Button 时，命令将“冒泡”到容器控件（如 Repeater），该容器将激发自己的事件。此事件的参数可能包含其他信息，如自定义字符或激发事件的项目索引。

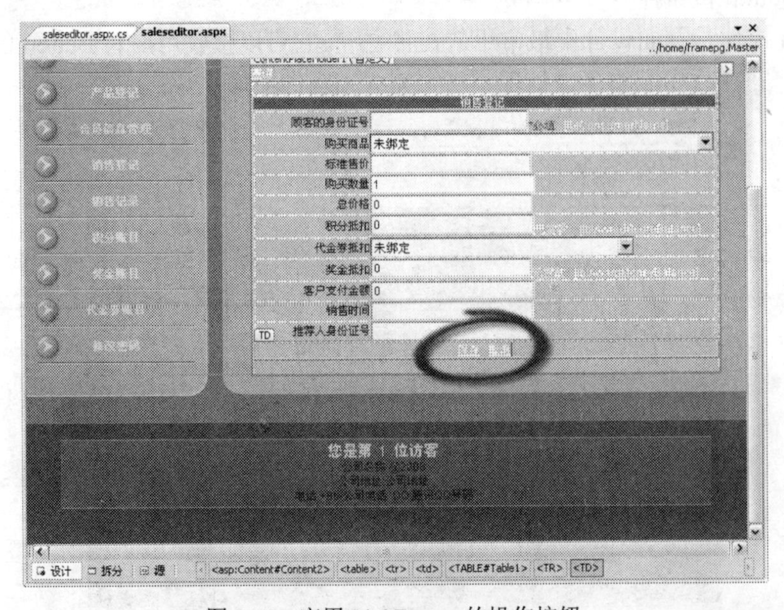

图 2.54　应用 LinkButton 的操作按钮

（2）LinkButton 按钮控件

LinkButton 控件综合了 HyperLink 控件和 Button 控件的功能，它以超级链接的形式显示，而执行的却是按钮的功能。LinkButton 控件的属性与 Button 控件是一样的。

例如，读者可以尝试将销售单录入界面的“保存”、“取消”改成应用 LinkButton 来设计，如图 2.54 所示。

同样可以建立 LinkButton 的鼠标单击事件，见实例 2.8。

实例 2.8

```
protected void lbtnSave_Click(object sender, EventArgs e)
{
    //将销售单写入数据库的程序源代码暂略
    lbtnSave.Text = "保存成功";
    lbtnSave.Enabled = false;
    lbtnCancel.Text = "关闭";
}
```

将 Button 按钮改成 LinkButton 按钮之后，鼠标单击按钮的允许效果与原来相同，而不同的地方仅仅是按钮外观显示为链接地址的样式。

（3）ImageButton 控件

ImageButton 控件允许用户使用自己的图片作为按钮的外观实现按钮功能，也就是说它在页面上以图像的形式显示，而执行的却是按钮的功能。LinkButton 控件的属性与 Button 控件类似，不同的是以 ImageUrl 属性取代了 Button 控件的 Text 属性，此外还包含了 ImageUrl、AlternateText、ImageAlign 等与图片显示相关的常用属性，见表 2.5。

表 2.5 ImageButton 控件常用属性

属性名	描述	取值
ImageUrl	用于设置要显示的图像的路径	字符串
AlternateText	用来设置当图像无法显示时显示的备用文本	字符串
ImageAlign	用于设置图像的对齐方式	略

例如，读者可以尝试将销售单录入界面的“保存”、“取消”改成应用 ImageButton 来设计。首先从工具箱拖放两个 ImageButton 控件进入 Web 窗体，控件名称分别设置为 ibtnSave 和 ibtnCancel，在属性窗口中将 ibtnSave 控件的 ImageUrl 属性设置指向“~/images/bsave.gif”路径，将 ibtnCancel 控件的 ImageUrl 属性设置指向“~/images/bexit.gif”路径，设计完成后，设计效果如图 2.55 所示。

（4）DropDownList 及 ListBox 控件

DropDownList 控件主要用于创建一个下拉列表框，允许用户从预定义列表中选择一个单一的值。它与 ListBox 控件的不同之处在于，其项列表在用户单击下拉按钮以前一直保持隐藏状态。另外，DropDownList 控件与 ListBox 控件的不同之处，还在于它不支持多重选择模式。

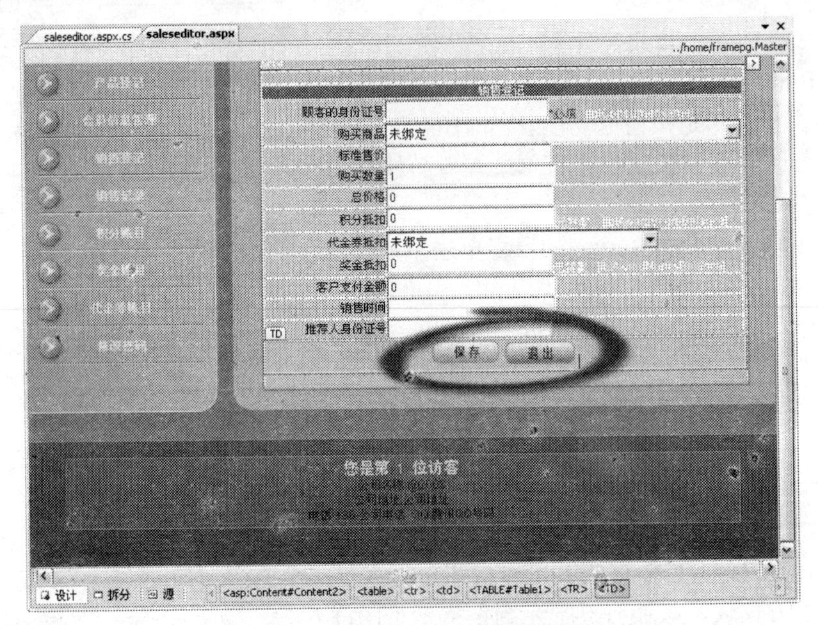

图 2.55　应用 ImageButton 的操作按钮

表 2.6 列出了 DropDownList 控件的常用属性。

表 2.6　DropDownList 控件常用属性

属　性　名	描　　述	取　　值
AutoPostBack	用于设置当用户从下拉列表中更改选定内容后是否自动向服务器进行回发	True | False
DataSource	用于设置向 DropDownList 中填入项时所使用的数据源	字符串
DataTextField	用于设置 DropDownList 中各项的显示文本的数据源字段	字符串
DataValueField	用于设置 DropDownList 中各项的值的数据源字段	字符串
SelectedIndex	获取或设置 DropDownList 控件中的选定项的索引	数值
SelectedItem	获取列表控件中的选定项	
SelectedValue	获取列表控件中选定项的值，或选择列表控件中包含指定值的项	
Items	获取列表项的集合	

DropDownList 控件实际上是 ListItem 备选项对象的容器，DropDownList 装载的每一项备选项都是带有自己的属性的单独对象，当前选定项可在 DropDownList 控件的 SelectedItem 属性中得到。

表 2.7 格列出了 ListItem 类的主要属性。

表 2.7　ListItem 类常用属性

属　　性	说　　明
Text	列表中显示的文本
Value	与某个项关联的值。设置此属性可以将该值与特定的项关联而不显示该值。例如，可以将 Text 属性设置为某个学生的名字，而将 Value 属性设置为该学生的学号
Selected	布尔值，指示该项是否被选定

例如，语句 DropDownList1.SelectedItem.Text 可以获取 DropDownList1 控件选定项上显示的文本。

本任务是以编程方式处理项的。DropDownList 的 Items 是一个 ListItem 备选项对象集合，可以向它添加 ListItem 备选项对象，也可以从中删除项或清除集合等。例如，本任务通过往 Items 集合添加 ListItem 备选项对象实现了备选项的初始化操作，见实例 2.9。

实例 2.9

```
…
ListItem liItem;
liItem = new ListItem("海南之家男装系列衬衫", "H0001");//创建备选项对象
ddlProducts.Items.Add(liItem); //将备选项对象添加到下拉式选项框当中
…
```

DropDownList 控件常常被用来列出从数据源读取的选项，DropDownList 控件显示的数据来自数据源的一个字段，控件中的每一项对应数据源中的一项（通常为一行）。还可以将控件绑定到第二个字段，以设置与每一项相关联的值（该值并不显示）。关于将数据绑定到 Drop DownList 控件的方法，本书将在后续章节专门进行介绍。

当用户从 DropDownList 控件中选择某项时，将引发 SelectedIndexChanged 事件。默认情况下，此事件不会导致浏览器向服务器发送页面（PostBack），意味着系统不会立即触发该事件，但是可以通过将 AutoPostBack 属性设置为 True，使此控件强制立即发送，从而使系统能够立即触发该事件。

（5）ListBox 控件

ListBox 控件主要用于创建允许单项或多项选择的列表框，它与 DropDownList 控件的功能很相似，不同之处是 ListBox 控件一次能将所有的选项都显示出来。

表 2.8 列出了 ListBox 控件的主要属性。

表 2.8　ListBox 常用属性

属 性 名	描　述	取　值
AutoPostBack	用于设置当用户从列表中更改选定内容后是否自动向服务器进行回发	True | False
DataSource	用于设置向 ListBox 中填入项时所使用的数据源	字符串
DataTextField	用于设置 ListBox 中各项的显示文本的数据源字段	字符串
DataValueField	用于设置 ListBox 中各项的值的数据源字段	字符串
Rows	用于设置 ListBox 控件所显示的行数（高度）	数值
Items	获取列表项的集合	
SelectionMode	用于设置列表的选择模式	Single（单选）/ Multiple（多选），默认为 Single
SelectedIndex	获取或设置 ListBox 控件中的选定项的索引	数值
SelectedItem	获取列表控件中的选定项	
SelectedValue	获取列表控件中选定项的值，或选择列表控件中包含指定值的项	

ListBox 控件的使用方法与 DropDownList 控件相似，在此不再赘述。

任务 5　设计导航菜单

在任务 1 中，系统主菜单项被设计在母版页左侧的位置，但未具体讲解菜单的设计方法，在此进行详细讲解。

由于菜单的功能是根据功能菜单项的描述链接到相应的功能页面，因此，这里使用 HyperLink 控件设计菜单项最适宜。

HyperLink 控件与 Html 超链接标记的功能类似，主要用于创建超链接，但 HyperLink 控件运行于服务器端，能够被页面处理程序访问，能够实现更多功能。

表 2.9 列出了 HyperLink 控件的主要属性。

表 2.9　HyperLink 控件常用属性

属　性　名	描　述	取　值
NavigateUrl	用于设置要链接到的目标 URL	字符串
Text	用来设置 HyperLink 控件的文本标题	字符串
ImageUrl	用于设置要在 HyperLink 控件上显示的图像的路径	字符串
Target	用于指定打开链接 Web 页面的窗口	_blank（新开窗口）/_self（相同框架）/_parent（父框架）/_top（整页）

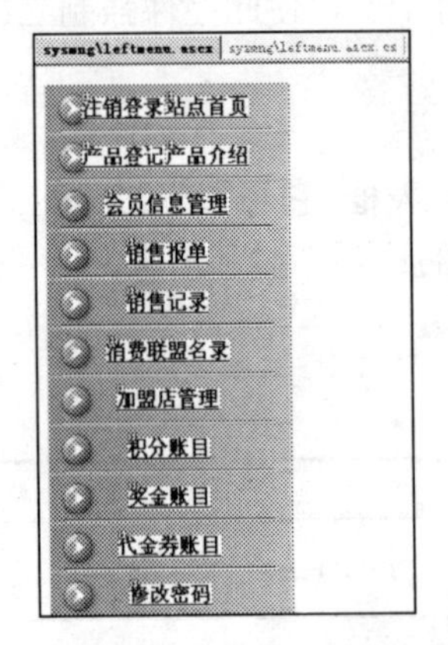

图 2.56　应用 HyperLink 设计菜单链接

用鼠标从工具箱拖放 HyperLink 控件到页面上，每个菜单项由一个 HyperLink 控件构成，根据上述属性表说明，将菜单名称设定到 HyperLink 控件 Text 属性中，设计效果如图 2.56 所示。

同时通过设定 NavigateUrl 属性使 HyperLink 控件指向与菜单相对应的页面，至此菜单设计完成。

任务 6　利用用户控件设计可缩放的日期输入控件

1. 了解用户控件

为了减少用户界面的重复设计，提高界面设计的重用性，ASP.NET 提供了用户控件技术，开发人员可以将重复的界面封装成 ASCX 代码，提供给设计 Web 窗体时引用。

用户控件使开发人员能够很容易地在多个 ASP.NET Web 应用程序之间划分和重复使用公共用户界面（UI）功能。与 Web 窗体页相同，开发人员可以使用任何文本编辑器创作这些控件，或者使用代码隐藏类开发这些控件。此外，与 Web 窗体页一样，用户控件可以在第一次请求时被编译并存储在服务器内存中，从而缩短以后请求的响应时间。但与 Web 窗体页不同的是，不能独立地请求用户控件，用户控件必须包括在 Web

窗体页内才能使用。与服务器端包含文件（SSI）相比，用户控件通过访问由 ASP.NET 提供的对象模型支持，使得程序具有更大的灵活性。在控件中声明的任何属性，开发人员都可以对其进行编程，而不只是包含其他文件提供的功能，这与其他任何 ASP.NET 服务器控件一样。

2. 设计步骤

（1）新建 ASCX 用户控件

在“解决方案资源管理器”中右键单击项目图标，在弹出的快捷菜单中选择“添加”→“新建项”菜单选项，如图 2.57 所示。

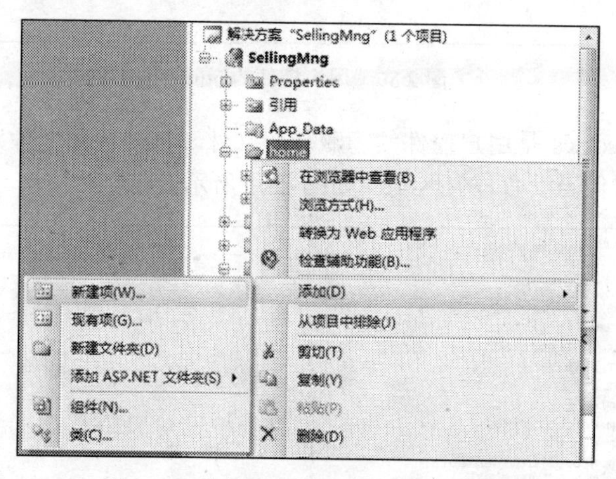

图 2.57　选择“添加”→“新项”选项

输入 Web 用户控件名称，单击“打开”按钮。注意，用户控件文件的后缀名必须是.ascx，如图 2.58 所示。

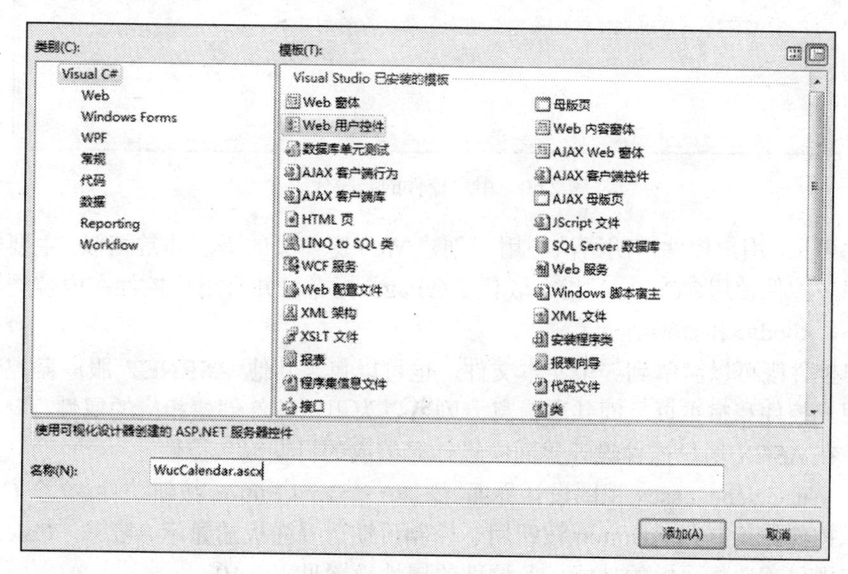

图 2.58　添加用户控件

此时可见，开发工具已经自动生成新建的 Web 用户控件相关文件。

其中，WucCalendar.ascx 是用户控件的 HTML 文件，打开该文件时，发现只有短短一行 HTML 代码描述，对比.aspx 页面的 HTML 描述，少了<head>、<html>、<body>标记的定义，如图 2.59 所示。

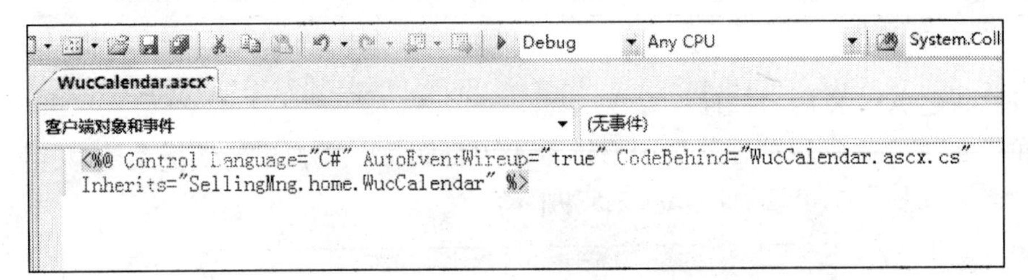

图 2.59 用户控件的 html

WucCalendar.ascx.cs 是用户控件的隐藏代码文件，打开代码文件发现，其代码结构跟.aspx 页面的隐藏代码没有任何区别，如图 2.60 所示。

```
WucCalendar.ascx.cs  WucCalendar.ascx
SellingMng.home.WucCalendar    Page_Load(object sender, EventArgs e)
using System;
using System.Collections;
using System.Configuration;
using System.Data;
using System.Linq;
using System.Web;
using System.Web.Security;
using System.Web.UI;
using System.Web.UI.HtmlControls;
using System.Web.UI.WebControls;
using System.Web.UI.WebControls.WebParts;
using System.Xml.Linq;

namespace SellingMng.home
{
    public partial class WucCalendar : System.Web.UI.UserControl
    {
        protected void Page_Load(object sender, EventArgs e)
        {

        }
    }
}
```

图 2.60 用户控件的隐藏代码

由此可见，用户控件声明语法与用于创建 Web 窗体页的语法非常相似。主要的差别在于：用户控件使用@Control 指令取代了@Page 指令，并且用户控件在内容周围不包括<html>、<body>和<form>元素。

用户控件既可以简单到一个文本文件，也可以包含其他 ASP.NET 服务器控件。如果要在用户控件和宿主页之间共享信息，则可以为用户控件创建相应的属性。

（2）在 ASCX 用户控件设计界面中设计可缩放的日期输入控件

打开 WucCalendar.ascx 视图设计界面，添加一个 LinkButton 按钮控件、一个 Calendar 日期输入控件。其中 LinkButton 按钮用于控制日期选择面板的显示、隐藏，Calendar 控件用于实现日期选择面板的功能，各控件的属性设置见表 2.10。

表 2.10　控件及属性设置

控　件　类	控　件　名（ID）	属 性 设 置
LinkButton	lbtnDateEcho	Text：(空)
Calendar	calDateSelector	FirstDayOfWeek：Monday

同时右击 Calendar 控件，弹出属性菜单，选择“自动套用格式”选项，根据用户的喜好选择一种外观样式，如图 2.61 所示。

图 2.61　给 Calendar 控件套用格式

（3）设计 WucCalendar 用户控件的 Page_Load 事件函数

当 WucCalendar 用户控件首次加载时，自动触发 Page_Load 事件函数，在 lblDateEcho 按钮控件中显示当前系统日期，calDateSelector 日期选择面板默认隐藏。程序代码见实例 2.10。

实例 2.10

```
protected void Page_Load(object sender, EventArgs e)
{
    if (!Page.IsPostBack)
    {
        lbtnDateEcho.Visible = true;
        lbtnDateEcho.Text = DateTime.Now.ToString("yyyy/MM/dd");
        calDateSelector.Visible = false;
    }
}
```

（4）设计 lblDateEcho 按钮控件鼠标单击事件函数

当 lblDateEcho 按钮被单击时，显示 calDateSelector 日期选择面板，让用户以选择的方式输入日期。程序代码见实例 2.11。

实例 2.11

```
protected void lbtnDateEcho_Click(object sender, EventArgs e)
{
    lbtnDateEcho.Visible = false;
    calDateSelector.Visible = true;
```

```
}
```

（5）设计 calDateSelector 控件鼠标单击事件函数

当 calDateSelector 控件被单击时，将所选择日期赋值到 lblDateEcho 按钮的 Text 属性，使 lblDateEcho 按钮能够显示当前用户选取的日期，然后将 calDateSelector 控件设置为隐藏，使日期选择面板处于关闭状态。程序代码见实例 2.12。

实例 2.12

```
protected void calDateSelector_SelectionChanged(object sender,
EventArgs e)
{
    lbtnDateEcho.Visible = true;
    lbtnDateEcho.Text = calDateSelector.SelectedDate.ToShortDateString();
    calDateSelector.Visible = false;
}
```

（6）为 WucCalendar 用户控件定义一个访问属性

当使用通过 WucCalendar 用户控件设计的日期输入控件时，为了能够访问用户输入的日期值，需要为 WucCalendar 用户控件定义一个访问属性，属性名为 SelectedDate，该属性代表用户输入的日期值。程序代码见实例 2.13。

实例 2.13

```
public DateTime SelectedDate
{
    get
    {
        return DateTime.Parse(lbtnDateEcho.Text);
    }
    set
    {
        lbtnDateEcho.Text = value.ToShortDateString();
        calDateSelector.SelectedDate = value;
    }
}
```

此时，整个 WucCalendar 用户控件设计完成，任何 Web 窗体当中都可以重复使用该控件实现格式化的日期输入。

（7）在销售单录入界面中使用 WucCalendar 日期输入控件

打开销售单录入界面设计视图，从解决方案资源管理器将 WucCalendar.aspx 拖放到销售单录入界面的“销售时间”的位置，如图 2.62 所示，此时页面上的 WucCalendar 控件被默认命名为 WucCalendar1。

此时，Visual Studio 会自动在 Web 窗体中创建使用用户控件的 HTML 代码。该 HTML 代码包括如下部分。

1）在要包含用户控件的 Web 窗体页中，声明一个@ Register 指令，该指令包括如下三个属性。

tagprefix 属性：该属性将前缀与用户控件相关联。此前缀将包括在用户控件元素的开始标记中。

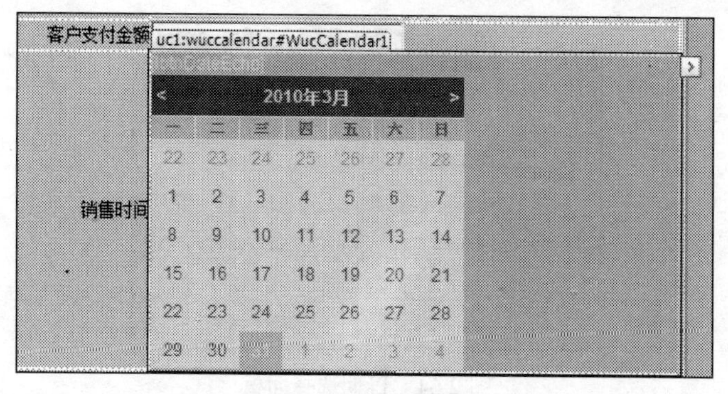

图 2.62 使用设计完成的用户控件

tagname 属性：该属性将名称与用户控件相关联。此名称将包括在用户控件元素的开始标记中。

Src 属性：该属性定义要包括在 Web 窗体页中的用户控件文件的虚拟路径。

注意 Src 属性值可以是到应用程序的根目录中的用户控件源文件的相对或绝对路径。为方便使用，建议使用相对路径。用符号“~”表示应用程序的根目录。

例如，以下代码将注册在文件 WucCalendar.ascx 中定义的用户控件。该控件还被指定有标记前缀 uc1 和标记名称 WucCalendar。HTML 源代码见实例 2.14。

实例 2.14

```
<%@ Register src="../home/WucCalendar.ascx" tagname="WucCalendar"
tagprefix="uc1" %>
```

2）使用自定义服务器控件语法在 HtmlForm 服务器控件的开始标记和结束标记之间（<form runat=server></form>）声明该用户控件元素。HTML 源代码见实例 2.15。

实例 2.15

```
<TR>
    <TD noWrap class="style1" align=right>
        <asp:Label ID="lblDateSold" runat="server" Text="销售时间">
</asp:Label>
    </TD>
    <TD noWrap align=left>
        <uc1:WucCalendar ID="WucCalendar1" runat="server" />
    </TD>
</TR>
```

运行时，该控件只显示为按钮的外观，按钮文字为当前系统时间，如图 2.63 所示。

图 2.63 调用用户控件之后的运行效果

当单击“2010/03/31”按钮时，系统将弹出日期选择面板，如图 2.64 所示。

图 2.64　日期选择面板

最终实现保存数据的功能时，只需访问 WucCalendar1.SelectedDate 属性即可获取用户所选择输入的日期。

2.3　思考与提高

1）什么是母版页、内容页？它们的 HTML 代码与 Web 窗体的 HTML 有何同异？

2）什么是 Web 服务器控件？ASP.NET 中包含哪些具体的 Web 服务器控件？

3）比较各种常用 Web 控件的语法，归纳出这些控件的相同属性，并解释这些属性的具体含义和作用。

4）除了本书给出的实例，用户控件还可以应用在哪些设计中？

阶段 3

信息录入合法性验证

1）熟练应用常用 Web 服务器控件设计系统用户界面。

2）熟练掌握母版页、内容页、用户控件等界面重用技术。

3.1 任 务 分 析

3.1.1 输入非法数据导致系统出错

在阶段 2 的学习过程当中，读者已经在销售管理信息系统的设计任务中学习了 Web 窗体界面设计技术。然而系统操作界面还存在一些隐患，来自用户的非法输入将导致系统运行错误，具体实例如下。

1）在“购买数量”项的文本框输入中文“一件”，单击“保存”按钮，结果发现系统运行出错，错误信息为 Input string was not in a correct format（输入字符串格式不正确），同时显示详细错误描述以及导致出错的源代码位置，如图 3.1 所示。

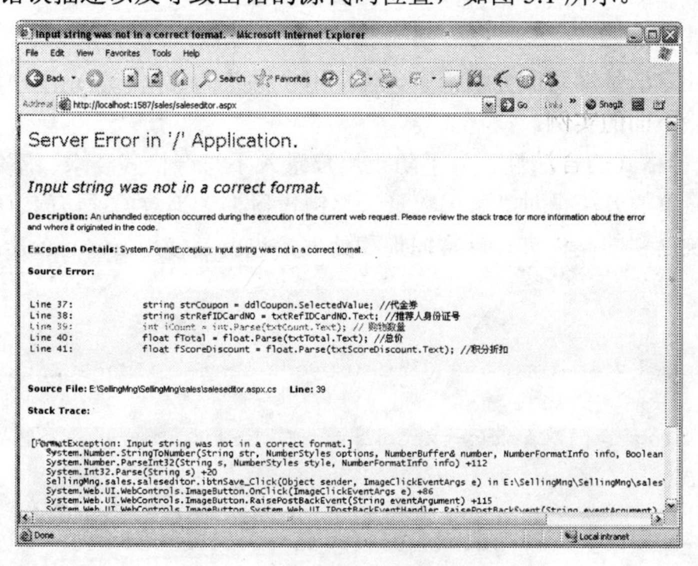

图 3.1 销售单录入操作出现异常

上述信息清晰地显示了导致系统出错的源代码语句是

```
int iCount = int.Parse(txtCount.Text); // 购物数量
```

其中，txtCount 是“购买数量”项的文本框控件，txtCount.Text 属性值是用户在表单录入的字符串：“一件”。在 C#语言中，int.Parse()方法所实现的功能是将整数格式的字符串转换成整数型数值，被转换的字符串必须是整数格式，比如“100”、“200”等，而在此运行实例中，将字符串“一件”转换成整数型是无法实现的，试图进行转换将导致系统出错。

2）即使用户能够正确录入“购买数量”项，但在“销售时间”项输入了“2009-2-30”，同样会引起系统运行出错，错误信息为 String was not recognized as a valid DateTime.（输入字符串不是有效的日期格式），导致系统出错的源代码语句是

```
System.DateTime dtDateSold = System.DateTime.Parse(txtDateSold.Text);
//销售时间
```

该语句的 txtDateSold 是“销售时间”项的文本框控件，txtDateSold.Text 属性值正是用户输入的日期“2009-2-30”，DateTime.Parse()方法试图将该日期字符串转换成日期时间型数据，而任何年份的二月份根本不存在 30 日，程序运行到这里当然会出错了。

3）顾客的身份证号作为会员消费记录的标识号，是销售单录入过程当中不可缺少的信息。然而，前面按实例 1)、实例 2）做销售单录入操作过程中，顾客的身份证始终为空，而系统操作界面并未阻止输入空值，一旦将空的身份证号保存进数据库，将会引发无法保存结果、查询结果不正确或者其他难以意料的系统异常。

3.1.2 应用数据验证控件验证销售单录入数据

1. 了解数据验证的主要方法

为确保销售管理信息系统正确、稳定地运行，应该对销售单录入操作所录入的数据进行合法性验证。验证方法有服务端验证、客户端验证。

（1）服务端验证

服务端验证方法是编写服务端程序，验证用户输入的数据、防止用户数据出错导致系统异常。请看下面的实例。

1）验证数据格式的合法性。为了防止用户录入不符合格式要求、不符合数据类型的数据，一个简单的方法是对“购买数量”、“销售日期”等数据项访问、数据类型转换等容易引起系统错误的操作进行异常捕捉和处理，也就是使用 try…catch 语句，程序参考实例 3.1。

实例 3.1

```
protected void ibtnSave_Click(object sender, ImageClickEventArgs e)
{
    string strIDCardNo=txtConsumerIDCardNO.Text; //顾客身份证号
    try
    {
        string strProducts=ddlProducts.SelectedValue; //购买商品
        string strCoupon=ddlCoupon.SelectedValue; //代金券
        string strRefIDCardNO=txtRefIDCardNO.Text; //推荐人身份证号
```

```
        int iCount=int.Parse(txtCount.Text); // 购物数量
        float fTotal=float.Parse(txtTotal.Text); //总价
        float fScoreDiscount
             =float.Parse(txtScoreDiscount.Text); //积分折扣
        float fMerchantDiscount
             =float.Parse(txtMerchantDiscount.Text); //奖金折扣
        float fFinalPay=float.Parse(txtFinalPay.Text); //实际支付
        DateTime dtDateSold
             =DateTime.Parse(txtDateSold.Text); //销售时间
    }
    catch
    {
        lblTitle.Text="数据格式或类型有误";
        return;
    }
    // 将上述变量值写入数据库
                ... 省略部分代码 ...
}
```

运行时，一旦录入非法数据，例如，在“购买数量”项输入“一件”、在“销售日期”项输入了“2009-2-30”，系统将在显示“销售单录入”的标题位置显示“数据格式或类型有误”的错误信息，并且停止当前程序的运行，阻止非法数据进入系统内部。

2）验证会员客户身份证号码。对客户身份证号码的验证主要考虑两个方面，一方面客户身份证号码是必填字段，另一方面是输入的身份证号码需符合格式要求，比如说长度必须是15位或18位。处理方法是利用if语句判断输入值是否符合上述两个方面的考虑，见实例3.2。

实例3.2

```
protected void ibtnSave_Click(object sender, ImageClickEventArgs e)
{
    //身份证号码验证
    if(txtConsumerIDCardNO.Text=="")
    {
        lblTitle.Text="身份证号码不能为空";
        return;
    }
    else if(txtConsumerIDCardNO.Text.Length!=15 &&
            txtConsumerIDCardNO.Text.Length!=18)
    {
        lblTitle.Text="身份证号码长度不正确";
        return;
    }
    string strIDCardNo=txtConsumerIDCardNO.Text; //顾客身份证号
    try
    {
        string strProducts=ddlProducts.SelectedValue; //购买商品
        string strCoupon=ddlCoupon.SelectedValue; //代金券
```

```
            string strRefIDCardNO=txtRefIDCardNO.Text; //推荐人身份证号
            int iCount=int.Parse(txtCount.Text); // 购物数量
            float fTotal=float.Parse(txtTotal.Text); //总价
            float fScoreDiscount
                 =float.Parse(txtScoreDiscount.Text); //积分折扣
            float fMerchantDiscount
                 =float.Parse(txtMerchantDiscount.Text); //奖金折扣
            float fFinalPay
                 =float.Parse(txtFinalPay.Text); //客户实际支付金额
            DateTime dtDateSold
                 =DateTime.Parse(txtDateSold.Text); //销售时间
        }
        catch
        {
            lblTitle.Text="数据格式或类型有误";
            return;
        }
        // 将上述变量值写入数据库
                    … 省略部分代码 …
    }
```

当用户完成销售单录入，单击“保存”按钮提交登记结果，服务端程序首先判断身份证号码是否为空，如果用户输入数据为空，提示错误信息“身份证号码不能为空”，否则继续验证身份证号码格式是否满足 15 位或 18 位的长度要求，如果身份证号码的输入不满足字符长度要求，则提示错误信息“身份证号码长度不正确”，同时中止程序运行。

这里值得注意的是，使用 try…catch 语句能够以捕捉异常的方式很好地完成数据验证操作，但它却会影响系统性能，对于能导致系统异常的可预知的条件，尽量不使用 try…catch 语句。例如，除法运算当中，可能出现除数为 0 的错误，使用 try…catch 可以捕捉到这个异常，使用 if 语句判断除数是否为 0 也可以达到相同的目的。相比之下，try…catch 语句捕捉除数为 0 的异常可能要耗费一两秒，甚至更长的时间，其工作效率要远远低于 if 语句。

（2）客户端验证

服务端虽然能够实现验证用户的输入，但是缺点也很明显。

1）必须提交表单数据方可实施数据验证。由于服务端验证代码放置、运行于服务端的位置，在未将表单数据通过网络发送到服务端之前是无法实现数据验证的，这无形增加了网络及服务器的负担，表单数据在浏览器与服务器端之间往返传输，既耗费时间又影响用户使用体验。

2）必须自行编写程序实施数据验证。通常情况下，每个数据录入界面都需要实施数据验证，自行编写程序验证数据势必加大开发工作量，影响开发效率。

ASP.NET 提供了五个验证控件和一个汇总控件，见表 3.1，它能够实现在客户端或服务端对用户输入的信息进行验证。

表 3.1　ASP.NET 的验证控件

使用的控件	说　明
RequiredFieldValidator	必填项验证，确保用户不会跳过某一项
CompareValidator	使用比较运算符（小于、等于、大于、不等于、大于等于、小于等于）比较用户的输入与一个常量值或另一控件的属性值
RangeValidator	检查用户的输入是否在指定的上下限内。可以检查数字对、字母字符对和日期对的范围。边界可以表示为常数或从其他控件导出的值
RegularExpressionValidator	检查项与正则表达式定义的模式是否匹配。这种验证类型允许检查可预知的字符序列，如社会保障号、电子邮件地址、电话号码、邮政编码等的字符序列
CustomValidator	使用自己编写的验证逻辑检查用户的输入
ValidationSummary	在一个统一摘要中显示页上所有其他验证控件的错误信息

当应用数据验证控件设计客户端验证时，它能够在系统运行时自动生成客户端数据验证脚本程序，浏览器通过运行客户端数据验证脚本程序即可实现对表单数据进行必填项验证、两值比较、数据格式及类型验证、正则表达式验证等多种验证方式，同时具有如下优点。

1）无需编写过于复杂的程序。开发时只要将控件添加到 Web 窗体，对控件进行简单的设置，即可实现数据验证功能，极大地提高了开发效率。

2）若用户输入了不合法数据，验证控件自动阻止数据通过网络提交到服务器，从而节省了网络资源，提高了系统操作的响应速度。以往数据验证只在服务端进行，提交表单信息经过漫长的等待发现服务器提示身份证号码未输入，修正后再次提交，又经过漫长的等待之后发现服务器依然提示出错——日期格式不正确，设想如果这些数据验证操作都在客户端浏览器进行，只有表单数据完全正确之后才通过网络提交到服务器，将不会出现多次服务端与客户端的交互操作，不会出现多次提交数据的等待，极大地提高了操作响应速度。

2. 确定系统的数据验证解决方案

经过详细的分析发现，服务端可以实现安全性最高的数据验证，客户端可以实现效率最高的数据验证，在系统当中同时采用服务端、客户端验证可以达到最佳验证效果。

通过客户端验证，确保表单数据完全合法才允许提交到服务器，防止不合法的表单数据输入系统，也同时避免了不合法的表单数据反复从服务端退回给客户端，提高了数据验证效率。当客户端由于种种原因导致验证实效，或者系统受到攻击时，服务端验证在本系统的数据验证环节当中起到最后一道防线的作用。

读者只要拥有 C#基础即可设计服务端验证，在各操作按钮当中，加入 if、try…catch 等语句，按照验证规则对数据进行判断、异常捕捉即可实现数据验证操作。

ASP.NET 提供的数据验证控件是一项全新的表单验证设计技术，是本书重点学习内容，通过解决项目实际问题，使读者掌握应用数据验证控件设计客户端数据验证的技术。

3.2 设计与实现

现在首先了解销售单录入操作界面在数据验证方面的设计需求。

1）所有必填项不允许为空，属于必填项的数据项有：顾客身份证号、购买商品、购买数量、总价格、积分抵扣、奖金抵扣、客户支付金额、销售时间。

2）顾客身份证号与推荐人身份证号不允许相同。

3）购买数量必须是非负数的整数，不允许输入带小数点的数值，也不允许随便输入字母、汉字等非数值量数据。

4）价格等数据项必须是非负数的整数或浮点数，不允许随便输入字母、汉字等非数值量数据。相关的数据项包括：总价格、积分抵扣、奖金抵扣、客户支付金额。

5）身份证号码必须符合国家标准规定的格式要求，即身份证号码必须是15位数字或18位数字（末位允许为字母“X”）。

现在通过如下几个设计任务来实现上述需求，从而使读者全面掌握 ASP.NET 所提供的几个验证控件的应用。

任务 1 验证销售单录入的必填数据项

1. 了解必填项验证控件 RequiredFieldValidator

RequiredFieldValidator 控件可确保用户提供有效的输入，即进行数据项的非空验证，若数据项为空则验证失败。

RequiredFieldValidator 是一个常用的验证控件，它能够确保表单当中的每个数据项的输入不被跳过。CSDN 是国内著名的 IT 技术社区，为方便访问社区资源，打算注册登录帐户，帐户注册页面清晰地显示“用户登录昵称”、“密码”、“重复输入密码”、“E-mail 地址”等数据是必填项，如图 3.2 所示。

图 3.2 CSDN 网站的表单数据验证

帐户注册页面的任何一项留空均导致无法提交注册信息完成注册帐户的操作，并且能够在相应数据项打上“*”号的提醒标记，并弹出对话框提示哪些数据项必须填写完整方可完成注册。在销售管理信息系统当中，应用 RequiredFieldValidator 控件可以轻松设计类似的验证机制。

2. 销售单录入必填项验证的设计步骤

（1）向销售单录入窗体添加 RequiredFieldValidator 控件

从工具箱拖放若干个 RequiredFieldValidator 控件到销售单录入窗体的每个必填数据项的相应位置，如图 3.3 所示，定义每个控件的控件名（ID），每个控件的 ErrorMessage 属性设置为“身份证项必填”、“商品项必选”等验证失败提示信息。

图 3.3　为销售单录入界面加入必填项验证控件

需要注意的是尽管在设计时，设计页面的验证控件直接显示了 ErrorMessage 属性所设置验证失败提示信息，但在运行时只有验证失败的情况才会显示提示信息。

（2）设置验证控件需要验证的对象控件

尽管将显示有“购买数量项必填”字样的验证控件放置在“购买数量”数据项输入框的附近，但并不代表两者有任何联系，通过设置 ControlToValidate 属性使该验证控件能够控制并验证“购买数量”数据项的输入框。由于“购买数量”的文本输入框控件名为 txtCount，因此 ControlToValidate 属性可以设置为 txtCount，如图 3.4 所示。

图 3.4　必填项控件的属性设置

其余的每个验证控件参照表 3.2 完成属性设置。

表 3.2　控件属性设置

控 件 类	控 件 名（ID）	属 性 设 置
RequiredFieldValidator	rfvConsumerIDCardNO	Text：（空），ErrorMessage：身份证项必填 ControlToValidate：txtConsumerIDCardNO
RequiredFieldValidator	rfvProducts	Text：（空），ErrorMessage：商品项必选 ControlToValidate：ddlProducts
RequiredFieldValidator	rfvCount	Text：（空），ErrorMessage：购买数量项必填 ControlToValidate：txtCount
RequiredFieldValidator	rfvTotal	Text：（空），ErrorMessage：总价格必填 ControlToValidate：txtTotal
RequiredFieldValidator	rfvScoreDiscount	Text：（空），ErrorMessage：积分抵扣项必填 ControlToValidate：txtScoreDiscount
RequiredFieldValidator	rfvMerchantDiscount	Text：（空），ErrorMessage：奖金抵扣项必填 ControlToValidate：txtMerchantDiscount
RequiredFieldValidator	rfvFinalPay	Text：（空），ErrorMessage：客户支付金额项必填 ControlToValidate：txtFinalPay
RequiredFieldValidator	rfvDateSold	Text：（空），ErrorMessage：销售实际项必填 ControlToValidate：txtDateSold
ImageButton	ibtnSave（“保存”按钮）	Text：（空），ImageUrl：~/images/bsave.gif CausesValidation：True
ImageButton	ibtnCancel（“退出”按钮）	Text：（空），ImageUrl：~/images/bexit.gif CausesValidation：False

此时，有读者提出疑问，为什么需要修改“保存”按钮和“退出”按钮的 CausesValidation 属性？

CausesValidation 属性代表着按钮被单击时是否会引起页面数据验证，在销售单录入界面当中，只有单击“保存”按钮时才需要验证表单数据，而“退出”按钮被单击时意味着用户放弃本次销售单录入的表单数据，自然无需引起页面数据验证，因此该按钮的 CausesValidation 属性设置为 False。

通过上述两个步骤的具体设计，销售单录入的必填项数据验证设计完成。如果设计过程完全正确，销售单录入 Web 窗体将得到如下的 HTML，见实例 3.3。

实例 3.3

… 省略部分代码 …

```
<TR>
    <TD noWrap class="style1" align=right>
        <asp:Label ID="lblConsumerIDCardNO" runat="server"
          Text="顾客的身份证号"></asp:Label>
    </TD>
    <TD noWrap align=left>
        <asp:TextBox id="txtConsumerIDCardNO" runat="server"
          Width="171px"></asp:TextBox>
        <asp:Label id="lblConsumerName" runat="server"
          ForeColor="White"></asp:Label>
```

```
        <asp:RequiredFieldValidator ID="rfvConsumerIDCardNO"
          runat="server" ControlToValidate="txtConsumerIDCardNO"
          ErrorMessage="身份证项必填"></asp:RequiredFieldValidator>
    </TD>
</TR>
<TR>
    <TD noWrap class="style1" align=right>
        <asp:Label ID="lblProducts" runat="server" Text="购买商品">
          </asp:Label>
    </TD>
    <TD noWrap align=left>
        <asp:DropDownList id="ddlProducts" runat="server"
          Width="278px" AutoPostBack="True" Height="16px">
        </asp:DropDownList>
        <asp:RequiredFieldValidator ID="rfvProducts" runat="server"
           ControlToValidate="ddlProducts" ErrorMessage="商品项必选">
        </asp:RequiredFieldValidator>
    </TD>
</TR>
                ... 省略部分代码 ...
<TR>
    <TD align=center>
            <asp:ImageButton ID="ibtnSave" runat="server" Height="27px"
              ImageUrl="~/images/bsave.gif" onclick="ibtnSave_Click"
              Width="74px" />
            <asp:ImageButton ID="ibtnCancel" runat="server" Height="27px"
             ImageUrl="~/images/bexit.gif" Width="77px"
             CausesValidation="False" />
    </TD>
</TR>
                ... 省略部分代码 ...
```

上述代码的<asp:RequiredFieldValidator>是RequiredFieldValidator验证控件的定义语句，清晰地描述了每个验证控件的属性设置以及它们各自需要验证哪个数据项的输入控件，其HTML描述格式通常是

```
<asp:RequiredFieldValidator  id="控件在程序中的唯一标识"
          ControlToValidate ="需验证的对象控件"
          ErrorMessage ="错误提示信息"
          …其他更多的属性…
          Runat="server">
</asp: RequiredFieldValidator >
```

编译项目文件，启动系统打开销售单录入功能，如图3.5所示，试图单击“保存”按钮时，因为“顾客身份证号”、“销售时间”两个数据项未填写数据，它们的右侧位置均显示了相应的提示信息。

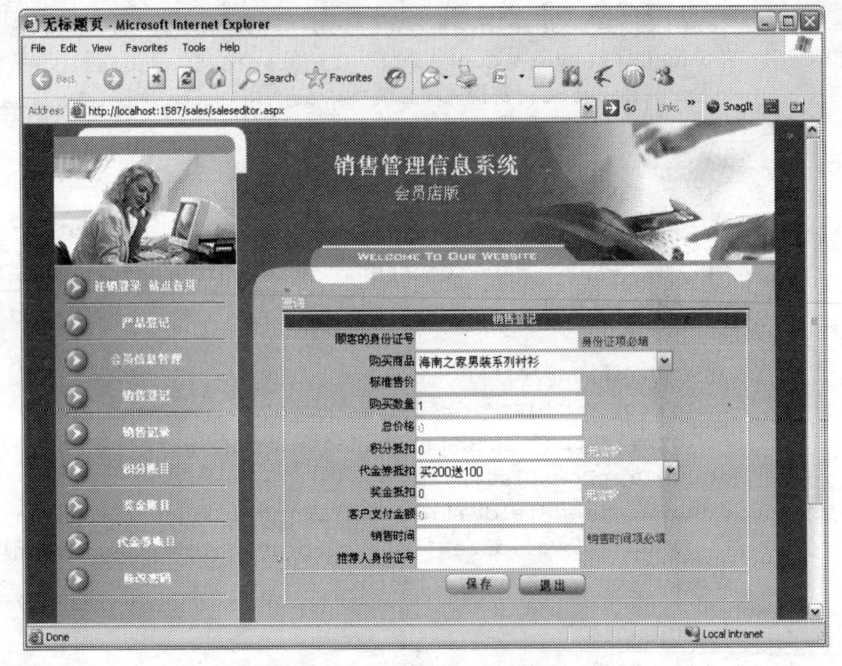

图 3.5 数据验证运行效果

3. 了解 RequiredFieldValidator 控件的一些细节问题

前面已经通过设置 RequiredFieldValidator 验证控件的主要属性完成销售单录入表单验证的设计任务，现在就一些细节问题进行深入介绍。在介绍细节问题之前，首先了解一下 RequiredFieldValidator 控件的主要属性，见表 3.3。

表 3.3 RequiredFieldValidator 控件的常用属性

属 性 名	描 述	取 值
ControlToValidate	指定 RequiredFieldValidator 控件所需验证的对象控件，其值必须是输入控件的控件名（ID），该输入控件与验证控件必须在同一容器中	字符串
Display	验证提示信息的显示方式	None | Dynamic | Static
ErrorMessage	验证失败时的错误提示信息	字符串
Text	表示在验证控件上面显示的文字	字符串

销售单录入表单验证设计中有以下两个问题需要解决。

1）运行过程中发现验证错误信息虽然没有显示，但仍然占据了页面空间，这是怎么回事？这是由于该控件以静态模式显示验证提示信息，无论屏幕上是否显示验证信息，页面将为控件保留显示验证信息所需的页面空间。如果希望在页面未引发验证失败时（即验证控件无错误信息提示时），验证控件不占用页面显示空间，可将 Display 属性设置为 Dynamic。

2）ErrorMessage 和 Text 属性都能使验证控件显示提示信息，两者有何区别？当 ErrorMessage 设置了验证失败提示信息，而 Text 属性为空值，那么验证控件只在验证失败时显示提示信息；如果 Text 属性设置了任何字符，比如说设置了“*”号，那么在验证失败时，验证控件不再显示 ErrorMessage 所设置的提示信息，而是显示 Text 属性所设置的提示文字，如图 3.6 所示。

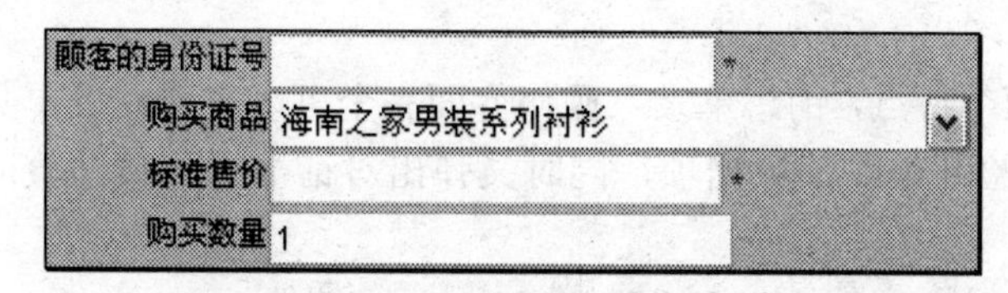

图 3.6　Text 属性设置为星号的运行效果

通过分析 RequiredFieldValidator 控件的主要属性可以得到一个结论：RequiredFieldValidator 控件的应用思路是“验证控件需要验证谁（例如，哪个文本框）、验证失败需要显示什么提示信息、提示信息怎样显示”，这不仅是针对 RequiredFieldValidator 控件的思路，ASP.NET 所提供的其余几个数据验证控件都有同样的应用思路。

任务 2　以弹出对话框方式显示验证失败提示信息

经过任务 1 的设计，读者已经能够完全实现对必填项的数据验证，现希望对任务 1 的设计作一个改进：IT 技术社区 CSDN 的帐户注册表单数据验证过程中除了显示“*”号标记验证失败的数据项，同时还弹出对话框提示数据验证失败的具体提示信息，本系统的销售单录入操作界面希望也能获得与 CSDN 帐户注册表单数据验证相同的效果。

1. 了解 ValidationSummary 控件

ValidationSummary 控件能够显示当前页面之下所有验证控件的错误信息摘要。ValidationSummary 起到汇总所有错误报告的作用，简单地说它可以将页面之下所有验证控件的错误信息归纳在一个列表中，最终以页面中一个段落或弹出对话框的方式显示这个列表。ValidationSummary 控件常用属性见表 3.4。

表 3.4　ValidationSummary 控件的常用属性

属 性 名	描 述	取 值
ShowMessageBox	是否以弹出对话框方式显示验证提示消息	True | False
ShowSummary	是否在 Web 窗体页面上显示验证提示消息	True | False

从属性表发现 ValidationSummary 控件的使用方法非常简单，只需往销售单录入窗体页面添加一个 ValidationSummary 控件，简单设置一下显示方式即可实现汇总显示错误信息。

2. 弹出对话框显示验证提示信息的设计步骤

（1）将所有数据验证控件的 Text 属性设置为“*”号

包括 RequiredFieldValidator 在内的验证控件有以下两个特点。

1）当 Text 属性设置了任何字符，比如说设置了“*”号，那么在验证失败时，验证控件不再显示 ErrorMessage 所设置的提示信息，而是显示 Text 属性所设置的提示文字。

2）尽管既可以通过设置 ErrorMessage 属性，也可以通过设置 Text 属性显示提示信息，但是只有 ErrorMessage 属性设置的提示信息才会被 ValidationSummary 控件汇总起来集中显示。

综合利用这两个特点，销售单录入操作界面完全可以实现在表单数据验证过程中即显示“*”号标记验证失败的数据项，同时又弹出对话框提示数据验证失败的具体提示信息。

（2）向销售单录入窗体添加 ValidationSummary 控件

从工具箱拖放若一个 ValidationSummary 控件到销售单录入窗体“保存”按钮附近的位置，如图 3.7 所示。

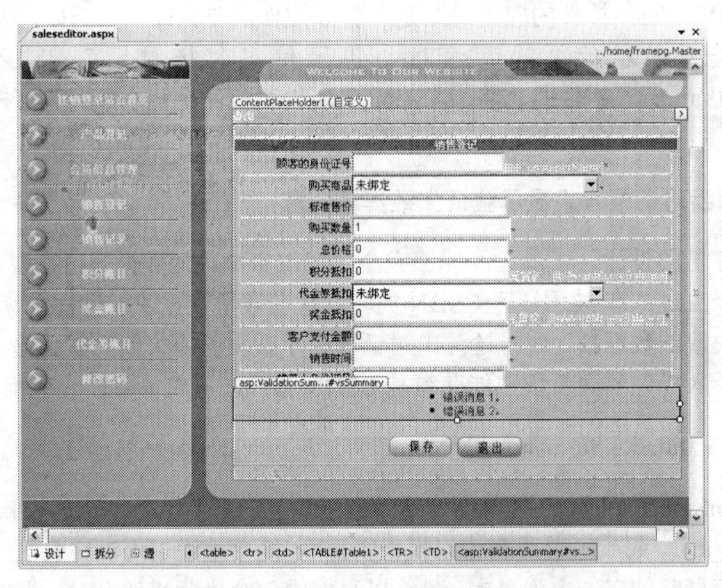

图 3.7　为销售单录入界面加入 ValidationSummary 控件

同时参照表 3.5，设置控件属性。

表 3.5　控件属性设置

控 件 类	控 件 名（ID）	属 性 设 置
ValidationSummary	vsSummary	ShowMessageBox：True，ShowSummary：False

将 ShowMessageBox 设置为 True，而 ShowSummary 设置为 False，目的是为了只以对话框方式显示汇总的验证提示信息，但不在页面上显示。如果读者希望在页面上直接显示而不弹出对话框，那么两个属性的设置均取相反值即可。

启动调试项目，运行结果显示，当“顾客身份证号”、“销售时间”两个数据项未填写数据，试图单击“保存”按钮时，相应数据项的右侧位置显示“*”号标记，同时能够弹出对话框显示验证失败的错误提示信息，如图 3.8 所示。

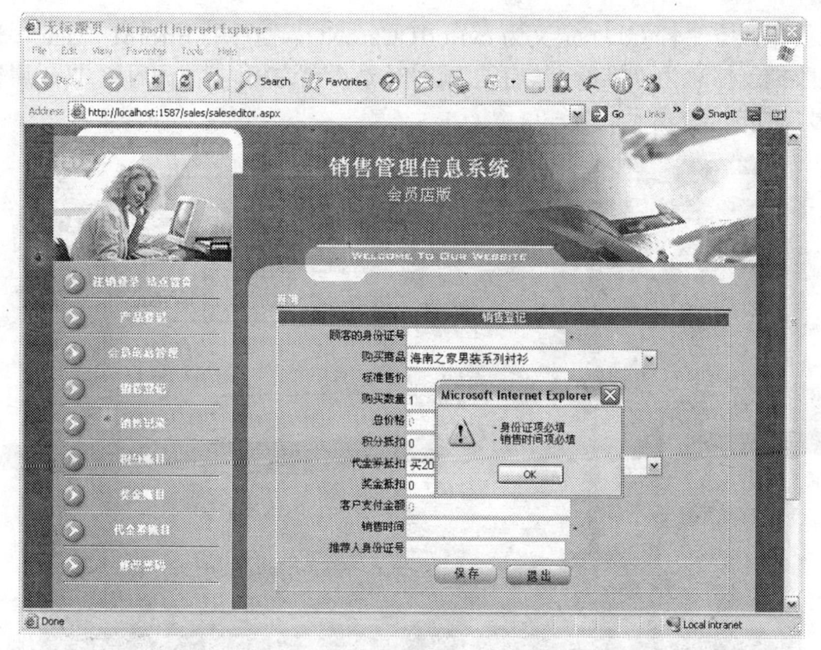

图 3.8　ValidationSummary 弹出对话框提示数据验证结果

任务 3　避免销售对象与推荐人相同

在某些行业当中，商家为了促进销售，鼓励老客户介绍新客户。例如，在婚庆摄影行业，老顾客如果能够介绍新顾客，老顾客作为推荐人将获得积分等奖励。从业务规则来说，一个销售单所记录的销售对象和推荐人不应该同为一人，销售单录入表单当中的“顾客身份证号”与“推荐人身份证号”是不允许相同的。因此，在本任务当中着重考虑的问题是如何比较两个数据项的数据异同，CompareValidator 控件能够从技术上解决这个问题。

1. 了解如何应用 CompareValidator 控件比较两个输入值

CompareValidator 控件提供了两个方面的功能：一方面可以对两个数据项进行等于、不等于、大于、大于或等于、小于、小于或等于的比较验证，另一方面可以对某个数据项进行数据类型检查的验证。在本任务首先介绍应用 CompareValidator 控件的两个数据项比较验证功能。

两个数据项进行比较验证有较广的用途，除了可以应用在比较销售单录入表单当中的“顾客身份证号”与“推荐人身份证号”是否相同，还可以在修改密码功能中比较两次输入的密码是否相同、在会员管理功能当中比较会员注册时间是否大于其出生日期。

2. 避免销售对象与推荐人相同的设计步骤

（1）向销售单录入窗体添加 CompareValidator 控件

从工具箱拖放若干个 CompareValidator 控件到销售单录入窗体“推荐人身份证号”

数据项的位置，控件名（ID）定义为 cvRefIDCardNO，控件的 ErrorMessage 属性所设置的验证失败提示信息为“推荐人与销售顾客对象不允许相同”，同时将 Text 属性需设置为“*”号，如图 3.9 所示。

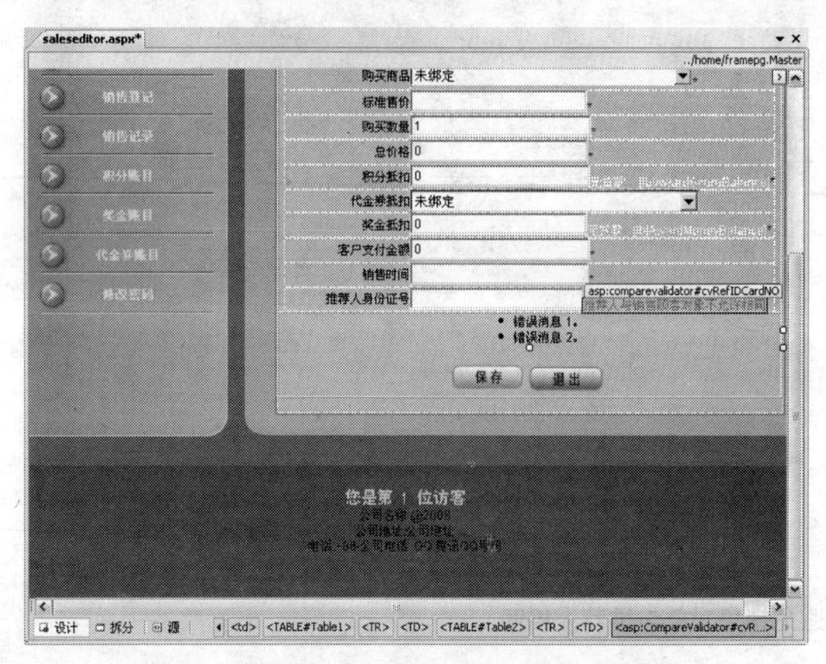

图 3.9　为销售单录入界面加入 CompareValidator 控件

（2）设置验证控件需要验证的对象控件

如果用户在输入了“推荐人身份证号”，就需要对它进行验证，由于“推荐人身份证号”项的文本输入框控件名是 txtRefIDCardNO，因此该验证控件的 ControlToValidate 属性设置为 txtRefIDCardNO。

在验证过程中需要引用“客户身份证号”作为比较值，由于“客户身份证号”项的文本输入框控件名是 txtConsumerIDCardNO，因此该验证控件的 ControlToCompare 属性设置为 txtConsumerIDCardNO。

（3）设置两个数据项的比较操作方式

将验证控件的 Operator 属性设置为 NotEqual，即两个数据项不相同时数据验证通过。

（4）设置参与比较的数据项的数据类型

由于参与比较的“推荐人身份证号”、“客户身份证号”两个数据项均为字符串，因此验证控件的 Type 属性设置为 String。同理，在其他应用当中如果需要比较两个整数，Type 属性可以设置为 Integer；如果要比较两个日期数据，Type 属性可以设置为 Date。

完成上述设计步骤后，得到销售单录入界面与 CompareValidator 控件相关的 HTML 代码，见实例 3.4。

实例 3.4

```
                    … 省略部分代码 …
    <TR>
```

```
        <TD noWrap class="style1" align=right>
            <asp:Label ID="lblConsumerIDCardNO" runat="server"
              Text="顾客的身份证号"> </asp:Label>
            </TD>
        <TD noWrap align=left>
            <asp:TextBox id="txtConsumerIDCardNO" runat="server"
              Width="171px"></asp:TextBox>
            <asp:Label id="lblConsumerName" runat="server"
              ForeColor="White"></asp:Label>
            <asp:RequiredFieldValidator ID="rfvConsumerIDCardNO"
              runat="server" ControlToValidate="txtConsumerIDCardNO"
              ErrorMessage="身份证项必填"> </asp:RequiredFieldValidator>
        </TD>
    </TR>
                  … 省略部分代码 …
    <TR>
        <TD noWrap class="style1" align=right>
            <asp:Label ID="lblRefIDCardNO" runat="server"
              Text="推荐人身份证号"></asp:Label>
        </TD>
        <TD noWrap align=left>
            <asp:TextBox id="txtRefIDCardNO" runat="server" Width="171px">
              </asp:TextBox>
            <asp:CompareValidator ID="cvRefIDCardNO" runat="server"
                ControlToCompare="txtConsumerIDCardNO"
                ControlToValidate="txtRefIDCardNO"
                ErrorMessage="推荐人与销售顾客对象不允许相同"
                Operator="NotEqual">*</asp:CompareValidator>
        </TD>
    </TR>
                  … 省略部分代码 …
```

上述代码的<asp:CompareValidator>是 CompareValidator 验证控件的定义语句，定义语句描述了该验证控件的各项属性设置，其 HTML 描述格式通常是：

```
    <asp:CompareValidator  id="控件在程序中的唯一标识"
              ControlToValidate ="需验证的对象控件"
              ControlToCompare="用来与需验证的对象控件进行比较的控件"
              ErrorMessage ="错误提示信息"
              Operator="验证操作方式"
              Type="数据项的类型"
              …其他更多的属性…
              Runat="server">
    </asp:CompareValidator >
```

编译项目文件，启动系统打开销售单录入功能，如果“推荐人身份证号”、“客户身份证号”两个数据项填写了相同的数据，并试图单击“保存”按钮时，系统将弹出对话框提示“推荐人与销售顾客对象不允许相同”，如图 3.10 所示。

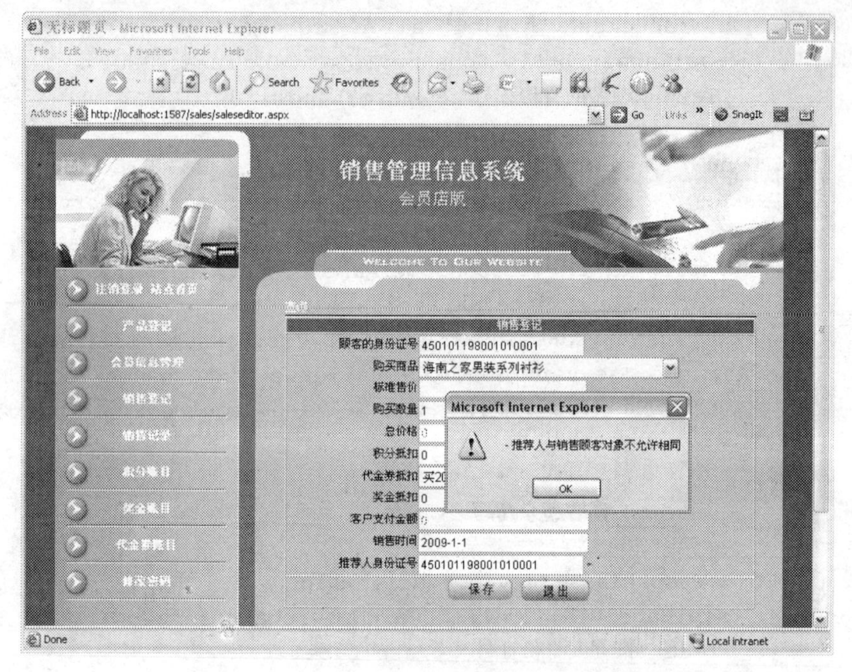

图 3.10　CompareValidator 控件运行效果

3. 了解 CompareValidator 控件的一些细节问题

前面通过应用 CompareValidator 验证控件已经实现比较两个数据项，现在同样需要就一些细节问题深入讨论。在讨论细节问题之前，仍旧首先解一下 CompareValidator 控件的主要属性，见表 3.6。

表 3.6　CompareValidator 控件的常用属性

属 性 名	描 述	取 值
ControlToValidate	指定 CompareValidator 控件所需验证的对象控件，其值必须是输入控件的控件名（ID），该输入控件与验证控件必须在同一容器中	字符串
Display	验证提示信息的显示方式	None | Dynamic | Static
ErrorMessage	验证失败时的错误提示信息	字符串
Text	表示在验证控件上面显示的文字	字符串
ControlToCompare	用来与要验证的控件进行比较的控件	字符串
Type	比较验证数据类型（如：字符串、整数等）	枚举成员
Operator	设置验证操作方式（如：等于、不等于、大于等）	枚举成员
ValueToCompare	用于比较的值	字符串

（1）这里需注意的几个问题

1）上述属性表的前四项属性与 RequiredFieldValidator 控件的属性完全相同，其实每种验证控件都拥有上述属性表的前四项属性。而后四项属性是 CompareValidator 比较验证控件的特有属性。

2）比较两个数据项需要同时比较 ControlToValidate、ControlToCompare 两个属性，

通常可以理解为将 ControlToValidate 属性指向控件的值与 ControlToCompare 属性指向控件的值相比较，但要注意的是 ControlToValidate、ControlToCompare 两个属性的含义还是有区别的。ControlToValidate 属性指定 CompareValidator 控件所需验证的对象控件，是不允许为空的属性；ControlToCompare 属性指向能提供比较值的对象控件，为验证过程提供比较值，但是比较值不一定来源于 ControlToCompare 属性指向的对象控件，ValueToCompare 属性可以直接设置比较值，某些情况下甚至不需要比较值（例如，Operator 设置为 DataTypeCheck 的情况），因此 ControlToCompare 不是一个必须设置的属性项。

3）接受验证的对象控件只有输入数据，CompareValidator 控件才起到验证作用，也就是说 CompareValidator 控件不验证空值。

（2）请读者思考的问题

在做修改会员密码的操作过程中通常需要验证两次输入的新密码是否相同，以确保用户能够正确定义新密码。如何实现比较两次输入的密码是否相同？实现方法依然是应用 CompareValidator 进行设计，具体步骤如下。

1）为“修改密码”操作界面添加 CompareValidator 控件，如图 3.11 所示。

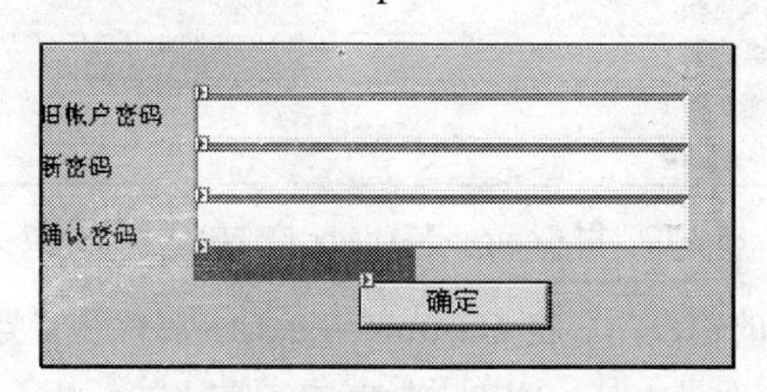

图 3.11　为修改密码界面加入 CompareValidator 控件

2）设置 ErrorMessage 属性定义出错提示信息，提示信息设置为“新密码两次输入不一致”。

3）设置需要验证的输入项，即将 ControlToValidate 属性设置为名为“txtNewPwd1”的新密码框。

4）设置用于作比较的输入项，即将 ControlToCompare 属性设置为名为 txtNewPwd2 的确认密码框。

5）设置 Operate 属性为 Equal，使控件处于“相等校验”的工作模式。

此时，验证两个密码是否相等的设计完成，但是考虑到用户可能输入空密码的情况，系统运行时如果用户输入空密码，系统可能会出错，因此同时需要为 txtNewPwd1 设计 RequiredFieldValidator 验证。

任务 4　验证“购买数量”等信息项的数据类型是否合法

在未对用户输入的数据类型进行验证的情况下，极易引起系统出现异常。以“购买数量”的数据项为例，合法数据应该是一个整数型数值，但用户有可能输入浮点型数据，甚至输入了字符串，这些操作将会导致系统发生异常。

1. 了解如何应用 CompareValidator 控件实现数据类型检查

在任务 3 中已经提到，CompareValidator 控件提供的另一个功能是可以对某个数据项进行数据类型检查的验证。

通过 Operator 属性可以将 CompareValidator 控件设置为等于、不等于、大于等验证操作方式，还可以设置成数据类型检查的操作方式。当 CompareValidator 控件被设置为数据类型检查的操作方式，并且在 Type 属性设置验证数据类型以后，被验证的输入对象必须符合验证控件所指定的数据类型。

2. 验证数据类型的具体设计步骤

1）为销售单录入操作界面添加 CompareValidator 控件到“购买数量”数据项附近，控件名命名为 cvCount。

2）设置验证出错提示信息。访问属性表的 ErrorMessage 属性，该属性设置为“购买数量必须是整数”，同时需要将 Text 属性设置为“*”号，如图 3.12 所示。

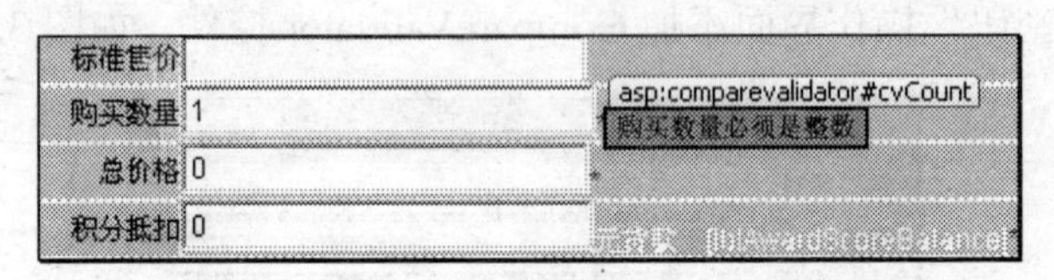

图 3.12 用 CompareValidator 控件验证数据类型

3）设置需要验证的输入项。将 ControlToValidate 属性设置为名为 txtCount 的“购买数量”数据项文本输入框，但 ControlToCompare 属性设置为空，不指向任何控件，如图 3.13 所示。

4）Operate 属性设置为 DataTypeCheck，使控件处于“数据类型检查”的工作模式，如图 3.14 所示。

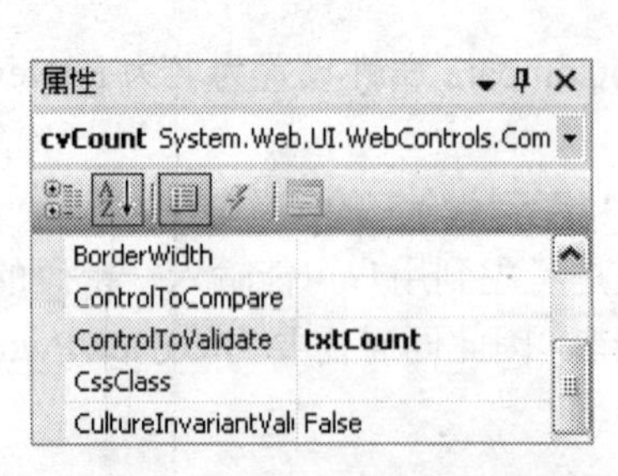

图 3.13 设置 CompareValidator 控件属性（一）

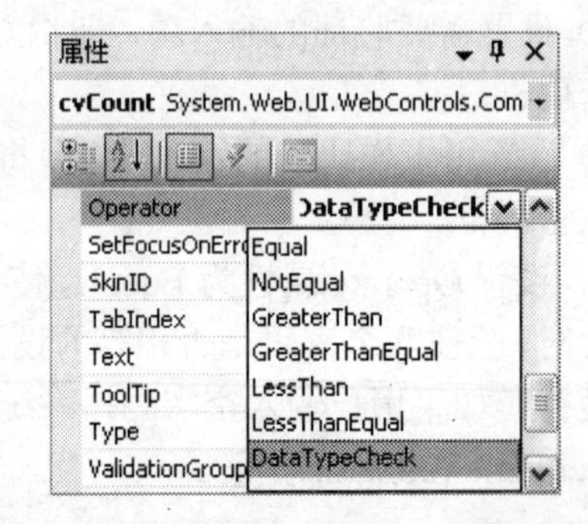

图 3.14 设置 CompareValidator 控件属性（二）

5）设置 DataType 属性为 Integer，使控件能校验用户输入的“购买数量”是否属于整数型数值，如图 3.15 所示。

到此，“购买数量”数据项的数据类型验证设计完成，现在编译项目文件，运行调试系统，在“购买数量”数据项的文本输入框输入“1.5”或“一件”，并单击“保存”按钮提交数据，此时 CompareValidator 验证控件起到验证数据类型的作用，如图 3.16 所示。

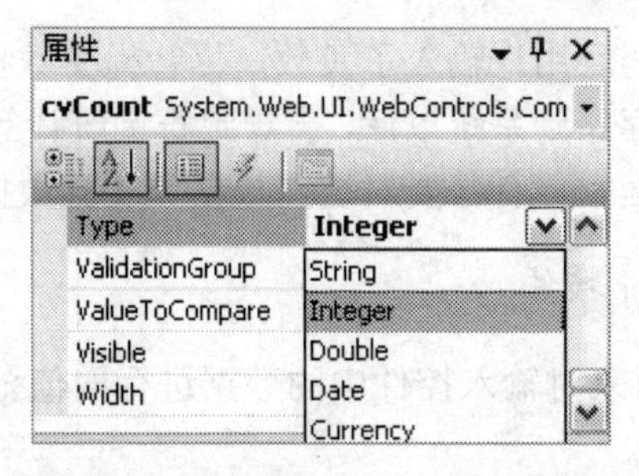

图 3.15　设置 CompareValidator 控件属性（三）

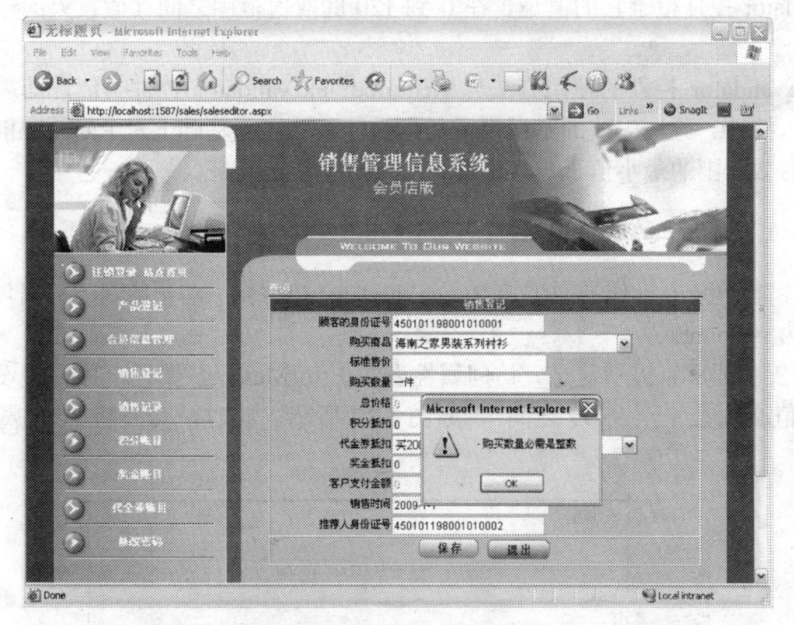

图 3.16　数据类型验证结果

根据前面的设计需求，“积分抵扣”、“奖金抵扣”、“客户支付金额”项的数据格式是浮点型，“销售时间”项的数据格式是日期时间型。在操作界面中如果不对这些数据项实施数据类型验证，很容易因为输入不符合要求的数据类型导致系统出现异常。请读者仿照上述步骤，对“积分抵扣”、“奖金抵扣”、“客户支付金额”、“销售时间”等四个数据项设计相应的数据类型验证。

任务 5　检查“购买数量”等数据输入是否超出指定范围

在任务 4 中，已经介绍了销售单录入的“购买数量”、“积分抵扣”实施数据类型检查的数据验证，但仍不能说明输入数据完全合法，不能确保系统完全正确运行。例如，用户在“购买数量”项输入了一个很长的整数“99999999999999999999999”，提交数据后系统在访问文本框数据时会因为运行到下面这个语句出现异常：

```
int iCount = int.Parse(txtCount.Text); // 购物数量
```

因为这么长的整数根本无法存储在 int 类型的整数变量中。即使用户输入的数据能够存入变量、不导致程序抛出异常，但从业务需求层面考虑，“购买数量”、“积分抵扣”

等数据项必须是非负数，一旦用户输入了负数，尽管提交数据时未引发程序提出异常，但不符合业务规则的数据存储到系统以后，会导致查询统计等相关功能的数据结果不正确。因此在销售单录入过程中，有必要对这些数据项实施数据有效范围验证。

1. 了解 RangeValidator 控件

RangeValidator 控件用来对输入控件中的数据进行取值范围验证，以确保提交的数据在规定的取值范围之内。

例如，对于会员信息的年龄，系统除了检查它的数据类型是否属于整数，还要应用 RangeValidator 控件检查它的值是否在 0 到 120 的取值范围之间（假设人的年龄最高是 120 岁）。

RangeValidator 控件的使用方法与 RequiredFieldValidator 控件类似，即需要明确验证哪个输入控件、验证失败的错误提示信息是什么，在此基础上对 RangeValidator 控件设置数据有效范围的最小值、最大值即可实现取值范围验证。

2. 取值范围验证的设计步骤

1）为销售单录入操作界面添加 RangeValidator 控件到“购买数量”数据项附近，控件名命名为 rvCount。

2）设置验证出错提示信息。访问属性表的 ErrorMessage 属性，该属性设置为“购买数量取值必须在 1 至 9999 之间”，如图 3.17 所示。同时，需要将 Text 属性设置为“*”号。

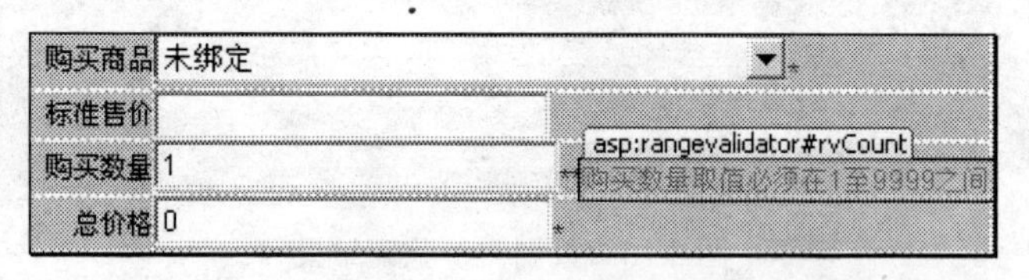

图 3.17　应用 RangeValidator 控件验证数值取值范围

3）设置需要验证的输入项。将 ControlToValidate 属性设置为名为 txtCount 的“购买数量”数据项文本输入框。

4）设置取值范围。MinimumValue 属性代表数据有效范围的最小值，由于购买数量要求最少为 1 件，因此该属性取值为 1。MaxmumValue 属性代表数据有效范围的最大值，为了防止用户在“购买数量”项输入过大的数值，限定每个销售单的最大购买数量为 9999 件，因此该属性取值为 9999。

此时，整个设计过程完成，销售单录入 Web 窗体当中与 CompareValidator 控件相关的 HTML 代码，见实例 3.5。

实例 3.5

```
                ··· 省略部分代码 ···
    <TR>
        <TD noWrap class="style1" align=right>
            <asp:Label ID="lblCount" runat="server" Text="购买数量">
              </asp:Label>
```

```
        </TD>
        <TD noWrap align=left>
            <asp:TextBox id="txtCount" runat="server" Width="178px"
              AutoPostBack="True">1</asp:TextBox>
            <asp:RequiredFieldValidator ID="rfvCount" runat="server"
                ControlToValidate="txtCount" ErrorMessage="购买数量项必填">*
            </asp:RequiredFieldValidator>
            <asp:CompareValidator ID="cvCount" runat="server"
              ControlToValidate="txtCount" ErrorMessage="购买数量需是整数"
              Operator="DataTypeCheck" Type="Integer">*
            </asp:CompareValidator>
            <asp:RangeValidator ID="rvCount" runat="server"
                ErrorMessage="购买数量取值必须在 1 至 9999 之间"
                ControlToValidate="txtCount" MaximumValue="9999"
                MinimumValue="0" Type="Integer">*</asp:RangeValidator>
        </TD>
    </TR>
                … 省略部分代码 …
```

上述代码的<asp:RangeValidator>是 RangeValidator 验证控件的定义语句，该语句描述了验证控件需验证的输入控件、验证失败错误提示信息、数据有效范围的最小及最大值，其 HTML 描述格式通常是：

```
    <asp:RangeValidator  id="控件在程序中的唯一标识"
            ControlToValidate ="需验证的对象控件"
            ErrorMessage ="错误提示信息"
            Type="要验证的数据类型"
            MinimumValue="最小值"
            MaximumValue="最大值"
            …其他更多的属性…
            Runat="server">
    </asp: RangeValidator>
```

编译项目文件，启动系统打开销售单录入功能，在“购买数量”的位置输入整数-1 或者 10000，输入数据超出了验证控件设定的取值范围，验证控件将给出如图 3.18 所示的验证提示。

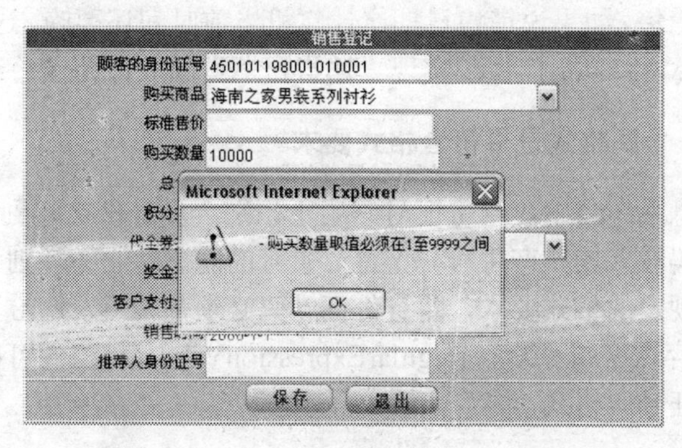

图 3.18　RangeValidator 控件运行效果

请读者仿照上述步骤，对“积分抵扣”、“奖金抵扣”、“客户支付金额”等三个数据项设计相应的数据有效范围验证，要求最小值不能小于 0，最大值不得超过 999999999。

3. 了解 RangeValidator 控件的一些细节问题

RangeValidator 控件是非常实用的控件，通过设置属性，可以做到对字符串、整数、浮点数、日期等类型的数据进行取值范围验证，这里将 RangeValidator 控件的常用属性列举出来，见表 3.7。

表 3.7 RangeValidator 控件的常用属性

属性名	描述	取值
ControlToValidate	指定 RangeValidator 控件所需验证的对象控件，其值必须是输入控件的控件名（ID），该输入控件与验证控件必须在同一容器中	字符串
Display	验证提示信息的显示方式	None | Dynamic | Static
ErrorMessage	验证失败时的错误提示信息	字符串
Text	表示在验证控件上面显示的文字	字符串
Type	验证数据类型（如：字符串、整数等）	枚举成员
MinimumValue	数据有效范围的最小值	字符串
MaximumValue	数据有效范围的最大值	字符串

（1）需注意的几个问题

1）每种验证控件都拥有上述属性表的前四项属性。而后三项属性是 RangeValidator 验证控件的特有属性。

2）请读者务必记住通过设置 Type 属性指定需验证数据类型，例如，验证“购买数量”的取值范围，Type 属性应设置为 Integer（整数型）；验证“销售日期”的取值范围，Type 属性应设置为 Date（日期型）。

3）接受验证的对象控件只有输入数据，RangeValidator 控件才起到验证作用，也就是说 RangeValidator 控件不验证空值。

（2）请读者思考的问题

“销售日期”项记录的是销售当天的时间，通常情况下就是取计算机系统当前时间，也有可能的情况是先销售后补登记销售单，也就是取比计算机当前时间早的时间值，但绝不可能先登记后销售。如果说销售日期比计算机当前时间还要晚，这肯定是不合理的。那么如何应用 RangeValidator 控件来实现“销售日期”的取值范围验证呢？

任务 6 检查身份证号码格式是否符合格式要求

在销售管理信息系统当中，身份证号码用于识别会员身份，起到会员编号的作用。为了防止身份证号码格式操作产生号码混乱、重号的隐患，业务规则上要求身份证号码必须符合国家标准规定的格式要求，即身份证号码必须是 15 位或 18 位数字，当号码为 18 位时，末位允许存在字母“X”。RegularExpressionValidator 控件可以轻松地实现根据上述规则验证身份证号码格式。

1. 了解 RegularExpressionValidator 控件

RegularExpressionValidator 控件用来对输入控件当中的数据进行验证，判断数据是否符合正则表达式定义的模式匹配，也就是判断被验证的数据是否符合预知的字符序列。

例如，应用 RegularExpressionValidator 控件可以验证身份证号码、邮政编码、电话号码、E-mail 地址等数据是否符合格式要求。

RegularExpressionValidator 控件的使用方法与 RequiredFieldValidator 控件类似，即需要明确验证哪个输入控件、验证失败的错误提示信息是什么，在此基础上通过设置 ValidationExpression 属性定义正则表达式，以便 RegularExpressionValidator 控件能够判断用户输入的数据是否符合正则表达式所描述的数据格式。

2. 取值范围验证的设计步骤

（1）添加控件

为销售单录入操作界面添加 RegularExpressionValidator 控件到“顾客身份证号”数据项附近，控件名命名为“revConsumerIDCardNO”。

（2）设置验证出错提示信息

访问属性表的 ErrorMessage 属性，该属性设置为“身份证号格式不正确”，如图 3.19 所示。

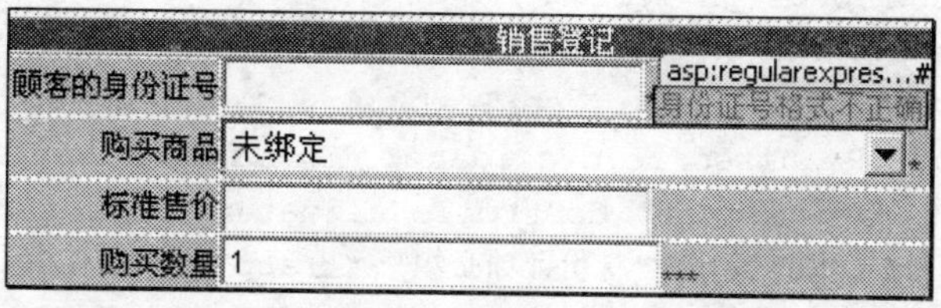

销售登记	
顾客的身份证号	asp:regularexpres...# 身份证号格式不正确
购买商品	未绑定
标准售价	
购买数量	1

图 3.19　应用 RegularExpressionValidator 控件验证身份证号

同时需要将 Text 属性设置为“*”号。

（3）设置需要验证的输入项

将 ControlToValidate 属性设置为名为 txtConsumerIDCardNO 的“顾客身份证号”数据项文本输入框。

（4）设置正则表达式

访问属性表的 ValidationExpression 属性，单击...按钮打开正则表达式编辑器，如图 3.20 所示。

在正则表达式编辑器当中选取 “中华人民共和国身份证号码（ID 号）”，编辑器将自动生成验证表达式“\d{17}[\d|X]|\d{15}”，如图 3.21 所示。

该验证表达式“\d{17}[\d|X]|\d{15}”表示允许用户输入 17 位数字+字母 X（或一个数字），也允许输入 15 位数字。单击“确定”按钮，所生成的验证表达式将赋值给 ValidationExpression 属性。

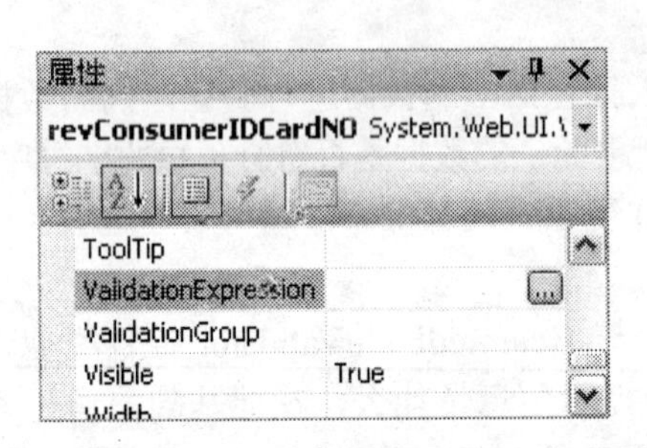

图 3.20　设置 RegularExpressionValidator 控件属性

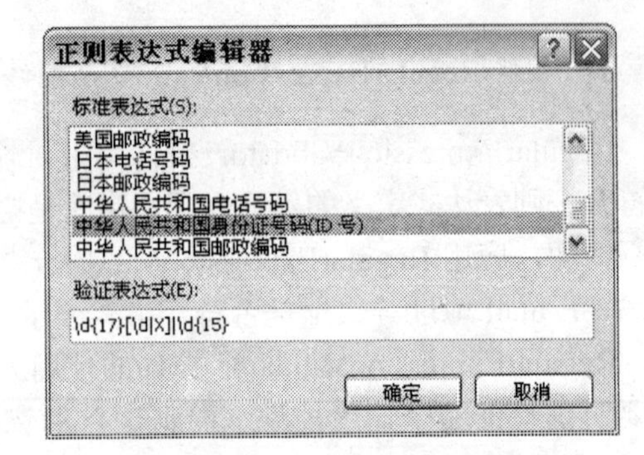

图 3.21　设置正则表达式

到此为止，整个设计过程完成，销售单录入 Web 窗体中与 RegularExpressionValidator 控件相关的 HTML 代码，见实例 3.6。

实例 3.6

```
                    … 省略部分代码 …
<TR>
    <TD noWrap class="style1" align=right>
        <asp:Label ID="lblConsumerIDCardNO" runat="server"
          Text="顾客的身份证号"></asp:Label>
    </TD>
    <TD noWrap align=left>
        <asp:TextBox id="txtConsumerIDCardNO" runat="server"
          Width="171px"></asp:TextBox>
        <asp:RequiredFieldValidator ID="rfvConsumerIDCardNO"
          runat="server" ControlToValidate="txtConsumerIDCardNO"
          ErrorMessage="身份证项必填">*</asp:RequiredFieldValidator>
        <asp:RegularExpressionValidator ID="revConsumerIDCardNO"
          runat="server" ControlToValidate="txtConsumerIDCardNO"
          ErrorMessage="身份证号格式不正确"
          ValidationExpression="\d{17}[\d|X]|\d{15}">*
        </asp:RegularExpressionValidator>
        <asp:Label id="lblConsumerName" runat="server"
          ForeColor="White"></asp:Label>
    </TD>
</TR>
                    … 省略部分代码 …
```

上述代码的<asp:RegularExpressionValidator>是 RegularExpressionValidator 验证控件的定义语句，该语句描述了验证控件需验证的输入控件、验证失败错误提示信息、正则表达式，其 HTML 描述格式通常是

```
<asp:RegularExpressionValidator  id="控件在程序中的唯一标识"
          ControlToValidate ="需验证的对象控件"
          ErrorMessage ="错误提示信息"
          ValidationExpression ="正则表达式"
          …其他更多的属性…
          Runat="server">
```

```
</asp:RegularExpressionValidator>
```

编译项目文件，启动系统打开销售单录入功能，在“顾客身份证号”的位置输入不规范的身份证号码测试一下，发现 RegularExpressionValidator 能够成功拦截不符合规范的输入，并提示“身份证号格式不正确”，运行效果达到预期要求。

3. 深入了解正则表达式

RegularExpressionValidator 验证控件的常用属性见表 3.8。

表 3.8　RegularExpressionValidator 控件的常用属性

属性名	描述	取值
ControlToValidate	指定 RegularExpressionValidator 控件所需验证的对象控件，其值必须是输入控件的控件名（ID），该输入控件与验证控件必须在同一容器中	字符串
Display	验证提示信息的显示方式	None | Dynamic | Static
ErrorMessage	验证失败时的错误提示信息	字符串
Text	表示在验证控件上面显示的文字	字符串
ValidationExpression	验证表达式（正则表达式）	字符串

前四项属性与 RequiredFieldValidator 控件的属性完全相同，而最后一项属性（正则表达式）是 RegularExpressionValidator 验证控件的特有属性。由于该控件验证数据格式的唯一依据是正则表达式，因此这里需要深入了解正则表达式的相关问题。

（1）什么是正则表达式

正则表达式提供了功能强大、灵活而又高效的方法来处理文本。正则表达式的全面模式匹配表示法使读者可以快速分析大量文本以找到特定的字符模式；提取、编辑、替换或删除文本子字符串；或将提取的字符串添加到集合以生成报告。对于处理字符串的许多应用程序而言，正则表达式是不可缺少的工具。

（2）正则表达式的字符构成

正则表达式语言其实是通过应用正则表达式语言编写程序得到的，限于篇幅本书无法详细介绍这种语言，这里只能简单介绍一下正则表达式的字符构成。

RegularExpressionValidator 控件的正则表达式通常由如下字符构成。

1）“^”头匹配：例如，“^front”表示以“front”开头的字符串。

2）“$”尾匹配：tail$表示以“tail”结尾的字符串。

3）转义序列：所有转义序列都用“\”打头。如“^”、“$”、“+”、“(”、“)”在表达式中都有特殊意义，所以在正则表达式中也用“\^”、“\$”、“\+”、“\(”、“\)”来表示。

4）字符簇：“[a-z]”匹配小写字符；“[A-Z]”匹配写字符；“[a-zA-Z]”匹配所有字符；“[0-9]”匹配所有数字；“[\.\-\+]”匹配所有句号、减号和加号；“[^a-z]”除了小写字母以外的成有字符；“^[^a-z]”第一个字符不能是小写字母；“[^0-9]”除了数字以外的所有字符。

5）重复：“^a{4}$”表示 aaaa；“^a{2,4}”表示 aa,aaa 或 aaaa；“^a{2,}”表示多于两个 a 的字符串；{2}表示所有的两个字符。

（3）常用的正则表达式

1）验证用户名和密码：（"^[a-zA-Z]\w{5,15}$"）正确格式："[A-Z][a-z]_[0-9]"组成，并且第一个字必须为字母 6～16 位。

2）验证电话号码：（"^(\d{3.4}-)\d{7,8}$"）正确格式：xxx/xxxx-xxxxxxx/xxxxxxxx。

3）验证身份证号（15 位或 18 位数字）：（"^\d{15}|\d{18}$"）。

4）验证 E-mail 地址：("^\w+([-+.]\w+)*@\w+([-.]\w+)*\.\w+([-.]\w+)*$")。

5）只能输入由数字和 26 个英文字母组成的字符串：("^[A-Za-z0-9]+$")。

6）整数或者小数：^[0-9]+\.{0,1}[0-9]{0,2}$。

7）只能输入数字："^[0-9]*$"。

8）只能输入 n 位的数字："^\d{n}$"。

9）只能输入至少 n 位的数字："^\d{n,}$"。

10）只能输入 m~n 位的数字：。"^\d{m,n}$"

11）只能输入零和非零开头的数字："^(0|[1-9][0-9]*)$"。

12）只能输入有两位小数的正实数："^[0-9]+(.[0-9]{2})?$"。

13）只能输入有 1~3 位小数的正实数："^[0-9]+(.[0-9]{1,3})?$"。

14）只能输入非零的正整数："^\+?[1-9][0-9]*$"。

15）只能输入非零的负整数："^\-[1-9][]0-9"*$。

16）只能输入长度为 3 的字符："^.{3}$"。

17）只能输入由 26 个英文字母组成的字符串："^[A-Za-z]+$"。

18）只能输入由 26 个大写英文字母组成的字符串："^[A-Z]+$"。

19）只能输入由 26 个小写英文字母组成的字符串："^[a-z]+$"。

20）验证是否含有^%&',;=?$\"等字符："[^%&',;=?$\x22]+"。

21）只能输入汉字："^[\u4e00-\u9fa5]{0,}$"

22）验证 URL："^http://([\w-]+\.)+[\w-]+(/[\w-./?%&=]*)?$"。

23）验证一年的 12 个月："^(0?[1-9]|1[0-2])$"正确格式为："01"～"09"和"1"～"12"。

24）验证一个月的 31 天："^((0?[1-9])|((1|2)[0-9])|30|31)$"正确格式为；"01"～"09"和"1"～"31"。

3.3 思考与提高

1）ASP.NET 提供了哪些数据验证控件？

2）如果需要验证用户输入的邮政编码，应该使用哪些数据验证控件？如何设置这些控件的属性？

阶段 4

页 面 处 理

1）熟悉内置对象提供的常用方法与属性。

2）通过综合应用系统内置对象，实行多页面跳转、获取客户端请求、向客户端浏览器响应信息等相关应用。

4.1 任 务 分 析

4.1.1 了解操作界面设计当中存在的缺陷

前面已初步完成销售管理信息系统所有操作页面的设计工作，但在系统运行过程中发现页面处理方面还存在不少缺陷。

1）访问销售单录入操作页面，读者可以看到，“购买商品”数据项的下拉列表框提供了两项产品备选项，如图 4.1 所示。

销售登记
顾客的身份证号 450101198001010001
购买商品 海南之家男装系列衬衫
标准售价 海南之家男装系列衬衫
啄木鸟西装
购买数量 1
总价格 0
积分抵扣 0 元奖客
代金券抵扣 买200送100
奖金抵扣 0 元奖客
客户支付金额 0
销售时间 2009-1-1
推荐人身份证号
保存 退出

图 4.1 未刷新的销售单录入界面

当用户单击“保存”按钮，或者单击浏览器的“刷新”按钮导致整个页面刷新了销售单录入页面，此时发现“购买商品”下拉列表框的备选项由原来的两项变成了四项，单击“刷新”按钮再刷新一次，备选项由四项变成了六项，如图 4.2 所示，这显然是一个不正常的现象。

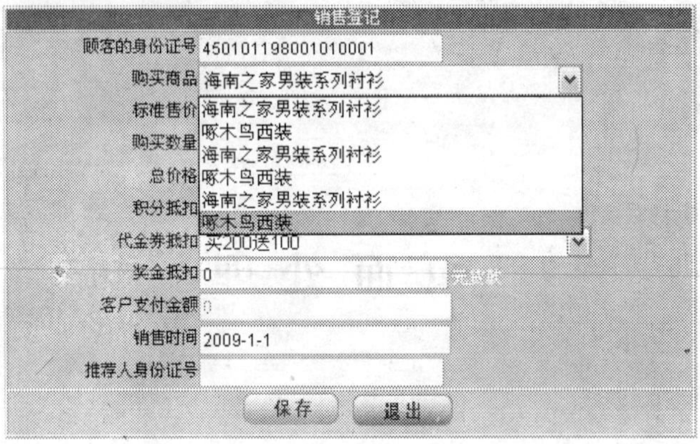

图 4.2　重复刷新的销售单录入界面

2）在销售单录入功能中单击“保存”按钮，存储提交表单数据时，系统不能弹出对话框提示操作是否成功。

3）页面与页面之间无法相互切换，例如，系统登录身份验证成功后，无法自动调转到指定页面。

4）页面之间无法传递参数，例如，chgpwd.aspx 页面是修改密码的页面，管理员可以通过访问这个页面为忘记登录密码的用户重置密码，每个登录用户也可以访问该页面修改密码。这意味着访问该页面时必须传入一个功能代号表示以重置密码或者修改密码的模式打开页面，当以重置密码模式打开该页面时，管理员只需填写新密码即可为登录用户设置新的密码；而以修改密码打开该页面时，登录用户除了填写需修改的新密码，还要填写旧密码提供给系统进行身份认证，确保帐户安全。与此同时，打开该页面还需传入密码修改对象的登录名，否则无法确定应该修改哪个密码。

4.1.2　解决方案

ASP.NET 预定义了一些对象，这些对象不需要声明就可以直接使用，通过使用内部对象的属性和方法满足 Web 应用程序的功能需要，称这些对象为系统对象。通过这些系统对象可以轻松地实现输入/输出、页面处理、状态管理等 Web 应用程序不可缺少的功能。

ASP.NET 与页面处理相关的常用系统对象见表 4.1。

表 4.1　ASP.NET 常用的系统对象

系统对象	说　明
Page 对象	Page 对象代表当前 Web 窗体页面自身，在 Web 应用程序当中，每个 Web 窗体页面都是一个 Page 对象，它类似 Windows 窗体应用程序的 Form，通过 Page 对象可以修改 Web 窗体页面属性，也可以通过 Page 对象的 Load 事件在页面加载时完成页面初始化操作
Response 对象	封装了返回到 HTTP 客户端的输出，提供向浏览器输出信息或者发送指令
Request 对象	封装了由 Web 浏览器或其他客户端生成的 HTTP 请求的细节（包括 URL 参数、页面属性、Form 表单数据），提供向浏览器读取信息或者读取客户端信息等功能
Server 对象	封装了服务器端的属性和方法，使 Web 应用程序可以访问服务器相关资源（如获取当前页面在服务期上的绝对路径）

通过这些常用系统对象，可以通过访问 Page 对象属性解决页面刷新导致下拉列表被重复初始化的问题；通过 Response 对象向客户端输出信息可以实现弹出对话框或者下达页面跳转指令；通过 Request 对象可以轻松获取 URL 参数。可见有了这些系统对象，在 4.1.1 小节中所述的几个缺陷就可以迎刃而解了。

4.2　设计与实现

任务 1　处理下拉列表被重复初始化的问题

1. 了解 Web 窗体页面对象

Web 应用程序编译运行后，每个 Web 窗体页面都被.NET 平台编译成 Page 对象，这就是 Web 窗体页面对象。

现在做一个实验：众多控件类都拥有 Visible 属性，用于控制控件对象的显示和隐藏，请打开销售单录入操作界面的代码编辑窗体编辑 Page_Load 函数，增加一条语句，见实例 4.1。

实例 4.1

```
protected void Page_Load(object sender, EventArgs e)
{
    Page.Visible = false;
    …省略部分代码…
}
```

运行起来后发现页面显示一片空白，如图 4.3 所示。

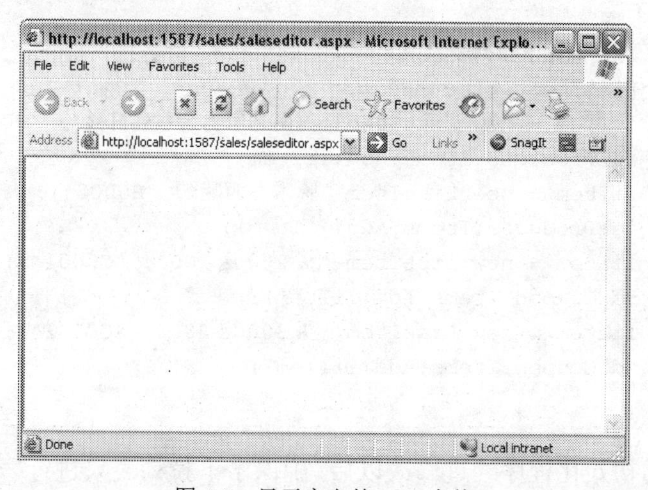

图 4.3　显示空白的 Web 窗体

ASP.NET 全面支持面向对象程序设计方法，在程序当中每个 Web 窗体页面都是一个 Page 对象，Page 对象的属性、方法和事件均与页面处理相关，Page 对象的 Visible 属性被设置为 false，导致该对象处于隐藏状态，输出结果当然是一片空白了。下面介绍 Page 对象的来源。

ASP.NET 的每一个 Web 窗体都是一个类，Web 窗体类（以 test.aspx 页面为例）

的声明形式如下：

```
public partial class test : System.Web.UI.Page
{
}
```

Web 窗体页面类派生自.NET 的基类 Page，而 Page 类与扩展名为.aspx 的文件相关联，这些文件在运行时被编译为 Page 对象，并被缓存在服务器内存中。

2. 避免下拉列表被重复初始化的设计方法

Page_Load 函数是 Page 对象的 Load 事件的事件函数，该事件在服务器控件加载到 Page 对象中时触发（即当页面加载时触发）。首次打开窗体页面或者刷新窗体页面都会触发 Load 事件从而调用 Page_Load 函数。下拉列表出现重复选项，是因为在页面刷新过程中位于 Page_Load 事件函数中的下拉列表初始化程序被反复调用所导致的。

Page 对象有一个 IsPostBack 属性，当 IsPostBack 为 true 时，表示该页面是正为响应客户端回发而加载；当 IsPostBack 为 false 时，该页面是首次被加载访问。为了避免写在 Page_Load 事件函数里面的初始化程序被重复加载，可以依据 IsPostBack 属性进行判断，只有 Web 窗体页面被首次加载时才允许运行初始化程序，参考程序见实例 4.2。

实例 4.2

```
protected void Page_Load(object sender, EventArgs e)
{
    if (Page.IsPostBack == false)  //或 if(!Page.IsPostBack)
    {
        //初始化下拉列表
        ListItem liItem;
        liItem = new ListItem("海南之家男装系列衬衫", "H0001");
        ddlProducts.Items.Add(liItem);
        liItem = new ListItem("啄木鸟西装", "H0002");
        ddlProducts.Items.Add(liItem);
        liItem = new ListItem("买200送100", "C0001");
        ddlCoupon.Items.Add(liItem);
        liItem = new ListItem("买300送200", "C0002");
        ddlCoupon.Items.Add(liItem);
    }
}
```

下拉列表的初始化程序经过修改以后，确保了下拉列表只进行一次初始化操作，运行结果证明，页面的重复刷新不再影响下拉列表选项。

任务 2　设计弹出式对话框提醒用户“信息保存成功”

1. 了解 Response 对象

Response 对象封装了返回到 HTTP 客户端的输出，提供向浏览器输出信息或者发送

页面控制指令。

Response 对象提供的常用方法见表 4.2。

表 4.2 Response 对象的常用方法

方 法 名	描 述	参 数
Write	输出指定的文本内容	string s：要输出的字符串
WriteFile	输出指定文件的文本内容	string filename：文件名
Redirect	控制浏览器从当前页面重定向到另外一个页面	string url：另外一个页面的链接地址
End	终止程序运行，将缓存输出到客户端	无

要是销售单录入功能在单击“保存”按钮后输出“信息保存成功!”提示信息，可以使用 Write 方法，也可以将“信息保存成功!”文字保存为文本文件，然后使用 WriteFile 方法输出该文件，参考源代码见实例 4.3。

实例 4.3

```
protected void ibtnSave_Click(object sender, ImageClickEventArgs e)
{
          …省略部分代码…
    Response.Write("信息保存成功! ");
}
```

不过运行结果与预期有点差距，提示信息只能在当前页面显示（未能实现弹出对话框显示信息），并且提示信息显示在页面起始行的位置，通过浏览器打开页面显示结果的 HTML 源代码发现提示信息也是位于代码最起始位置，如图 4.4 所示。

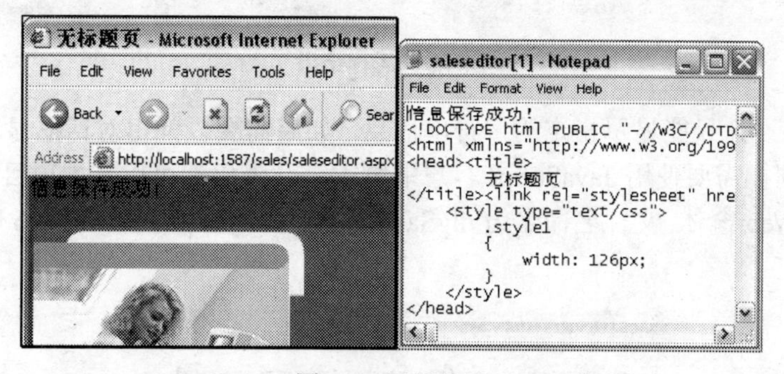

图 4.4 运行结果

通过上述设计过程读者已经认识了 Response 对象的初步应用，读者需要特别注意的是：Response.Write()方法只能将指定的文本内容输出到 HTML 最起始的位置。另外 ASP.NET 应用程序并不像 Windows 窗体应用程序那样有现成的 MessageBox 类实现弹出对话框，Web 窗体对象也不提供以对话框方式显示窗体的方法，但可以通过运用一些设计技巧来实现显示弹出对话框。

2. 销售单录入实现弹出对话框显示操作结果的设计步骤

（1）设计实现弹出对话框通的客户端脚本

由于 ASP.NET 应用程序不提供实现弹出对话框的类或对象，在 Web 站点实现弹出对话框通常需要应用 JavaScript 客户端脚本。

现在请读者在销售管理信息系统项目的 home 文件夹新建一个 HTML 静态网页，文件名命名为 alerttest.html，同时在 HTML 代码编辑窗口的第一行插入代码，见实例 4.4。

实例 4.4

```
<script language=javascript>
   alert('信息保存成功！');
   window.location='../sales/saleseditor.aspx';
</script>
```

上述脚本定义的 alert 语句执行弹出对话框显示指定信息，window.location 语句执行从当前页面跳转至指定页面，保存设计结果，然后使用浏览器浏览该文件。浏览结果显示一张空白的页面，同时弹出对话框提示“信息保存成功”，当用户单击 OK 按钮后，页面又跳转至 saleseditor.aspx，如图 4.5 所示。

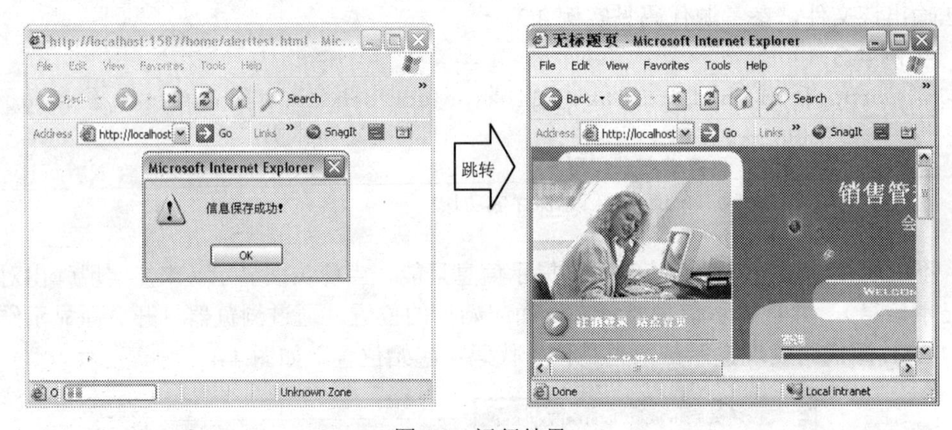

图 4.5　运行结果

当然，该设计只能显示指定的字符串信息，如果需要以弹出对话框显示自行设计的 Web 页面，同样需要使用 JavaScript 客户端脚本。读者仍然可以在本项目的 home 文件夹新建一个 Web 窗体，文件名命名为 dlgSaveSuccessfully.aspx，按如图 4.6 所示设计 Web 视图。

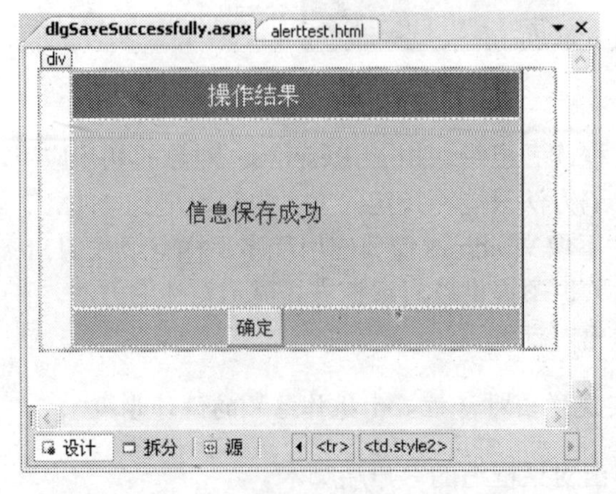

图 4.6　提示窗口设计视图

为了使鼠标单击“确定”按钮时能够关闭对话框，需要为“确定”按钮控件的 HTML 代码添加一个客户端事件，见实例 4.5。

实例 4.5

```
<asp:Button ID="btnOK" runat="server" Text="确定"
            OnClientClick="javascript:window.close();return
false;"/>
```

同时，需要对 alerttest.html 的 JavaScript 客户端脚本更改为语句，见实例 4.6。

实例 4.6

```
<script language=javascript>
   window.showModalDialog('../home/dlgSaveSuccessfully.aspx',null,
'dialogWidth:323px;dialogHeight:240px;status:yes;help:no');
   window.location='../sales/saleseditor.aspx';
</script>
```

脚本当中的 window.showModalDialog 语句执行弹出对话框显示 dlgSaveSuccessfully.aspx 页面。设计完成以后通过浏览 alerttest.html 页面发现该页面已经能够弹出对话框显示读者设计的 dlgSaveSuccessfully.aspx 页面，当单击“确定”或者 ☒ 按钮关闭对话框时，alerttest.html 页面能够继续跳转到脚本所指定的 saleseditor.aspx 页面，如图 4.7 所示。

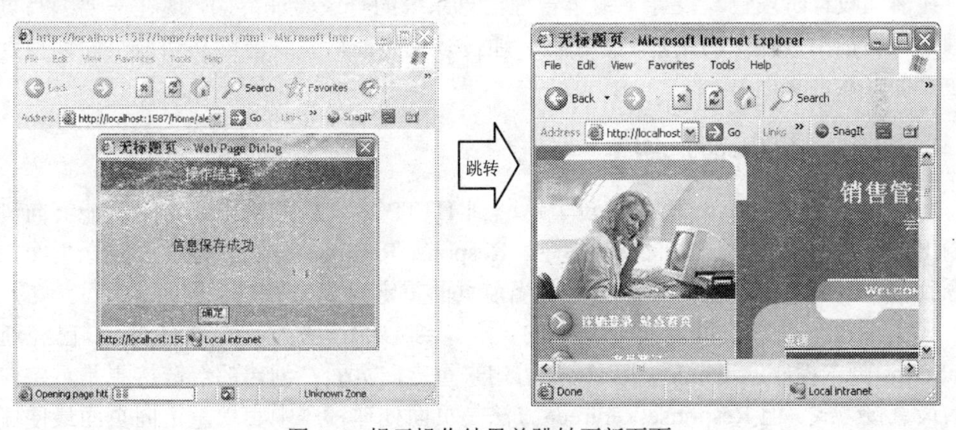

图 4.7　提示操作结果并跳转至新页面

（2）编写服务端程序为销售单录入设计弹出对话框，提示操作结果

目前读者已经了解如何通过 Response 对象编写服务端程序，输出文本信息，同时了解了如何通过客户端脚本控制浏览器弹出对话框显示提示信息，综合应用这两项技术即可完成设计任务。

前面设计的弹出对话框是通过在 alerttest.html 页面编写客户端脚本，由浏览器运行而实现的，现在利用 Response.Write 方法输出文本信息的功能将这些客户端脚本输出到浏览器，即可使销售单录入保存操作，能够弹出对话框提示操作结果。现在请读者编辑销售单录入 Web 窗体“保存”按钮的鼠标单击事件，添加代码，见实例 4.7。

实例 4.7

```
protected void ibtnSave_Click(object sender, ImageClickEventArgs e)
{
            … 省略部分代码 …
```

```
    // 将上述变量值写入数据库
            … 省略部分代码 …
    //弹出对话框显示操作结果
    Response.Write("<script language=javascript> ");
    Response.Write("window.showModalDialog( "
        + " '../home/dlgSaveSuccessfully.aspx', null, "
        + " 'dialogWidth:323px;dialogHeight:240px; "
        + " status:yes;help:no'); ");
    Response.Write("window.location='../sales/saleseditor.aspx';");
    Response.Write(" </script> ");
}
```

运行时，当用户单击“保存”按钮，Response.Write 方法把 JavaScript 客户端脚本当作文本信息，从服务端输出到客户端，当客户端浏览器收到文本信息后，发现这些信息是客户端脚本程序后立即运行脚本程序，使读者看到与 alerttest.html 相同的页面呈现效果。

任务 3　设计系统登录验证程序

在前面设计阶段已经设计了销售管理信息系统的登录验证界面，现在需要编写页面处理程序验证用户输入的用户名、密码，通过登录验证后系统能够从当前页面切换到系统主页面（欢迎页面）。

1. 进一步了解 Response 对象

前面介绍了 Response 对象封装了返回到 HTTP 客户端的输出，它除了能够向浏览器输出信息，还能够发送页面控制指令。Response.Redirect 方法就是通过发送页面控制指令到客户端浏览器，从而使浏览器从当前页面重定向到另外一个页面。

其实不止一种方法可以实现重定向页面，细心的读者发现，在任务 2 已经通过 JavaScript 脚本程序的 window.location 语句来重定向页面；创建超级链接更是重定向页面的最直接方式。但 Response.Redirect 方法是页面处理程序中实现重定向页面最便捷的方法。

2. 系统登录验证程序设计步骤

（1）功能说明

打开登录验证操作界面，编写登录按钮鼠标单击事件，对用户输入的用户名、密码进行合法性验证，如果登录验证通过，系统通过 Response.Redirect 方法实现从当前页面切换到系统主页面；如果验证失败，则弹出对话框显示登录验证失败的原因。代码见实例 4.8。

实例 4.8

```
protected void btnLogin_Click(object sender, EventArgs e)
{
    string strUserName=this.txtUserName.Text;
    string strPassword=this.txtPassword.Text;
```

```
// 根据用户输入的用户名作为查询条件前往访问数据库系统检索帐户信息
                … 省略部分代码 …
bool bExistAccount;
//假设数据库存储有名为 admin 的合法帐户信息
if(strUserName =="admin")
    bExistAccount=true;
else
    bExistAccount=false;
//假设帐户 admin 的合法密码是 123456
const string strStdPasswordInDB="123456";
            … 省略部分代码 …
if(bExistAccount)
{
    // 用户名验证通过的情形
    if(strPassword ==strStdPasswordInDB)
    {
        //用户名、密码验证通过，系统从当前页面重定向到主页面（欢迎页面）
        Response.Redirect("../home/welcome.aspx");
        }
    else
    {
        //弹出对话框显示验证失败
        Response.Write(" <script language=javascript> ");
        Response.Write("    alert('密码错误！'); ");
        Response.Write(" </script> ");
    }
}
else
{
    //弹出对话框显示验证失败
    Response.Write(" <script language=javascript> ");
    Response.Write("    alert('用户名错误！'); ");
    Response.Write(" </script> ");
}
}
```

（2）设计系统主页面

在销售管理信息系统项目的 home 文件夹新建一个 Web 内容窗体，应用母版页 framepg.Master 设计一个欢迎界面作为系统成功登录之后首先显示出来的主页面，文件名命名为 welcome.aspx。设计视图如图 4.8 所示。

此时，整个系统登录验证程序设计已完成，由于目前阶段的学习尚未涉及 ASP.NET 的数据库访问技术，因此在本程序中只是假设系统合法的帐户用户名为 admin，密码为 123456。请读者编译运行本系统，输入用户名、密码验证一下运行结果跟设计的预期结果是否相符。

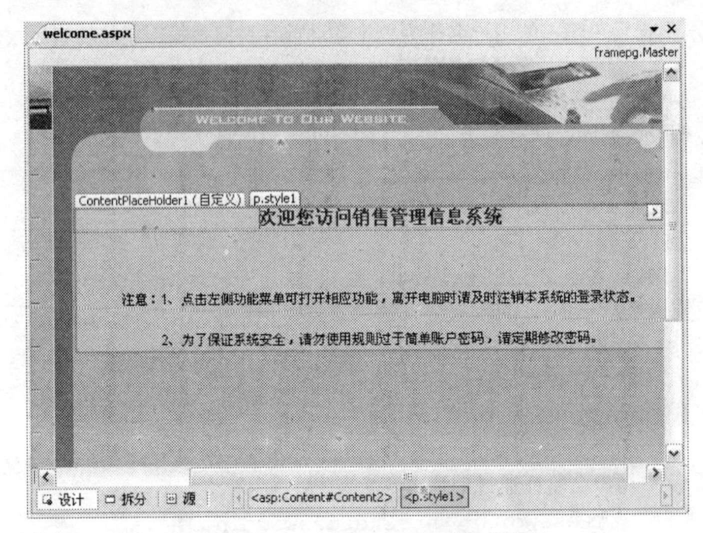

图 4.8　welcome.aspx 页面设计视图

任务 4　拦截非法远程计算机访问系统

很多站点都有“封 IP”的功能，即用户若有危及系统安全的行为，系统除了自动封闭该帐户的使用，还能够自动记录用户计算机的 IP 地址，以后系统将自动拦截来源于该 IP 地址的用户，禁止其访问本系统。“封 IP”是“封帐户”的辅助功能，它可以有效防止被封闭用户另行注册帐户重新登录系统。

1. 了解 Request 对象

Request 对象通过访问来自浏览器或其他客户端生成的 HTTP 请求的细节，获取来自客户端和浏览器的相关信息。Request 对象的功能用途与 Response 对象刚好相反，Request 对象主要用于获取来自客户端的信息，而 Response 对象则主要用于向客户端输出信息。

Request 对象的主要属性见表 4.3。

表 4.3　Request 对象的主要属性

属性名	描述	取值
ServerVariables	集合中包含了服务器和客户端的系统信息	只读字符串集合
QueryString	用于收集 HTTP 协议中的 Get 请求发送的数据	只读字符串集合
Form	用于收集 HTTP 协议中的 Post 请求发送的数据	只读字符串集合

通过访问 ServerVariables 属性可以使系统获得服务器和远程客户端的相关特征信息。ServerVariables 属性是一个集合，只要给出集合索引名即可取得某项与服务器或客户端相关的具体数据，例如，获得发出请求的远程客户端的 IP 地址。

QueryString 属性可以使应用程序获取以 Get 方式传输的数据，通常用于获取 Url 地址参数传递的数据；Form 属性可以使应用程序获取以 Post 方式传输的数据，通常用于获取表单当中的数据项。后两项属性的具体应用在本书后续内容中会具体讲解。

2. 阻止非法计算机访问系统的设计方法

1）创建一个泛型集合对象用于存储需要拦截的 IP 地址，为了演示拦截效果，这里假设 127.0.0.1 是非法 IP，见实例 4.9。

实例 4.9

```
System.Collections.Generic.List<string> LstInvalidRemoteIpAddress
                    =new System.Collections.Generic.List<string>();
//为方便演示，假设 LstInvalidRemoteIpAddress 集合从某途径取得一批需要拦截的 IP 地址
LstInvalidRemoteIpAddress.Add("127.0.0.1"); //假设 127.0.0.1 是非法地址
```

2）当用户在登录窗体中输入用户名、密码并单击“登录”按钮后，页面处理程序通过如下语句获取来自 HTTP 请求的远程客户端的 IP 地址：

```
string strRemoteIP = Request.ServerVariables["Remote_Addr"];
```

3）检查该 IP 地址是否在非法计算机 IP 地址列表之中，如果不在非法地址列表中，页面处理程序则进入下一步的登录验证步骤；如果在非法地址列表当中，应立即停止程序运行，以白底黑字页面效果输出“该计算机不在系统准许访问之列”的提示文字。参考程序见实例 4.10。

实例 4.10

```
protected void btnLogin_Click(object sender, EventArgs e)
{
    System.Collections.Generic.List<string> LstInvalidRemoteIpAddress
        =new System.Collections.Generic.List<string>();
//假设 LstInvalidRemoteIpAddress 集合从某途径取得一批需拦截的 IP 地址
LstInvalidRemoteIpAddress.Add("127.0.0.1");//假设存在非法 IP 地址
        … 省略部分代码 …
//获取远程计算机 IP
string strRemoteIP=Request.ServerVariables["Remote_Addr"];
if(LstInvalidRemoteIpAddress.IndexOf(strRemoteIP) !=-1)
{
   Response.Write("该计算机不在系统准许访问之列！");
   Response.End(); //终止程序运行，将缓存发送至客户端
}
string strUserName=this.txtUserName.Text;
string strPassword=this.txtPassword.Text;
        … 省略部分代码 …
}
```

请读者特别留意一下程序中的 Response.End()语句。页面处理程序在运行时，生成结果首先输出到缓存里面，等程序运行结束，再将缓存结果一次性送往客户端。由于 Response.Write()方法的输出过程先于当前页面的 HTML 输出，上述程序由于提示文字“该计算机不在系统准许访问之列”，刚被输出到缓存就遇到 Response.End()语句，使得页面处理程序运行结束，由于缓存里面只有“该计算机不在系统准许访问之列”这样一个字符串，显然最终看到的结果将是白底黑字页面效果的提示文字，如图 4.9 所示。

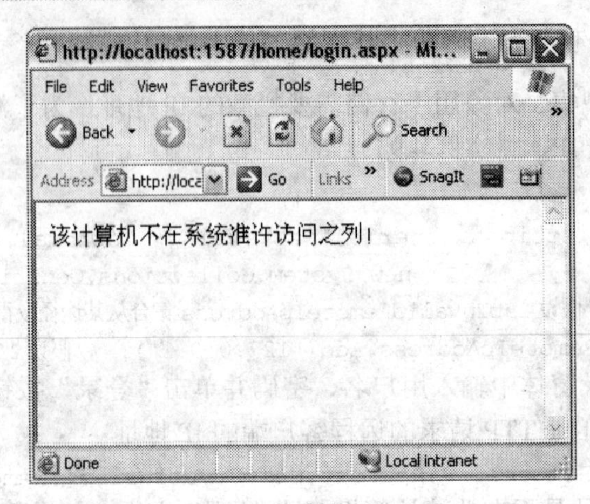

图 4.9 允许结果

3. 深入了解 Request.ServerVariables 属性

ServerVariables 属性是一个集合，它提供非常丰富的描述服务器、客户端特征的相关信息，对 Web 项目开发很有帮助。现在将 ServerVariables 属性所能取得的信息列举出来，见表 4.4，供读者作技术参考。

表 4.4 ServerVariables 集合元素

ServerVariables 集合元素	描 述
Request.ServerVariables["Url"]	返回服务器地址
Request.ServerVariables["Path_Info"]	客户端提供的路径信息
Request.ServerVariables["Appl_Physical_Path"]	与应用程序元数据库路径相应的物理路径
Request.ServerVariables["Path_Translated"]	通过由虚拟至物理的映射后得到的路径
Request.ServerVariables["Script_Name"]	执行脚本的名称
Request.ServerVariables["Query_String"]	查询字符串内容
Request.ServerVariables["Http_Referer"]	请求的字符串内容
Request.ServerVariables["Server_Port"]	接受请求的服务器端口号
Request.ServerVariables["Remote_Addr"]	发出请求的远程主机的 IP 地址
Request.ServerVariables["Remote_Host"]	发出请求的远程主机名称
Request.ServerVariables["Local_Addr"]	返回接受请求的服务器地址
Request.ServerVariables["Http_Host"]	返回服务器地址
Request.ServerVariables["Server_Name"]	服务器的主机名、DNS 地址或 IP 地址
Request.ServerVariables["Request_Method"]	提出请求的方法，比如 GET、HEAD、POST 等
Request.ServerVariables["Server_Port_Secure"]	如果接受请求的服务器端口为安全端口时，则为 1，否则为 0
Request.ServerVariables["Server_Protocol"]	服务器使用的协议的名称和版本
Request.ServerVariables["Server_Software"]	应答请求并运行网关的服务器软件的名称和版本
Request.ServerVariables["All_Http"]	客户端发送的所有 HTTP 标头，前缀 HTTP_
Request.ServerVariables["All_Raw"]	客户端发送的所有 HTTP 标头,其结果和客户端发送时一样，没有前缀 HTTP_

续表

ServerVariables 集合元素	描 述
Request.ServerVariables["Appl_MD_Path"]	应用程序的元数据库路径
Request.ServerVariables["Content_Length"]	客户端发出内容的长度
Request.ServerVariables["Https"]	如果请求穿过安全通道（SSL），则返回 ON，如果请求来自非安全通道，则返回 OFF
Request.ServerVariables["Instance_ID"]	IIS 实例的 ID 号
Request.ServerVariables["Instance_Meta_Path"]	响应请求的 IIS 实例的元数据库路径
Request.ServerVariables["Http_Accept_Encoding"]	返回内容如：gzip,deflate
Request.ServerVariables["Http_Accept_Language"]	返回内容如：en-us
Request.ServerVariables["Http_Connection"]	返回内容如：Keep-Alive
Request.ServerVariables["Http_Cookie"]	返回内容：Cookie 信息
Request.ServerVariables["Http_User_Agent"]	返回内容如：Mozilla/4.0[compatible;MSIE6.0;WindowsNT5.1;SV1]
Request.ServerVariables["Https_Keysize"]	安全套接字层连接关键字的位数，如 128
Request.ServerVariables["Https_Secretkeysize"]	服务器验证私人关键字的位数，如 1024
Request.ServerVariables["Https_Server_Issuer"]	服务器证书的发行者字段
Request.ServerVariables["Https_Server_Subject"]	服务器证书的主题字段
Request.ServerVariables["Auth_Password"]	当使用基本验证模式时，客户在密码对话框中输入的密码
Request.ServerVariables["Auth_Type"]	是用户访问受保护的脚本时，服务器用于检验用户的验证方法
Request.ServerVariables["Auth_User"]	代证的用户名
Request.ServerVariables["Cert_Cookie"]	唯一的客户证书 ID 号
Request.ServerVariables["Cert_Flag"]	客户证书标志，如有客户端证书，则 bit0 为 0，如果客户端证书验证无效，bit1 被设置为 1
Request.ServerVariables["Cert_Issuer"]	用户证书中的发行者字段
Request.ServerVariables["Cert_Keysize"]	安全套接字层连接关键字的位数，如 128
Request.ServerVariables["Cert_Secretkeysize"]	服务器验证私人关键字的位数，如 1024
Request.ServerVariables["Cert_Serialnumber"]	客户证书的序列号字段
Request.ServerVariables["Cert_Server_Issuer"]	服务器证书的发行者字段
Request.ServerVariables["Cert_Server_Subject"]	服务器证书的主题字段
Request.ServerVariables["Cert_Subject"]	客户端证书的主题字段
Request.ServerVariables["Content_Type"]	客户发送的 form 内容或 HTTPPUT 的数据类型

请读者思考：为了确保销售管理信息系统操作界面能够在用户浏览器呈现最佳效果，开发人员希望限定只有 IE 6.0 以上版本的浏览器方可访问系统，请问如何实现此设计？

任务5 通过参数控制密码设置窗口的工作模式

修改密码功能是每个有身份认证机制的业务系统不可缺少的功能，重置密码是管理员为忘记密码的用户重新设置初始密码，同时是不可缺少的重要功能。

通常情况下，登录用户的修改密码功能与管理员的重置密码功能在操作界面上无明显区别，唯一区别只是重置密码时无需输入并验证旧密码。这个情况使开发人员乐意让修改密码、重置密码共享一个操作页面，然而这两个功能在页面处理程序上有较大区别，同时又对页面共享设计带来一定困难。解决这个问题，需要找出解决办法使页面被访问时能够确定自己以修改密码模式运行，还是以重置密码模式运行。

1. 认识 Request.QueryString 属性

QueryString 属性是一个集合，通过该属性可以取得 HTTP 协议中的 Get 请求发送的数据（即 HTTP 查询字符串）。当表单使用 Get 方式向服务器提交数据，那么表单中的数据将附在 URL 之后以明文方式进行传输，例如：

```
http://localhost/SellingMng/home/login.aspx?uid=admin&pwd=123456
```

这种来自于请求 URL 地址中“？”后面的数据称为 HTTP 查询字符串。该字符串包含有名称为 uid、pwd 的两个数据项，应用以下语句即可获取这两项数据：

```
string strUid = Request.QueryString["uid"];
string strPwd = Request.QueryString["pwd"];
```

此时变量 strUid 可取得数据 admin，变量 strPwd 取得数据 123456。在此基础上，可以改进登录页面，如果像上面那样以提供 uid、pwd 两项参数的方式打开登录页面链接时，两项参数的值分别自动填入登录页面的用户名、密码输入框，并且能够自动单击“登录”按钮。具体实现代码见实例 4.11。

实例 4.11

```
protected void Page_Load(object sender, EventArgs e)
{
   // 如果打开登录页面时提供了 uid(用户名)、pwd(密码)两项参数则自动登录
   if(Request.QueryString["uid"] !=null
      && Request.QueryString["pwd"] !=null)
   {
      //读取 uid 参数、pwd 参数的值
      this.txtUserName.Text=Request.QueryString["uid"];
      this.txtPassword.Text=Request.QueryString["pwd"];
      //调用登录按钮的鼠标单击事件函数实现自动登录
      this.btnLogin_Click(null, null);
   }
}
```

有读者提出，为何上述代码访问参数之前需要对其进行非空值判断？因为在运行过程中，用户不一定提供参数访问该页面，如果不进行判断，“Request.QueryString["uid"]”语句可能会读取到空值（null）并试图赋值给文本框，这会导致系统出现异常。

2. 通过参数控制密码设置窗口的工作模式

1）确认已经按如图 4.10 所示的设计视图完成密码设置窗口的界面设计任务。为了方便读者编写页面处理程序，编程需要用到的控件均在图中标注了控件名。

2）为页面确定如下两项访问参数。

① mode 参数：取值 chgpwd 表示登录用户修改密码模式，lblModeMsg 控件显示“修改密码”，所有密码编辑文本框均有效；取值 reset 表示管理员重置密码模式，这是管理员才能使用的模式，lblModeMsg 控件显示“重置密码”，txtOldPwd 的 Enabled 设置为 false 使之无效。

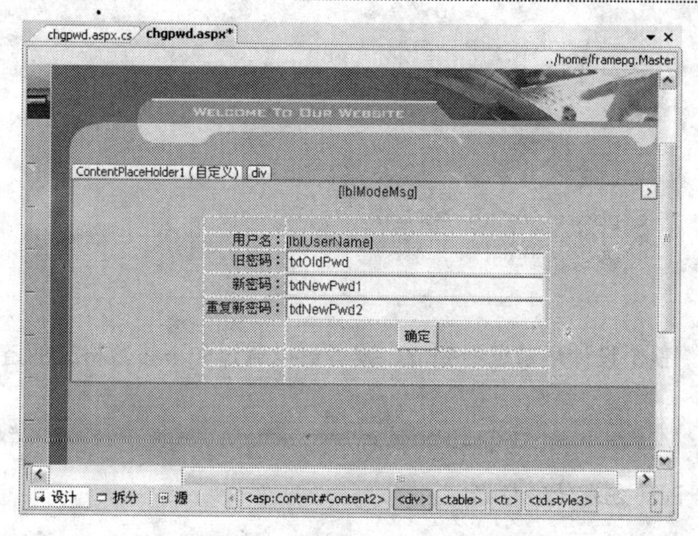

图 4.10　修改密码操作界面设计视图

② uid 参数：拟修改密码的帐户的用户名。

3）编写 Page_Load 事件函数实现该页面加载时，根据页面重定向链接地址所提供的参数值，决定密码编辑窗体的工作模式。代码见实例 4.12。

实例 4.12

```
protected void Page_Load(object sender, EventArgs e)
{
    // 如果打开登录页面时提供了uid(用户名)、pwd(密码)两项参数则自动登录
    if (Request.QueryString["mode"] != null)
    {
        if (Request.QueryString["mode"] == "chgpwd")
        {
            this.lblModeMsg.Text = "修改密码操作";
        }
        else if (Request.QueryString["mode"] == "reset")
        {
            this.lblModeMsg.Text = "重置密码操作";
        }
        else
        {
            Response.Write("参数错误");
            Response.End();
        }
        if (Request.QueryString["uid"] != null)
        {
            this.lblUserName.Text = Request.QueryString["uid"];
        }
        else
        {
            Response.Write("参数错误");
```

```
            Response.End();
        }
    }
    else
    {
        Response.Write("参数错误");
        Response.End();
    }
}
```

到此为止，整个设计环节已经完成，读者可以通过如下参数格式的链接地址调用密码编辑窗体：

```
http://localhost/SellingMng/sysmng/chgpwd.aspx?mode=chgpwd&uid=admin
```

3. *了解以 Post 方式传递数据*

通过 Get 方式向服务器提交数据，那么数据是附在 URL 之后以明文方式进行传输。现在请读者简单了解一下以 Post 方式向服务器提交数据。

当表单的提交方式设置为 Post 时，页面上位于<Form></Form>标记内的所有控件都会作为 Form 集合的元素被发送到服务器端。此时可以使用 Request 对象的 Form 属性来获取 Form 集合中元素的值。与 Get 方法相比较，使用 Post 方法可以将大量数据发送到服务器端。

下面做一个实验演示如何使用 Request. Form 获取窗体中用户提交的权限角色信息。

1）向窗体中添加一个 DropDownList 服务器控件和一个 Button 服务器控件。

2）查看窗体的 HTML 代码，注意 Web 控件的代码位于<Form></Form>标记内，并且表单的 Mothod 属性值为 Post（默认值）。

3）向 Page_Load 事件过程中添加的代码，见实例 4.13。

实例 4.13

```
protected void Page_Load(object sender, EventArgs e)
{
    if (!Page.IsPostBack)
    {
        this.DropDownList1.Items.Add("管理员");
        this.DropDownList1.Items.Add("业务员");
        this.DropDownList1.SelectedIndex = 0;
    }
}
```

4）向 Button1_Click 事件过程添加的代码，见实例 4.14。

实例 4.14

```
string strSelectedItem = Request.Form["DropDownList1"];
Response.Write("您选择的角色是：");
Response.Write(strSelectedItem);
```

5）在浏览器中查看该页面，当用户在窗体的下拉列表框中选择一个角色，并单击按钮后，Request.Form 获取 DropDownList1 控件的信息并在窗体上输出。

4.3　思考与提高

1）Response 等内置对象在使用时是否需要实例化？

2）请说出常用的内置对象及其提供的功能。

阶段 5

建立系统会话

1）熟练应用 Cookie 存储客户信息。

2）应用 Session 管理会话状态。

3）掌握 Application 对象及 Global 事件的应用。

5.1 任务分析

5.1.1 系统会话的设计需求

“会话”简单来说就是“访问”的意思，在 Linux 等一些系统中，对“访问应用程序”习惯用“与应用程序建立会话”的说法。销售管理信息系统是一套多用户的 Web 应用系统，它与一般的 Web 项目，如论坛系统、Web 电子邮箱系统、OA 办公系统的情况类似，在系统会话方面需要实现如下三个方面的设计需求。

1）对用户访问 Web 窗体页面进行权限判断，拒绝未登录的用户访问 Web 窗体页面（登录窗体除外），防止未登录用户直接使用 URL 链接打开本系统相关功能。

2）让系统记录上次成功登录系统的用户名，下次登录时能够实现免输入用户名，方便用户，提高用户体验效果。

3）在 Web 窗体页脚位置显示系统当前访问流量。

5.1.2 解决方案

Web 应用程序的运行机制与 Windows 窗体应用程序不一样，Web 应用程序是无状态的，因此 ASP.NET 提供了 Session、Cookies、Application 对象来实现会话状态的维持与管理，通过这些对象及 Global 全局事件可以实现上述需求设计。

5.2 设计与实现

任务 1 系统登录、注销及页面访问权限控制

在前面的章节中，已经在登录窗口的页面处理程序中实现了登录验证过程，但现在

仍有细节问题有待解决，即用户未登录系统之前，用户可以随意访问系统当中任何一个 Web 窗体，例如，直接访问 http://localhost/SellingMng/Sales/saleseditor.aspx 即可打开访问销售单录入功能，这种情况是不合理的。每个受保护的 Web 窗体被访问时都必须检查用户是否登录，防止未登录用户直接使用链接地址打开受保护的窗体页面。

1. 了解无状态 Web 应用程序

现在设计一个实验来了解 Web 应用程序的页面处理过程，步骤如下。

1）新建一个 Web 窗体页面 test.aspx，放置一个 Label 控件、两个 Button 控件，按照表 5.1 的描述设置好控件对象属性。

表 5.1　控件属性设置

控件类	控件名（ID）	属性设置
Label	lblResult	Text：输出结果
Button	btnSetVarI	Text：设属性 i=2
Button	btnOuputVarI	Text：输出 i 的值

2）编辑 test.aspx 的页面处理，为 test 类定义一个整数型属性 i，同时建立 btnSetVarI 按钮和 btnOutputVarI 按钮的鼠标单击事件，程序源代码见实例 5.1。

实例 5.1

```
public partial class test : System.Web.UI.Page
{
    protected int i;
    protected void Page_Load(object sender, EventArgs e)
    {
    }
    protected void btnSetVarI_Click(object sender, EventArgs e)
    {
        i = 2;
    }
    protected void btnOuputVarI_Click(object sender, EventArgs e)
    {
        lblResult.Text = "输出属性 i 结果: " + i.ToString();
    }
}
```

3）编译项目文件，调试运行该程序，首先单击“设属性 i=2”按钮，然后单击“输出 i 的值”按钮，此时读者可能感觉运行结果非常意外，输出结果显示是 0，而并非 2，如图 5.1 所示。

出现这个意外结果，是由于 Web 窗体页面的运行生命周期的特点所决定的。

本项目安装运行于 Web 服务器之上，当客户端对服务器发出访问某个 Web 窗体页面的请求后，在 Web 服务的管理之下，Web 窗体页面处理程序通过运行于.NET 平台生成 HTML 格式的输出结果并发送到客户端，最后客户端浏览器解释来自服务端的 HTML 呈现给用户。

在 Web 窗体页面处理程序运行过程中，页面被实例化为 Page 对象，并缓存在服务器内存中。每个页面的运行生命周期包括以下几个阶段。

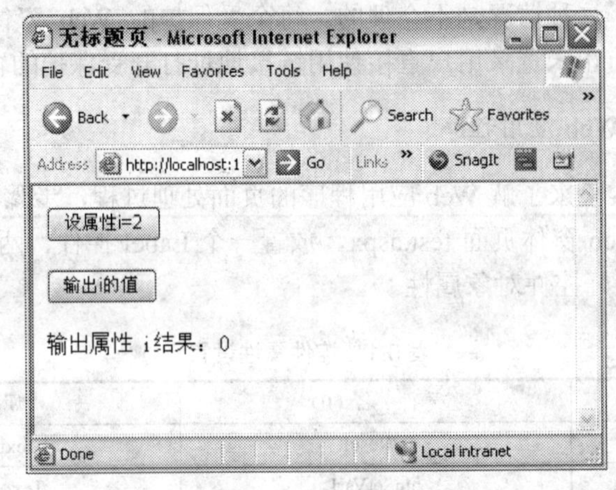

图 5.1　运行结果

（1）页面构架初始化

在此期间，网页的 Page_Init 事件被引发，且网页与控件的 ViewState 被回存。在 ViewState 中以“键/值对”的方式保存网页的状态信息。

（2）用户代码初始化

首先引发网页的 Page_Load 事件，读取与回存先前所存储的数据。

（3）事件回传

页面若有提交请求发生（由 Button、LinkButton 和 ImageButton 等控件的 Click 事件引发），调用验证控件的 Validate 方法，对所要验证的 Web 服务器控件内的数据进行验证操作。若所有验证控件全部通过验证，则提交请求被发送，否则提交请求不被发送，并在网页给出错误信息。

若有其他控件发生事件，需要检查该控件的 AutoPostBack 属性，其值为 false（默认值）时，事件信息不被发送，其值为 true 时将事件信息发送到服务器。

（4）事件处理

若服务器收到事件信息，则去查找为该事件编写的事件处理代码。事件处理代码一般会去修改数据或控件，并重新回存页面的 ViewState。

（5）页面返回

在这一阶段会触发 Render 事件，在 Render 事件中构建一个 HtmlTextWrite 对象，用它来为控件重新产生 HTML 代码。然后新的网页 HTML 代码被发送到客户端被浏览器访问，这一事件回传→事件处理→页面返回的过程称为环回。

（6）清理

此时网页已完成转译并已准备好要被移除，并将引发 Page_Unload 事件。通常需要在 Dispose 事件处理程序中完成一些最后状态的还原与清理工作，例如，关闭文件，关闭数据库连接，移除对象等。对于一些非常耗用系统资源的项目必须在此关闭，否则它们会一直保持打开状态直到下一次的垃圾回收进程发生为止。这一点对于负荷非常大的服务器非常重要。

用户在页面浏览期间，若由于单击按钮等页面操作导致页面刷新，该页面的运行生命周期又会从第一个阶段开始运行。上述实验导致 test.aspx 经历了三个运行生命周期。

1）第一次访问 test.aspx 页面时，该页面经历第一个运行生命周期。

2）当用户单击按钮“设属性 i=2”导致页面刷新时，该页面经历第二个运行生命周期，当第二个运行生命周期结束以后，Page 对象不再存在，属性 i 也自然不存在。

3）当用户单击按钮“输出 i 的值”而导致页面再次刷新时，该页面经历第三个运行生命周期，Page 对象重新实例化、属性 i 重新生成，在第三个运行生命周期整个过程中未对属性 i 进行赋值，试图输出 i 的数值只能取得默认值 0。

因此请读者注意不要使用变量、属性作为存储系统状态数据，因为它们不像 Windows 窗体应用程序那样只要窗体正在显示，该窗体对象都持续存在；而 Web 窗体对象只在一个运行生命周期存在，一旦 Web 窗体的运行结果传输到客户端，其生命周期即宣告结束，i 的值自然不再存在。

2. 应用 Session 对象实现登录验证的设计步骤

受保护页面验证用户是否登录的依据是根据登录标记作判断。用户登录成功时将当前登录帐户信息写入登录标记，在页面访问过程中，受保护页面如果发现登录标记存储了登录帐户信息，则意味着当前用户已经登录，否则表示未登录。

在 Windows 应用程序当中，可以通过定义一个静态属性作为全局变量来登录标记的用途，既能够满足每个窗体验证权限的需要，又能够非常便捷地获取当前登录帐户的帐户信息。而在 Web 应用程序中，Session 对象可以代替这个全局变量，可以使用 Session 对象存储已登录的帐户信息并作为整个系统的登录标记。

Session 对象使用起来非常简单，应用 Session 存储数据，只需使用语句：

```
Session ["键"] = 值
```

其中，“键”即数据项的名称，类似变量名。

而读取 Session 存储数据，只需使用语句：

```
变量 = Session ["键"]
```

下面介绍如何使用 Session 对象存储登录信息、Web 窗体页面如何验证用户的登录状态，请读者按下面的步骤进行设计。

1）设计登录窗体的登录按钮单击事件，加入 Session 对象，使用户登录成功后立即将当前用户名保存到 Session 对象当中，代码见实例 5.2。

实例 5.2

```
protected void btnLogin_Click(object sender, EventArgs e)
{
            … 省略部分代码 …
    string strUserName=this.txtUserName.Text;
    string strPassword=this.txtPassword.Text;
            … 省略部分代码 …
    //假设帐户 admin 的合法密码是 123456
    const string strStdPasswordInDB="123456";
            … 省略部分代码 …
    if(strPassword ==strStdPasswordInDB) //用户名、密码验证通过
```

```
        {
            //将用户名保存到 Session 对象作为登录标记
            Session["username"]=strUserName;
            //系统从当前页面重定向到主页面（欢迎页面）
            Response.Redirect("../home/welcome.aspx");
        }
                … 省略部分代码 …
    }
```

2）设计 welcome.aspx 页面，将原来的标题文字“欢迎您访问销售管理信息系统”更改为 Label 控件（命名为 lblTitle），通过 Page_Load 事件函数使页面标题显示“某用户名，欢迎您访问销售管理信息系统”，而标题信息中的某用户名就是通过访问 Session 对象取得的，代码见实例 5.3。

实例 5.3

```
protected void Page_Load(object sender, EventArgs e)
{
    this.lblTitle.Text
       =Session["username"] + "，欢迎您访问销售管理信息系统";
}
```

3）为了防止未登录用户直接使用链接地址打开受保护的窗体页面，这些受保护的 Web 窗体在被访问时必须检查用户是否登录，检查方法是当 Web 窗体页面加载时，通过运行 Page_Load 事件函数判断在 Session 对象里面能否找到登录用户名，现在为 welcome.aspx 页面的 Page_Load 事件加入如下代码以实现登录检查，见实例 5.4。

实例 5.4

```
protected void Page_Load(object sender, EventArgs e)
{
    if(Session["username"] ==null)
    {
      Response.Write(" <script language=javascript> ");
      Response.Write("    alert('未登录系统，无权访问本页面！'); ");
      Response.Write(" </script> ");
      Response.End(); //中止程序运行，将缓存输出到客户端
    }
    this.lblTitle.Text=Session["username"]
       + "，欢迎您访问销售管理信息系统";
}
```

请读者参考上述代码，为 saleseditor.aspx、productinfoeditor.aspx 等所有应该受保护的页面加入登录检查程序。

4）编译并运行本系统，检查运行结果与预期是否相符。

如果系统未登录就直接访问了 welcome.aspx、saleseditor.aspx、productinfoeditor.aspx 等页面时，系统将显示空白页面，同时弹出对话框显示“未登录系统，无权访问本页面”。

在系统登录页面中输入正确的用户名、密码，登录验证通过时系统立即将当前用户名保存到 Session 对象，然而当页面重定向到 welcome.aspx 时，发现该页面并能够从 Session 对象正确取得用户名，由此判断出当前访问用户已经登录，并且将取得的用户

名显示在屏幕上。

3. 深入了解 Session 对象

Session 即会话，是指一个用户在一段时间内对某一个站点的一次访问。Session 对象在.NET 中对应 HttpSessionState 类，表示“会话状态”，可以保存与当前用户会话相关的信息。与 Application 对象类似，可以将任何对象作为全局变量存储在 Session 对象中，从而实现共享数据。不同之处在于：Application 对象负责维护整个 Web 应用程序运行过程中所有用户的信息，而 Session 对象只维护一个用户、一次会话的信息。换句话说，对于一个 Web 应用程序而言，所有用户访问到的 Application 对象的内容是完全一样的；而不同用户会话访问到的 Session 对象的内容则各不相同。

由于 Session 的这种特性，可以使用 Session 对象存储特定的用户会话所需的信息。当用户在应用程序的页面之间跳转时，存储在 Session 对象中的变量不会被清除；只要没有结束会话状态，这些会话变量就可以被程序跟踪和访问。

Session 可以用来存储访问者的一些个人信息，如用户名字、个人爱好等。这些信息可以依据 Session 来跟踪。Session 还可以用于在电子商务网站中创建虚拟购物篮。无论用户什么时候在网站的任何页面中选择了一种商品，都可以将该商品的信息放入 Session 中，当用户完成购物时，就可以进入结算页面，对他选购的所有商品进行结算。

Session 对象的生命周期是有限的，默认值为 20min，可以通过 TimeOut 属性设置会话状态的过期时间。如果用户在该时间内不刷新页面或请求站点内的其他文件，则该 Session 就会自动过期，而 Session 对象存储的数据信息也将永远丢失。

使用 Session 对象的常见功能和用法有如下几种。

（1）将新的项添加到会话状态中

用法：

```
Session ["键名"] = 值
```

或者

```
Session.Add( "键名" , 值)
```

例如：

```
Session["username"] = "admin";
```

（2）按名称获取会话状态中的值

用法：

```
变量 = Session["键名"]
```

例如：

```
string strUserName = Session["username"];
```

（3）删除会话状态集合中的项

用法：

```
Session.Remove("键名")
```

（4）清除会话状态中的所有值

用法：

```
Session.RemoveAll()
```

或者

```
Session.Clear()
```

（5）取消当前会话

用法：

```
Session.Abandon()
```

调用 Abandon 方法并不会立即结束当前会话，而会等待当前页面完成处理。处理完成后，当前会话就不再有效，所有存储在 Session 中的数据信息都会被永久删除。

（6）设置会话状态的超时期限，以分钟为单位

用法：

```
Session.Timeout = 数值
```

4. 如何注销系统的登录状态

Web 应用系统的注销操作通常有两种方式：一种方式是会话超时自动注销，另一种方式是用户主动注销。

整个系统以 Session 对象当中是否存在登录帐号信息作为系统是否处于已登录状态的依据，由于 Session 对象的生命周期是有限的，如果用户登录以后 20min 内不做任何操作，当前会话就不再有效，所有存储在 Session 中的数据信息都会被永久删除，这意味着构成了会话超时自动注销当前系统的登录状态。如果读者觉得默认 20min 的超时注销时间不合适，可以设置 Session. Timeout 属性定义合适的超时注销时间。

通常情况下有登录的系统必然会有注销登录的操作界面，Session 对象提供了实现结束会话的 Abandon()方法，该方法被调用以后，当前会话不再有效，所有存储在 Session 中的数据信息都会被永久删除，同样意味着当前登录被注销。现在请读者打开母版页 framepg.Master 的设计视图，母版页左侧有一个“注销登录”LinkButton 按钮，编写该按钮的鼠标单击事件，添加的代码见实例 5.5。

实例 5.5

```
protected void lbLogout_Click(object sender, EventArgs e)
{
    Session.Abandon(); //注销会话（注销登录）
    Response.Redirect("../home/login.aspx"); //页面重定向到登录界面
}
```

系统运行时，当用户单击注销登录按钮，程序首先注销会话状态，接下来通过页面重定向，从当前页面返回系统登录页面。此时，即使用户直接链接访问受保护的页面，但由于未登录系统，未持有登录标记，受保护的页面将会拒绝用户访问。

任务 2　记住上次登录系统的帐户信息

很多站点在便捷服务、个性化服务方面为用户作了较多的考虑，例如，某些社区论坛允许用户保存登录状态，以后每次使用本机访问社区论坛时，可以免除手工输入用户名、密码进行身份验证，Google 可以向用户提供“使用爱好”设置，如图 5.2 所示，163.COM 邮箱可以记忆上次登录信息，用户在下次使用邮件系统无需重复输入用户名，感觉非常便捷。

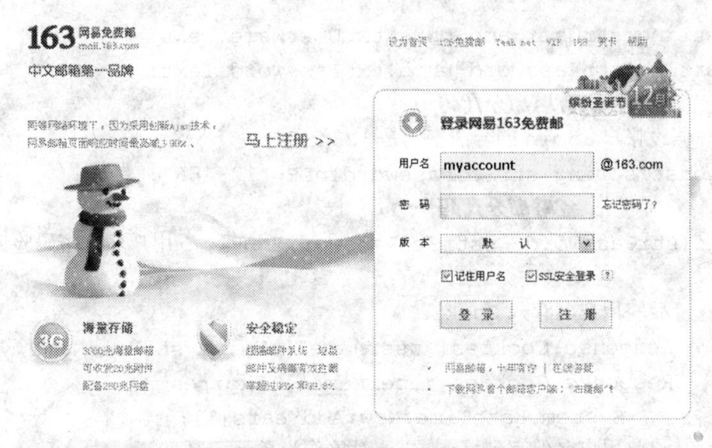

图 5.2　记住登录用户名

现在准备参照 163.com 电子邮件系统为销售管理信息系统设计“记住用户名”功能，应用 Cookie 对象可以轻易实现这个设计。

1. 了解 Cookie 对象

Cookie 是保存在客户机硬盘上的一个文本文件，可以存储有关特定客户端、会话或应用程序的信息，在.NET 中对应 HttpCookie 类。

通过 Cookie 对象，Web 站点系统可以在来访用户的远程计算机上保存信息，并且可以再次从远程计算机取回所存储的信息，信息内容以“键/值”的组织形式存储。为什么通过 Cookie 对象可以实现访问远程客户端信息呢？其原因如下所述。

1）当用户请求 Web 站点上的某个页面时，应用程序发送给该用户的不仅仅是页面，还可能包含 Cookie。客户端浏览器在获得页面的同时还得到了这个 Cookie，并且将它保存在客户端的硬盘上。

2）如果该用户再次访问 Web 站点上的页面时，浏览器就会在本地硬盘上查找与该 URL 相关联的 Cookie。如果该 Cookie 存在，浏览器就将它与页面请求一起发送到 Web 服务器，Web 服务器提取 Cookie 的信息后，就可以为用户提供个性化服务。

注意：某个 Cookie 只与某个具体 Web 站点关联而不是与具体的页面关联，所以无论用户请求浏览 Web 站点中的哪个页面，服务器都提供相同的 Cookie 信息。

2. “记住用户名”的设计步骤

（1）向客户端发送 Cookie

当登录操作的密码验证通过之后，系统将用户名写入 Cookie 对象属性，最终生成 Cookie 数据随着输出流输出到远程客户端计算机，客户端浏览器收到 Cookie 数据之后，存储在本机硬盘上。通过这个流程将当前成功登录的用户名字符串记录在客户端硬盘上面。请读者在登录按钮鼠标单击事件中加入源代码，见实例 5.6。

实例 5.6

```
protected void btnLogin_Click(object sender, EventArgs e)
{
            … 省略部分代码 …
```

```
        string strUserName=this.txtUserName.Text;
        string strPassword=this.txtPassword.Text;
                … 省略部分代码 …
        //假设帐户 admin 的合法密码是 123456
        const string strStdPasswordInDB="123456";
                … 省略部分代码 …
        if(strPassword ==strStdPasswordInDB) //用户名、密码验证通过
        {
           //将用户名存入 Cookie
           Response.Cookies["username"].Value=strUserName;
           Response.Cookies["username"].Expires
              =System.DateTime.Now.AddYears(1);
           //将用户名保存到 Session 对象作为登录标记
           Session["username"]=strUserName;
           //系统从当前页面重定向到主页面（欢迎页面）
           Response.Redirect("../home/welcome.aspx");
        }
                … 省略部分代码 …
    }
```

程序源代码当中的“Response.Cookies["username"].Expires”语句是对 Cookie 设置有效期限。默认情况下，Cookie 在客户端的存储是临时性的，一旦当前浏览器被关闭，已存储的 Cookie 即失效，为了使 Cookie 持久地保存在计算机中（即使关机也能持久保存），必须 DateTime 数据类型的有效期限设置到 Expires 属性。这里的有效期限是指具体的有效截止日期，我们通常在系统当前日期时间（通过 DateTime.Now 属性获得）的基础上调用 DateTime 相应方法来累加几天、几个月或几年时间得到截止日期，例如：调用 System.DateTime.Now.AddDays(1)得到的截止日期是明天，也就是有效期为 1 天；而调用 System.DateTime.Now.AddYears(1)得到的截止日期是明年，也就是有效期为 1 年。

（2）从客户端获取 Cookie

以后再次打开登录页面时，客户端计算机再次向服务器提起 HTTP 请求，浏览器从本地硬盘读取相应的 Cookie，并随着 HTTP 请求一起送往服务端，服务端在收到 HTTP 请求并取得其中的 Cookie 后，应用程序在 Cookie 中获取用户名字符串并且显示在页面文本框上，从而真正实现了“记住用户名”的功能。程序源代码见实例 5.7。

实例 5.7

```
    protected void Page_Load(object sender, EventArgs e)
    {
        //如果收到来自客户端的 Cookie，读取其中的用户名信息，设置到文本框并显示出来
        if (Request.Cookies["username"] != null)
           this.txtUserName.Text = Request.Cookies["username"].Value;
           …省略部分代码…
    }
```

（3）编译项目文件运行调试系统

打开登录页面，输入有效的用户名（例如，admin）、密码（例如，123456）登录销售管理信息系统，成功登录之后，发现客户端在硬盘 C:\Documents and

Settings\Administrator\Cookies 路径（其中 Administrator 是 Windows 系统登录帐号）生成一个文件 admin@localhost[1].txt，如图 5.3 所示。

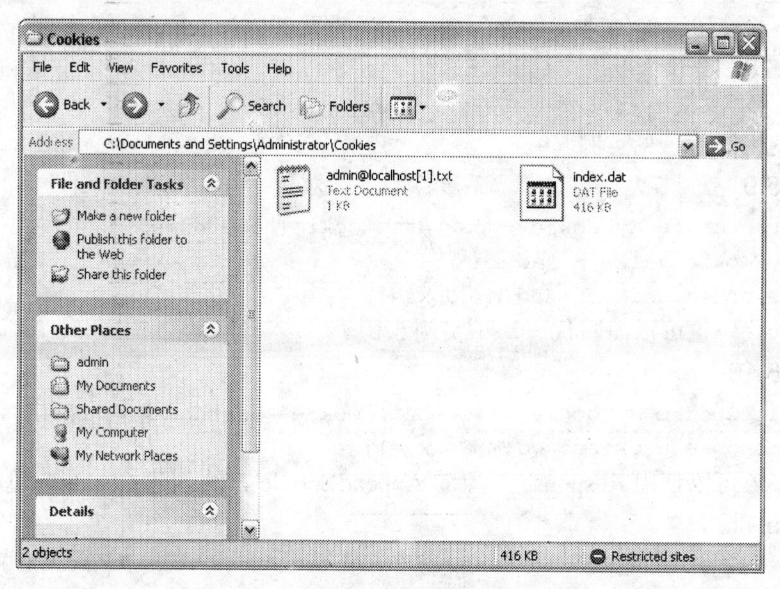

图 5.3 存储在硬盘上面的 Cookie 数据

这就是 Cookie 数据文件，用记事本打开该文件发现里面的内容与用户登录信息有关，如图 5.4 所示。

此时注销销售管理信息系统，并重新打登录页面，发现登录界面上已经自动填写了用户名，此时用户只需输入密码即可完成登录，如图 5.5 所示。

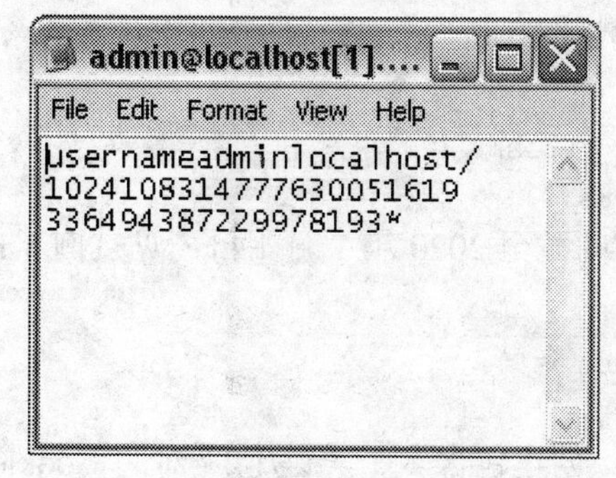

图 5.4 Cookie 数据

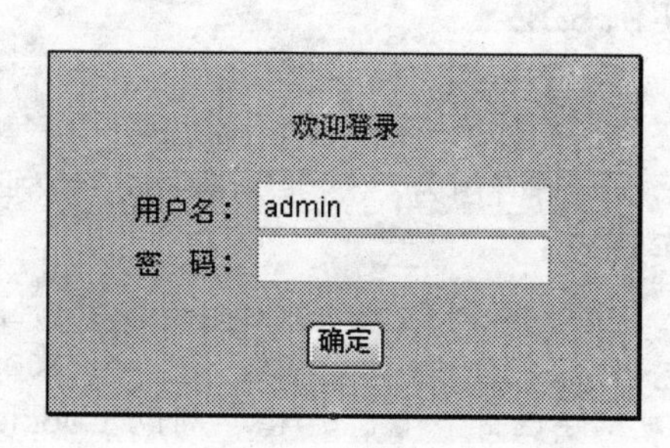

图 5.5 运行结果

请读者思考：如何实现记住登录状态的功能？即用户成功登录系统后，如果不主动注销登录，下次访问系统时无需用户输入用户名、密码即可登录系统。

3. 深入了解 Cookie 对象

1）在服务器上创建并向客户端输出 Cookie 可以利用 Response 对象实现。Response 对象支持一个名为 Cookies 的集合，可以将 Cookie 对象添加到该集合中，从而向客户端输出 Cookie。

当向客户端输出 Cookie 时，如果该 Cookie 不存在，则自动创建一个 Cookie；如果该 Cookie 存在，则用新值覆盖旧值。

① 创建单个值的 Cookie。可以使用 Cookie 对象的 Value 属性来设置单个值的 Cookie。下面使用语句创建一个会话 Cookie 并设置其值为 admin，见实例 5.8。

实例 5.8

```
Response.Cookies["username"].Value = "admin";
```

或者使用语句，见实例 5.9。

实例 5.9

```
HttpCookie MyCookie = new HttpCookie("username");
MyCookie.Value = "admin";
Response.Cookies.Add(MyCookie);
```

上面的代码也可以简写代码，见实例 5.10。

实例 5.10

```
HttpCookie MyCookie = new HttpCookie("username", "admin");
Response.Cookies.Add(MyCookie);
```

另外，还可以使用 Response 对象的 AppendCookie 方法创建 Cookie，见实例 5.11。

实例 5.11

```
HttpCookie MyCookie = new HttpCookie("username", "admin");
Response.AppendCookie(MyCookie);
```

Cookie 有两种类型：会话 Cookie（Session Cookie）和持久性 Cookie。前者是临时性的，一旦会话状态结束它将不复存在；后者则具有确定的过期日期，在过期之前 Cookie 在用户的计算机上以文本文件的形式存储。如果要创建一个持久性 Cookie，只需在创建 Cookie 时为它指定一个有效时间，这样它就会以文本文件的形式保存在用户的硬盘中，在指定的期限之前该 Cookie 都是有效的。

下面为 Cookie 对象指定 1 年有效时间，见例 5.12。

实例 5.12

```
Response.Cookies["username"].Expires
    =System.DateTime.Now.AddYears(1);
```

或者使用语句为 Cookie 对象指定有效时间截至 2020 年 1 月 1 日，见实例 5.13。

实例 5.13

```
Response.Cookies["username"].Expires
    =System.DateTime.Parse("2020-1-1");
```

② 创建包含多个“键/值”对的 Cookie。创建包含多个“键/值”对的 Cookie 也称为字典 Cookie。实例 5.14 用代码定义了一个字典 Cookie——VisitInfo，其中包含了两个“键/值”对信息。

实例 5.14

```
Response.Cookies["VisitInfo"]["username"]="admin";
Response.Cookies["VisitInfo"]["lastvisit"]
     =System.DateTime.Now.ToString("yyyy-MM-dd");
Response.Cookies("VisitInfo").Expires
     =System.DateTime.Now.AddYears(1);
```

可以通过 Cookie 对象的 Values 集合来设置在单个 Cookie 对象中包含的键值对的集合。实例 5.15 创建了名为 VisitInfo 的新 Cookie，并且设置了两个键值——UserName 和

LastVisit，并将它们添加到当前 Cookie 集合中。Cookie 集合中的所有 Cookie 均通过 HTTP 输出流发送到客户端。

实例 5.15

```
HttpCookie MyCookie=new HttpCookie("VisitInfo");
MyCookie.Values.Add("username", "admin");
MyCookie.Values.Add("lastvisit",
    System.DateTime.Now.ToString("yyyy-MM-dd"));
MyCookie.Expires=System.DateTime.Now.AddYears(1);
Response.AppendCookie(MyCookie);
```

或者使用实例 5.16 给出的语句。

实例 5.16

```
HttpCookie MyCookie=new HttpCookie("VisitInfo");
MyCookie.Values["username"]="admin";
MyCookie.Values["lastvisit"]
    =System.DateTime.Now.ToString("yyyy-MM-dd");
MyCookie.Expires=System.DateTime.Now.AddYears(1);
Response.AppendCookie(MyCookie);
```

2）每次访问系统需要登录时，首先利用 Request 对象请求客户端，如果能够获取到 Cookie，读取前面所保存的用户名、密码，即进行帐户有效性验证、自动进入登录环节。

① 读取单个值的 Cookie。若要读取单个值的 Cookie，可以使用 Cookie 对象的 Value 属性，见实例 5.17。

实例 5.17

```
string strName;
HttpCookie objCookie;
objCookie = Request.Cookies["username"];
strName = objCookie.Value;
```

或者用实例 5.18 简写代码。

实例 5.18

```
string strName;
strName = Request.Cookies["username"].Value;
```

② 读取字典 Cookie。字典 Cookie 中的键/值信息，可以通过 Cookie 对象的 Values 集合来获取，见实例 5.19。

实例 5.19

```
string strName;
HttpCookie objCookie;
objCookie = Request.Cookies["VisitInfo"];
strName = objCookie.Values["username"];
```

3）Cookie 是一个简单实用的对象，但由于 Cookie 的工作原理、存储容量及安全性等方面的限制，在使用时需要注意以下几个问题。

① 存储的物理位置：客户端的 Cookies 文件夹内。

② 存储的类型限制：字符串。

③ 状态使用的范围：当前请求的上下文都能访问到 Cookie，Cookie 对每个用户来说都是独立的。

④ 存储的大小限制：每个 Cookie 不超过 4KB 数据。每个网站不超过 20 个 Cookie。所有网站的 Cookie 总和不超过 300 个。

⑤ 生命周期：每个 Cookie 都有自己的过期时间，超过了过期时间后失效。

⑥ 安全与性能：存储在客户端，安全性较差。对于敏感数据建议加密后存储。

⑦ 优点与应用范围：可以很方便地关联网站和用户，长久保存用户设置。

任务 3　系统访问流量的统计与显示

访问流量的统计与显示是站点系统中面向管理员的重要功能，有利于管理员了解站点的人气情况，访问流量的统计包括：站点页面访问量累计、在线用户数累加。

本系统要求在每个页面页脚的位置显示站点的页面访问量和在线用户数，其技术实现思路是：每张页面被单击一次时，站点流量计数器自增一；当新用户与站点建立会话以后，在线用户数计数器自增一，当用户与站点结束会话后，在线用户数计数器自减一。

.NET 平台中并没有现成的流量计数器，需要通过一个面向全体访问用户共享的数据存储空间来存储站点计数，ASP.NET 的 Application 对象可以实现站点计数器的功能。

1. 了解 Application 对象

Application 是 HttpApplicationState 类的对象，意指“应用程序状态”，代表 ASP.NET 应用程序的运行实例。该对象可以用来在整个应用程序中共享信息，可以直接在应用程序状态中存储变量和对象。实际上，应用程序状态变量是给定 ASP.NET 应用程序的全局变量，它的生命周期从请求该 Web 应用程序的第一个页面开始，到该 Web 站点关闭，或程序显式清除 Application 变量时结束。

2. 了解 Global 全局事件程序

ASP.NET 为 Web 应用程序建立了应用程序全局事件，通过全局事件可以发现远程客户端对 Web 服务器的 HTTP 请求、会话开始、会话结束等事件，通过这些事件可以捕捉到用户在远程访问服务器的动作，因此可以在这些事件中对站点计数器进行操作即可。

3. 系统访问流量的统计与显示的设计步骤

（1）创建 Application 全局事件程序

右击项目弹出属性菜单，选择添加“新项”选项，在弹出对话框当中选择添加“全局应用程序类”选项，如图 5.6 所示。

单击“添加”按钮，开发工具将自动生成 Global.asax 和 Global.asax.cs 文件，Global.asax.cs 中的程序就是 Application 对象的事件函数，程序代码见实例 5.20。

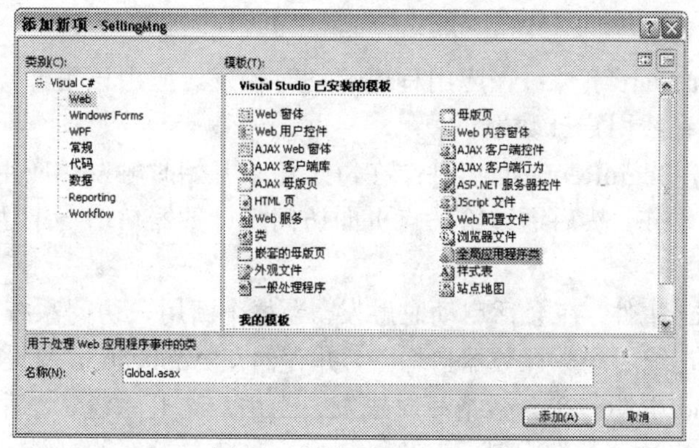

图 5.6　添加 Global.asax

实例 5.20

```
public class Global : System.Web.HttpApplication
{
    protected void Application_Start(object sender, EventArgs e)
    {
        //在应用程序启动时触发
    }
    protected void Session_Start(object sender, EventArgs e)
    {
        //在会话启动时触发
    }
    protected void Application_BeginRequest(object sender, EventArgs e)
    {
        //在每个请求开始时触发
    }
    protected void Application_AuthenticateRequest(object sender,
        EventArgs e)
    {
        //尝试对使用者进行身份验证时激发
    }
    protected void Application_Error(object sender, EventArgs e)
    {
        //在发生错误时激发
    }
    protected void Session_End(object sender, EventArgs e)
    {
        //在会话启动时触发
    }
    protected void Application_End(object sender, EventArgs e)
    {
        //在应用程序结束时触发
    }
}
```

系统触发全局事件时会自动调用上述相应的事件函数，在实现访问流量统计的设计中需要应用如下事件。

1）Application_Start 事件：在应用程序启动时触发。应用该事件实现初始化站点页面访问量计数器、在线用户计数器。

2）Application_BeginRequest 事件：在每个请求开始时触发。应用该事件捕捉用户对站点页面的访问动作，然后通过给站点页面访问量计数器自增一来达到累计站点访问量的目的。

3）Session_Start 事件：在会话启动时触发。当每个新用户访问系统建立会话状态时，通过应用该事件将在线用户数计数器自增一，并存储在 Application 所设置的全局变量中。

4）Session_End 事件：在会话结束时触发。当用户离开系统、结束会话时，通过应用该事件将在线用户数计数器自减一。

通过在上述 Global 事件编写计数器访问程序，可以实现累加站点页面访问量、自动增减在线用户数。

(2) 初始化页面访问量、在线用户数计数器

仿照 Cookie、Session 对象通过键、值映射存储数据的方式，在 Application 对象中分别存入页面访问量、在线用户数计数器两项数据，作为初始化操作，这两项数据的初始值均为零。

Application_Start 事件是在应用程序启动时触发，也即是说在 Web 系统启动服务时自动调用一次该事件函数，可以在该事件函数中利用实例 5.21 给出的代码实现页面访问量、在线用户数计数器的初始化操作。

实例 5.21

```
public class Global : System.Web.HttpApplication
{
    protected void Application_Start(object sender, EventArgs e)
    {
        //在应用程序启动时触发
        //初始化页面访问计数器
        Application["accesscounter"] = 0;
        //初始化在线用户数计数器
        Application["onlinecounter"] = 0;
    }
            …省略部分代码…
}
```

当 Web 系统启动服务时，通过触发 Application_Start 事件运行上述程序，使 Application 对象存入 accesscounter、onlinecounter 两项流量初始数据。

(3) 系统页面被访问时，页面访问计数器增一

在站点系统运行过程中，用户每打开一个页面链接、每单击一次按钮等页面操作时，均要给页面访问计数器增一。因为每一次页面操作都是远程客户端向服务器发出 HTTP 请求的过程，每个 HTTP 请求都会引发 Application_BeginRequest 事件，因此需要在该事件中编写代码实现向页面访问计数器增一，代码见实例 5.22。

实例 5.22

```
public class Global : System.Web.HttpApplication
```

```
{
        …省略部分代码…
    protected void Application_BeginRequest(object sender, EventArgs e)
    {
        //在每个请求开始时触发
        //页面访问计数器增一，表示页面被访问一次
        int iAccessCounter = (int)Application["accesscounter"];
            iAccessCounter = iAccessCounter + 1;
            Application["accesscounter"] = iAccessCounter;
    }
        …省略部分代码…
}
```

注意：从 Application 对象的应用程序状态集合读取出来的数据是 object 类型，需要使用显式类型转换对数据进行拆箱操作，方可赋值给整数型变量 iAccessCounter。

（4）当用户访问系统建立会话后，在线用户数增一

当用户首次访问站点页面时，系统与用户建立会话，同时触发 Session_Start 事件，认为此时用户开始在线，在 Session_Start 事件函数中编写程序让在线人数计数器增一即可实现累计在线人数，代码见实例 5.23。

实例 5.23

```
public class Global : System.Web.HttpApplication
{
        …省略部分代码…
    protected void Session_Start(object sender, EventArgs e)
    {
        //在会话启动时触发
        //在线人数计数器增一，表示出现新上线的用户
        int iOnlineCounter = (int)Application["onlinecounter"];
        iOnlineCounter = iOnlineCounter + 1;
        Application["onlinecounter"] = iOnlineCounter;
    }
        …省略部分代码…
}
```

（5）当用户会话结束后，在线用户数减一

当用户长时间离开站点导致会话超时或主动注销会话，系统将触发 Session_End 事件，则认为此时用户已经离线，在 Session_End 事件函数中编写程序让在线人数计数器减一，实现在线人数的动态更新，代码见实例 5.24。

实例 5.24

```
public class Global : System.Web.HttpApplication
{
        …省略部分代码…
    protected void Session_End(object sender, EventArgs e)
    {
        //在会话启动时触发
        //在线人数计数器键一，表示有用户离线
```

```
            int iOnlineCounter = (int)Application["onlinecounter"];
            iOnlineCounter = iOnlineCounter - 1;
            Application["onlinecounter"] = iOnlineCounter;
        }
                ···省略部分代码···
    }
```

（6）在页面上显示系统访问流量的统计结果

前面几个步骤的设计已经实现系统访问流量的统计功能，但尚未能够将系统访问流量的统计结果显示在页面的页脚位置上。页面的页脚设计结果位于框架页上，因此现在需要在框架页上访问 Application 对象所存储的系统访问流量统计数据，并显示在页面的标签控件上。现在首先添加一个标签控件，控件名命名为 lblCounter，如图 5.7 所示。

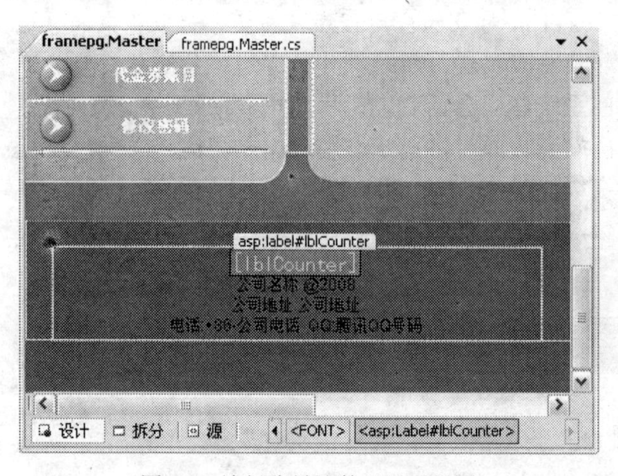

图 5.7　访问流量计数器显示位置

在页面的 Page_Load 事件函数中编写程序访问 Application 对象所存储的系统访问流量统计数据显示在 lblCounter 控件上面，代码见实例 5.25。

实例 5.25

```
    protected void Page_Load(object sender, EventArgs e)
    {
        //读取页面访问计数器
        int iAccessCounter = (int)Application["accesscounter"];
        //读取在线人数计数器
        int iOnlineCounter = (int)Application["onlinecounter"];
        //将页面访问量、在线人数显示在页面上
        lblCounter.Text = string.Format("访问量：{0}  在线人数：{1}",
iAccessCounter, iOnlineCounter);
    }
```

（7）编译项目文件

启动运行，每刷新一次页面，访问量都在增加，但在线人数总是 1，因为只有一个人在线，如图 5.8 所示。

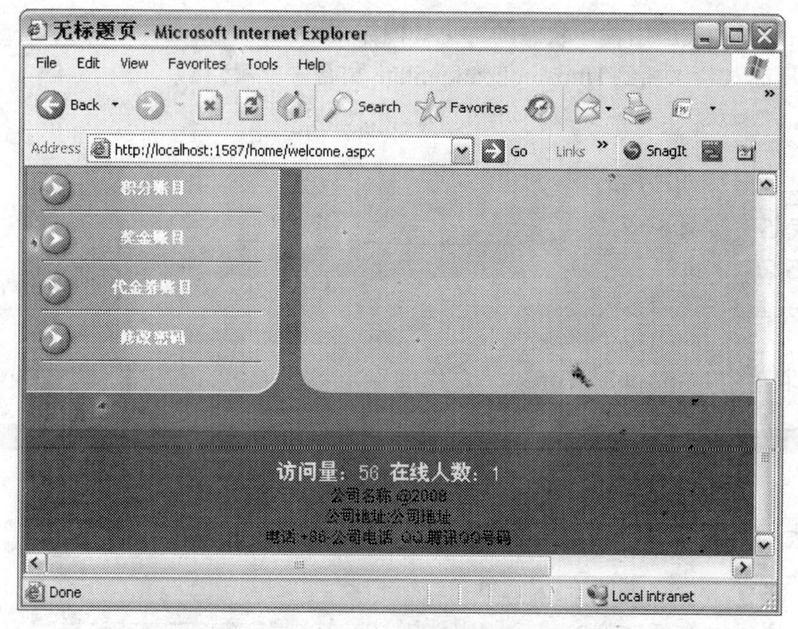

图 5.8　运行结果

需要注意的是：每刷新一次页面时，访问量的增量并非一定为 1，如果每次刷新页面存在多次 HTTP 请求则访问量会往上跳几个数。此情况的原因是页面设计时链接了多个外部文件，如.css 样式文件、.js 客户端 JavaScript 脚本文件、网页图片等，这些链接由客户端解释和下载所指向的文件。导致每次访问页面时，不仅当前页面需要向 Web 服务器发出 HTTP 请求，页面所链接的外部文件由于客户端也需要下载到本地，因此这些过程也需要向服务器发出 HTTP 请求。

要解决这个问题，我们需要请求访问页面的文件进行判断，只有在访问 aspx 页面时，站点访问量计数器才自增 1。通过 Request.RawUrl 属性可以取得请求访问页面的文件名，通过页面文件后缀名即可判断用户正在访问页面还是正在访问图片、CSS 等其他由页面链接的资源。例如：

```
protected void Application_BeginRequest(object sender, EventArgs e)
{
    if (Request.RawUrl.Contains(".aspx"))
    {
        int iAccessCounter=(int)Application["accesscounter"];
        iAccessCounter=iAccessCounter + 1;
        Application["accesscounter"]=iAccessCounter;
    }
}
```

4. 深入了解 Application 对象

前面已经应用 Application 对象成功设计了系统访问流量的统计与显示，现在对在该应用中起到重要作用的 Application 对象作深入的研究。

（1）Application应用程序状态的常见访问方式

1）将新的对象添加到HttpApplicationState集合中。

```
Application["键名"] = 值
```

或者

```
Application.Add("键名" , 值)
```

程序代码见实例5.26。

实例5.26

```
Application["accesscounter"] = 0;
Application["onlinecounter"] = 0;
```

2）获取单个HttpApplicationState对象的值。

```
变量 = Application["键名"]
```

或者

```
变量 = Application.Get("键名")
```

程序代码见实例5.27。

实例5.27

```
int iAccessCounter = (int)Application["accesscounter"];
int iOnlineCounter = (int)Application.Get("onlinecounter");
```

3）更新HttpApplicationState集合中的对象值。

语法格式如下。

```
Application.Set("键名" , 值)
```

4）从HttpApplicationState集合中移除命名对象。

语法格式如下。

```
Application.Remove("键名")
```

5）从HttpApplicationState集合中移除所有对象。

语法格式如下。

```
Application.RemoveAll()
```

或者

```
Application.Clear()
```

（2）应用程序状态同步的问题

请读者思考一个问题：如果读者在网上邻居共享一个文档，让十位朋友在他们各自的计算机上修改读者的文档，并保存修改结果，最后将发生什么情况？最终的文档只能是一个混乱的修改结果。

由于Application对象所存储的应用程序状态数据面向所有来访用户共享，因此同样存在类似上述的情况，即可能存在多个用户（即多个访问线程）同时存取同一个Application对象、修改同一个Application命名对象，造成数据不一致的问题。

HttpApplicationState类提供两种方法Lock和Unlock，解决对Application对象的访问同步问题，每次只允许一个用户（即一个访问线程）访问应用程序状态变量。

对Application对象调用Lock方法可以锁定当前Application对象，以便让当前用户线程单独进行写入或修改。当写入或修改完成后，对Application对象调用Unlock方法，解除对当前Application对象的锁定，这样其他用户线程才能够对Application对象进行修改。

使用方法如下：

```
Application.Lock();
// 访问 Application 对象所存储的应用程序状态数据
Application.UnLock();
```

在此，将前面的系统访问流量统计程序对 Application 的访问作相应改进，加上同步操作，程序源代码见实例 5.28。

实例 5.28

```
public class Global : System.Web.HttpApplication
{
    protected void Application_Start(object sender, EventArgs e)
    {
        //在应用程序启动时触发
        Application.Lock();
        //初始化页面访问计数器
        Application["accesscounter"] = 0;
        //初始化在线用户数计数器
        Application["onlinecounter"] = 0;
        Application.UnLock();
    }

    protected void Session_Start(object sender, EventArgs e)
    {
        //在会话启动时触发
        Application.Lock();
        //在线人数计数器增一，表示出现新上线的用户
        int iOnlineCounter = (int)Application["onlinecounter"];
        iOnlineCounter = iOnlineCounter + 1;
        Application["onlinecounter"] = iOnlineCounter;
        Application.UnLock();
    }

    protected void Application_BeginRequest(object sender, EventArgs e)
    {
        //在每个请求开始时触发
        Application.Lock();
        //页面访问计数器增一，表示页面被访问一次
        int iAccessCounter = (int)Application["accesscounter"];
        iAccessCounter = iAccessCounter + 1;
        Application["accesscounter"] = iAccessCounter;
        Application.UnLock();
    }

    protected void Session_End(object sender, EventArgs e)
    {
        //在会话启动时触发
```

```
        Application.Lock();
        //在线人数计数器减一，表示有用户离线
        int iOnlineCounter = (int)Application["onlinecounter"];
        iOnlineCounter = iOnlineCounter - 1;
        Application["onlinecounter"] = iOnlineCounter;
        Application.UnLock();
    }

    protected void Application_End(object sender, EventArgs e)
    {
    }
}
```

这里应该注意：只有当调用 Lock 的用户线程对 Application 对象调用相应的 Unlock 方法时才会解除对其他用户线程的修改限制，因此 Lock 方法和 UnLock 方法应该成对使用。

如果没有显示调用 Unlock 方法解除锁定，当请求完成、请求超时或请求执行过程中出现未处理的错误并导致请求失败时，.NET Framework 将自动解除锁定。这种自动取消锁定会防止应用程序出现死锁。

5.3 思考与提高

1）Application 等内置对象在使用时需要实例化吗？

2）Application 和 Session 对象的事件在什么时候发生？

阶段 6

让销售管理信息系统访问数据库

1）在 ASP.NET 中连接、登录数据库服务器。

2）熟练应用 SqlCommand 实现对数据库的读写访问。

6.1 任务分析

6.1.1 应用数据库系统存储及管理销售信息

为了高效、安全地处理信息系统中的数据，销售管理信息系统的会员、商品、销售等相关信息均存储于 SQL Server 数据库服务器，现在通过技术手段让前面已经建立起来的程序访问数据库服务器存储的信息，使系统部分功能正常运作起来。本阶段需要结合数据库技术完整地实现如下几个功能。

1）修改登录密码。

2）新增产品信息及会员信息。

3）录入及保存销售单。

4）实现系统的登录验证功能。

6.1.2 解决方案

在.NET 平台上，通过 ADO.NET 组件应用程序可以高效快捷地访问各类数据库系统。ADO（ActiveX Data Object，ActiveX 数据对象），是微软向开发人员提供的数据访问组件，ADO.NET 是 ADO 的升级版本，其功能得到了进一步的提高和完善，加强了对因特网和 XML 的支持，并对访问 Microsoft SQL Server 进行了优化。通过它，开发人员可以轻松地在 ASP.NET 中创建基于 SQL Server 的 Web 应用程序。

1. 通过 ADO.NET 访问数据库的一般步骤

在 ADO.NET 中，有数据提供程序（Data Provider）和数据使用程序（Data Consumer）两类对象。数据提供程序负责连接到数据库执行命令并返回结果。然后，那些命令就可以直接处理（如更新数据）。在 ADO.NET 中，数据提供程序有时也被称为托管提供程序

（Managed Provider），说明它们是由.NET Framework 托管的。数据使用程序就是那些使用数据提供程序用于操纵或检索数据服务的应用程序。数据提供程序由下列对象组成：Connection、Command、DataAdapter 和 DataReader。数据提供程序的结构如图 6.1 所示。

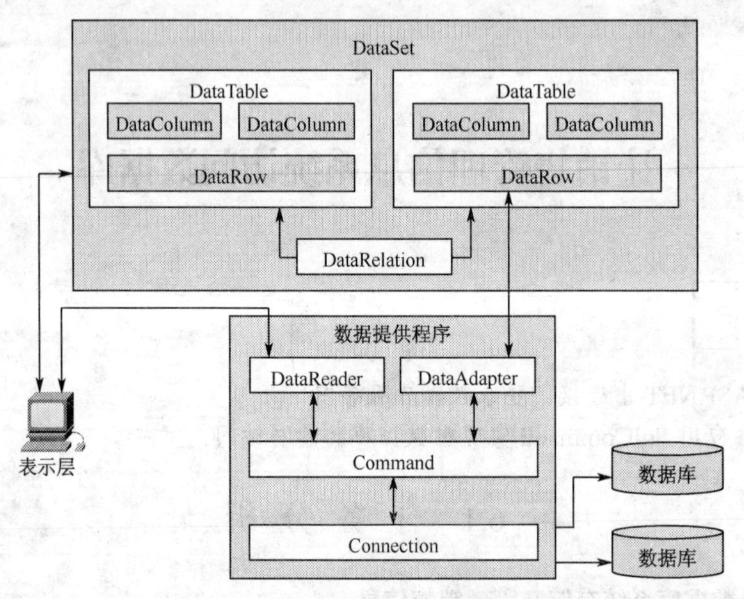

图 6.1　ADO.NET 结构图

ADO.NET 的主要特征之一是它对各种数据存储类型都是优化的，上面列出的这些对象都应用于访问特定类型数据库的特定版本。例如，有单独的 DataReader 类处理 SQL Server 和 Microsoft Access 数据库。.NET 数据提供程序这个术语就是处理特定类型数据库的类“集”。如上所述，数据提供程序是一组类，它实现了一组可以访问特定类型数据库的功能。尽管为了被调用，数据提供程序必须提供一组基本的功能，但特殊的数据提供程序可以有许多额外的属性和方法，它们对于被访问的数据库类型来说是唯一的。这就与 ADO 有很大的不同，ADO 只有一组用于访问不同数据库的类。

结合数据提供程序的结构图，销售管理信息系统通过 ADO.NET 访问数据库的需要经历如下几个环节。

（1）应用 Connection 组件连接、登录数据库系统

如同数据库管理客户端工具 SQL Server Management Studio，数据库连接是应用程序访问数据库系统的第一个重要步骤，它包括连接数据库主机服务、登录验证等重要操作，为应用程序访问数据库建立基础。

ADO.NET 提供了若干 Connection 组件连接到各种类型的数据库系统，连接到 SQL Server 可以通过 SqlConnection 建立特定数据库的连接。

（2）应用 Command 组件向数据库系统发送 SQL 数据库操作指令

Command 组件通过 Connection 传递命令并在数据库系统上执行命令，若有查询结果产生则返回结果，以便通过 DataReader 或 DataSet 取得查询结果。

在 SQL Server 平台当中，.NET 程序可通过 SqlCommand 组件向数据库系统发送 SQL 数据库操作指令。

（3）获取数据库查询结果

通过访问 DataReader 或由 DataAdapter 填充形成的 DataSet 数据集，取得数据库查询结果。在 SQL Server 平台中，.NET 程序可以通过访问 SqlDataReader 取得查询结果，也可通过 SqlDataAdapter 将查询结果填充到 DataSet 数据集中以便程序访问。

2. 系统的数据存储结构

下面从系统的功能出发，设计数据存储结构。本系统提供五大模块：会员管理模块、商品管理与销售模块、消费数据分析模块、积分奖励管理模块、帐户管理与系统维护模块，其功能涉及会员客户、商品、销售记录、积分、系统操作人员等五个实体，它们就是本系统需要存储的信息，现对这些经过分析提取出来的实体进行数据库设计，得到五个数据表：会员基本信息表、商品基本信息表、销售记录表、积分记录表、帐户信息表，表的详细设计见表 6.1～表 6.5。

表 6.1　帐户信息表（OperatorInfo）

列 名 称	数 据 类 型	长　度	用　途	备　注
UserName	varchar	50	用户登录名	主键
Password	varchar	50	系统登录密码串	
UserRole	varchar	6	用户角色	
DateCreated	DateTime		创建记录的日期时间	

表 6.2　商品基本信息表（ProductInfo）

列 名 称	数 据 类 型	长　度	用　途	备　注
ProductInfoID	bigint	8	主键标识号	主键
ProductName	varchar	100	产品	
Model	varchar	50	型号	
CurrentCosts	float		当前进货价	
CurrentStdSalesPrice	float		当前销售价	
DateCreated	DateTime		创建记录的日期时间	

表 6.3　会员基本信息表（MemberBaseInfo）

列 名 称	数 据 类 型	长　度	用　途	备　注
MemberBaseInfoID	bigint	8	主键标识号	主键
MemberName	varchar	10	会员姓名	
Gender	varchar	2	性别	
IDCardNo	varchar	18	身份证号码/会员号	
TelNo	varchar	32	电话号码	
CellphoneNo	varchar	32	手机号码	
Address	varchar	200	通信地址	
PostCode	varchar	6	邮政编码	
DateCreated	DateTime		创建记录的日期时间	

表 6.4　销售记录表（SalesRecord）

列 名 称	数 据 类 型	长　度	用　途	备　注
SalesRecordID	bigint	8	主键标识号	主键
FkMemberBaseInfoID	bigint	8	消费者的会员标识号	外键
FkProductInfoID	bigint	8	所购买的产品的标识号	外键
SalesCount	float		销售数量	
AmountPrice	float		总价合计	
ScoreDiscount	float		积分低扣货款金额	
AwardDiscount	float		奖金抵扣货款	
ConsumerPay	float		消费者实际支付货款金额	
DateCreated	DateTime		创建记录的日期时间	

表 6.5　积分、奖励记录表（Award）

列 名 称	数 据 类 型	长　度	用　途	备　注
AwardScoreID	bigint	8	主键标识号	主键
FkSalesRecordID	bigint	8	销售记录的标识号	外键
FkMemberBaseInfoID	bigint	8	消费者的会员标识号	外键
AwardType	varchar	2	奖励类型（C 为积分，A 为奖金）	
Deposit	int		存入（获得奖励）	
Expend	int		取出（低扣货款）	
Balance	int		积分余额	
Mono	varchar	50	摘要（积分交易原因）	
DateCreated	DateTime		创建记录的日期时间	

6.2　设计与实现

任务 1　让销售管理信息系统连接数据库

展开本任务之前，请读者回顾一下如何通过 SQL Server Management Studio 管理 SQL Server 2005。当打开 SQL Server Management Studio 时，首先看到的是如图 6.2 所示的登录界面。

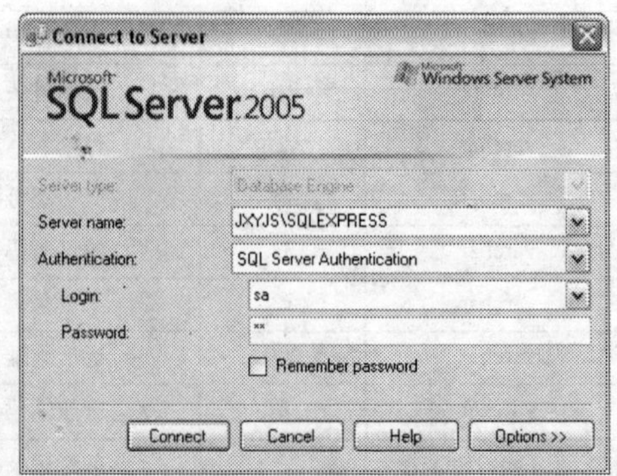

图 6.2　SQL Server Management Studio 登录对话框

从该登录对话框中，发现登录到数据库系统需要指定数据库服务器访问地址、登录用户名、密码，最后单击 Connect（连接）按钮方可访问数据库系统。在销售管理信息系统中访问数据库系统也需要像 SQL Server Management Studio 登录对话框一样首先经历登录数据库服务器的过程。

1. 了解 Connection 组件

销售管理信息系统访问数据库之前，由于需要登录到数据库服务器，因此首先需要通过 Connection 组件连接数据库系统。

Connection 并非是直接使用的组件类，其实指代的是一类组件，通过不同的驱动方式连接不同的数据库需要使用不同的组件类。

1）SqlConnection：直接连接 SQL Server 数据库系统。

2）OleDbConnection：通过 OleDB 连接 Microsoft Access 等数据库系统。

.NET 平台之下还拥有连接其他主流数据库平台的 Connection 组件类。

2. 通过 Visual Studio 图形工具可视化地建立连接对象连接数据库系统的设计步骤

如果需要访问的是 SQL Server 2000 数据库，则需要使用 SQL Server.NET 数据提供程序，相关的类都在 System.Data.SqlClient 命名空间中，此时需要使用 SqlConnection 对象来连接数据库。设计步骤如下所述。

（1）打开需要访问数据库的窗体操作页面

这里作为演示操作过程，请读者打开修改密码窗体页面 chgpwd.aspx，当用户单击页面上的“确定”按钮时，程序需要访问数据库系统实现修改密码的操作，因此需要在该按钮下面编写程序实现连接数据库。

（2）定义连接字符串

在 SQL Server Management Studio 登录对话框中，发现登录到数据库系统需要确定需访问的数据库服务器的地址、数据库名称、登录用户名、密码。

在 Web 应用程序就像 SQL Server Management Studio 那样，同样需要登录连接数据库系统，上述所说的登录数据库服务器所需的服务器地址、数据库名称、用户名、密码在 ADO.NET 中以连接串（Connection String）的形式出现。

SqlConnection 类最重要的属性就是 ConnectionString 属性，该属性将连接服务器的详细登录信息传递给 SqlConnection 对象，SqlConnection 通过这个字符串中的属性（Attribute）来连接数据库。所以在连接字符串中至少需要包含服务器名（Server）、数据库名（Database）和身份验证（User ID / Password）等几个信息。

ConnectionString 中常用的属性见表 6.6，有些属性有多个名称，建议读者使用其中粗体显示的名称。

请读者在修改密码窗体页面的“确定”按钮中编写鼠标单击事件，添加代码使系统运行时能够连接数据库系统，见实例 6.1。

表 6.6 ConnectionString 的属性

属性名称	默认值	说明
Server/Data Source	本地机器	SQLServer 的名称或在 SQLServer 网络上的地址。可以省略，设置为（local）或“.”，以创建到本地机器上的 SQL Server 默认实例的连接
Database/Initial Catalog	默认数据库	连接所对应的数据库的名称。打开连接后就可以使用 ChangeDatabase 方法进行修改
Integrated Security/Trusted Connection		设为 True 或 SSPI，表示使用 Windows 身份验证模式
User ID / UID		使用集成安全（Integrated Security）时会忽视它。而使用 SQL Server 身份验证时就需要它，该属性指定 SQL Server 的 Login ID
Password / Pwd		用户 ID 登录用的密码。使用集成安全（Integrated Security）时就不需要，使用 SQL Server 身份验证时，登录请求就是强制性的
Workstation ID	本地机器名称	请求登录的机器 ID
Network Library	dbmssocn	用于连接到 SQL Server 的库。dbmssocn 表示 TCP/IP
PacketSize	8192	通过网络发送的每个数据包的大小
Connection Timeout	15	在确定连接没有建立且抛出异常之前，该属性用于表示 SqlConnection 类等待响应的秒数
Connection Lifetime	0	用于确定连接在连接池中存在的时间长度。默认值是 0，它意味着无穷大
Pooling	True	启用或取消连接池
Max Pool Size	100	保留在连接池中的并发连接最大数量
Min Pool Size	0	连接池中的最少连接数量

实例 6.1

```
using System.Data.SqlClient;
        … 省略部分代码 …
protected void btnSave_Click(object sender, EventArgs e)
{
    // 连接串的含义是：登录实例名为"jxyjs\SQLExpress"的数据库服务器，
    // 登录的用户名为 sa，密码为 sa，打开 SQL Server 的 SellingMng 的数据库。
    SqlConnection conn=new SqlConnection(@"Server=jxyjs\SQLExpress;"
        + "Database=SellingMng; User ID=sa; Password=sa;");
        … 省略部分代码 …
}
```

上述代码定义了一个非常基本的连接字符串，可以用于建立到位于运行代码的同一台机器上的 SQL Server 的连接。连接串的含义是：登录服务器名为 jxyjs、实例名为 SQLExpress 的数据库服务器，登录的用户名为 sa，密码为 sa，打开存在于 SQL Server 中的名为 SellingMng 的数据库。

如果读者希望使用“集成 Windows 身份验证”，可使用的代码见实例 6.2。

实例 6.2

```
using System.Data.SqlClient;
        … 省略部分代码 …
protected void btnSave_Click(object sender, EventArgs e)
{
    // 连接串的含义是：登录服务器名为 jxyjs、实例名为"SQLExpress"的数据库服
```

```
    //务器，打开 SQL Server 的 SellingMng 的数据库，采用集成 Windows 身份认证登
    // 录数据库服务器。
    SqlConnection conn=new SqlConnection(@"Server=jxyjs\SQLExpress;"
        + "Database=SellingMng; Integrated Security=SSPI;");
        … 省略部分代码 …
}
```

（3）打开和关闭数据库连接

正像 SQL Server Management Studio 登录对话框那样，除了填写了登录服务器、用户名、密码之后，还需要单击“连接”按钮方可访问服务器。在创建 SqlConnection 对象并正确设置好连接字符串后，.NET 并不会自动建立和数据库的连接，还需要使用 SqlConnection 的 Open 方法打开连接，从而真正在网上实现一个数据库连接，连接被打开后就可以通过它访问数据库中的数据，访问完毕后还需要使用 Close 方法关闭连接，直到下一次访问数据库时再打开，这种“随用随开，用完就关”的方式对提高程序的效率是有一定帮助的。SqlConnection 类的主要方法如表 6.7 所示。

表 6.7 SqlConnection 类的主要方法

方　法	说　明
Open	该方法使用连接字符串中指定的连接详细信息打开连接
Close	该方法关闭当前处于打开状态的连接
ChangeDatabase	修改目前用于连接的数据库。只有在连接打开时才能使用该方法

实例 6.3 演示了如何使用这三个 SqlConnection 类的方法。首先打开到 SQL Server 实例的连接，一旦连接上数据库，就可修改数据库，最后再关闭连接。

实例 6.3

```
using System.Data.SqlClient;
    … 省略部分代码 …
protected void btnSave_Click(object sender, EventArgs e)
{
    // 连接串的含义是：登录实例名为"jxyjs\SQLExpress"的数据库服务器，
    // 登录的用户名为 sa，密码为 sa，打开 SQL Server 的 SellingMng 的数据库。
    SqlConnection conn=new SqlConnection(@"Server=jxyjs\SQLExpress;"
        + "Database=SellingMng; User ID=sa; Password=sa;");
    conn.Open();   // 打开数据库连接
        … 省略部分代码 …
    conn.Close();   // 关闭数据库连接
}
```

通过上述设计可见，通过 ADO.NET 连接数据库系统的主要任务是：设置数据库连接字符串、打开数据库、关闭数据库。

（4）让数据库连接字符串可配置

细心的读者发现，由于数据库连接字符串主要是向 ADO.NET 描述数据库服务器的主机地址、登录帐号密码、拟访问的数据库的名称等信息，在程序编译时，这些信息与正常的程序代码一样生成固定的编译代码。一旦用户的数据库服务器环境发生变化（如数据库密码被修改），程序将无法连接到数据库系统，也无法修改编译代码使程序重新

连接上数据库。

另一方面，在 Web 项目中，往往有多处需要访问数据库，每处创建 Connection 对象时都通过 ConnectionString 属性设置了相同的连接字符串，这就出现了代码冗余，一旦用户的数据库服务器环境发生变化，源代码每处的连接字符串作必须做改动，给项目的维护带来了麻烦。

为此引入配置文件，让销售管理信息系统连接数据库所需的用户名、密码等数据用户可自行配置。

每个 Web 项目默认情况下配备一个 Web.config 配置文件，该文件允许用户通过配置参数调整系统运行的各个方面，该配置文件允许开发人员为系统自定义一些参数项。请读者打开 Web 项目下的 Web.config 文件，在其中添加代码，见实例 6.4。

实例 6.4

```
<?xml version="1.0"?>
<configuration>
  <configSections>
        …省略部分代码…
  </configSections>
  <appSettings>
  <add  key=" DBConnStr"  value="Server=JXYJS\SQLEXPRESS;
            User ID=sa;Password=sa;Database=examcertbiz;" />
  </appSettings>
        …省略部分代码…
```

这样就在 Web.config 文件建立了一个键名为 DBConnStr 的参数项，其 Value 的值保存了所需的数据库连接字符串，这样在整个系统的任何一处需要使用 Connection 组件时，只需要直接读取 DBConnStr 的值即可，具体代码见实例 6.5。

实例 6.5

```
using System.Configuration;
using System.Data.SqlClient;
        …省略部分代码…
protected void btnSave_Click(object sender, EventArgs e)
{
    // 从配置文件中读取数据库连接串
    string strConn = ConfigurationManager.AppSettings["DBConnStr"];
    SqlConnection conn = new SqlConnection(strConn);
    conn.Open();   // 打开数据库连接
        …省略部分代码…
    conn.Close();   // 关闭数据库连接
}
```

在销售管理信息系统中，或许很多地方需要访问数据库，很多地方需要采用上述代码来连接数据库服务器，但由于数据库连接串已经存放在参数文件当中，以后数据库环境一旦发生变化，本系统只需修改连接串就可以解决问题，无需重新编译项目文件，更不用在多处同时修改连接串。

3. 深入了解 Connection 对象

在编写 Web 应用程序时，常常会遇到如何使用 Connection 对象的问题。如果每次访问数据库前打开连接，访问完毕后关闭连接，就会在网络上频繁地建立和撤销到数据库的连接路径，如果在网速较慢或网络工作繁忙的情况下，就可能产生几秒钟的时间延迟；反之，如果为了要减少连接的建立和撤销的次数，而保持连接一直处于打开状态，则在规模较大的应用中，又会造成网络中同时存在过多的连接路径，从而降低网络的利用率。连接池（Connection Pool）是解决这一矛盾的方法之一。

（1）连接池的概念

连接池是一个简单概念。当关闭一个连接时，并不直接撤销网络中的物理数据库连接路径，而是把包括身份验证细节在内的连接详细信息保存在资源池（Resource Pool）中。如果后来又提出连接请求，首先会检查资源池，查看身份验证信息细节都相同的地方是否有现成的连接可用，并且是否正在连接相同的服务器和数据库。如果有与需要的连接标准相匹配的现成连接，就使用它而不必再创建一个新的连接。不过，如果连接池中没有合适的连接可用，那么就需要新建一个连接。

ADO.NET 中默认情况下会启用连接池。如果用户要防止某一连接在关闭后被加入到连接池中，也可以将连接字符串中的 Pooling 属性设置为 False，见实例 6.6。

实例 6.6

```
using System.Data.SqlClient;
        … 省略部分代码 …
protected void btnSave_Click(object sender, EventArgs e)
{
    SqlConnection conn=new SqlConnection(@"Server=jxyjs\SQLExpress;"
      +"Database=SellingMng; User ID=sa; Password=sa; Pooling=False;");
        … 省略部分代码 …
}
```

物理数据库连接不能同时由多个对象共享，因此读者可以将连接池当作当前未使用的数据库连接的保存工具。调用 SqlConnection 对象的 Open 方法就可以使连接池将现有数据库连接释放给请求连接的对象。在没有明确调用 SqlConnection 的 Close 方法前，数据库连接都不能放回到连接池中。如果将数据库连接返回到连接池中，其他 SqlConnection 对象就可以使用它。

为了发挥连接池的作用，需要注意以下两点。

1）在结束使用 SqlConnection 对象时必须调用 Close 方法，以便连接返回到连接池中，SqlConnection 对象超出范围时是不会将连接返回到连接池中的。

2）使用连接池的所有连接都应有完全相同的连接字符串，它包括 ConnectionString 属性中的所有内容（例如，Pooling）。如果这些字符串不相同，那么就会创建多个连接池，也就是说，每个不同的连接字符串都有一个连接池。

（2）连接池的大小

连接池的大小是影响网络利用效率的重要因素之一，在快速网络上，可以适当加大连接池的大小，而在慢速网络中，则必须减小连接池的大小。连接字符串的 MinPoolSize 和 MaxPoolSize 属性用于设置连接池中将保留的连接数，从而确定连接池的大小。

MinPoolSize 设定打开第一个连接时会自动在连接池中打开多少连接，默认值是 0，但是如果经常同时使用多个到特定数据源的连接，就可以增加该值。对于标准的客户/服务器应用程序，并不多见，但是在开发 Web 应用程序时，这也许就是恰当的。

另一方面，MaxPoolSize 属性指定连接池中可以保留的连接的最大数量。这样就可以限制从应用程序打开的连接数量，防止打开过多的数据库连接数量。如果一个连接对象在请求连接时连接池中没有可用的连接，该对象将等待一段时间（由 Connection Timeout 设定），如果仍然没有连接可用，则抛出 InvalidOperationException 异常。

例如，在实例 6.7 的代码的连接池中，首先创建两个连接。第三条连接请求将等待超时时间，由于连接池中没有连接可用，所以最终该连接请求会超时（15 s 后）并抛出异常。

程序源代码参考实例 6.7。

实例 6.7

```
SqlConnection conn1=new SqlConnection("Database=lib;User Id=sa;"
    + "Password=; Pooling=True;Max Pool Size=2;");
conn1.Open();    //成功
SqlConnection conn2=new SqlConnection("Database=lib;User Id=sa;"
    + "Password=; Pooling=True;Max Pool Size=2;");
conn2.Open();    //成功
SqlConnection conn3=new SqlConnection("Database=lib;User Id=sa;"
    + "Password=; Pooling=True;Max Pool Size=2;");
conn3.Open();  // 15 秒后失败,因为连接池中已经没有可用的连接了
```

任务 2　通过访问数据库实现修改销售系统登录密码

任务 1 已经实现了在 Web 应用程序中连接数据库系统，正如通过 SQL Server Management Studio 那样成功登录数据库系统后，即可使用 SQL 语句对数据库系统进行增加、修改、删除、查询等数据库操作，在 ADO.NET 下的情况也相同，ADO.NET 提供了 Command 组件可以使 Web 应用程序向数据库系统发送并执行 SQL 语句。

1. 了解 Command 组件

Command 对象允许使用其属性和方法来执行要执行的任何 SQL 命令，并查看这些命令的执行情况，另外还可以结合 Connection 对象执行事务处理。

与 Connection 组件的情况相同，Command 并非是直接使用的组件类，针对访问不同的数据库需要使用不同的组件类。

1）SqlCommand：直接访问 SQL Server 数据库系统。

2）OleDbCommand：通过 OleDB 访问 Microsoft Access 等数据库系统。

为了顺利完成本设计任务，现在请读者首先了解 SqlCommand 的常用属性和方法。

（1）SqlCommand 的属性

SqlCommand 的主要属性见表 6.8。

表 6.8 SqlCommand 的主要属性

属性	说明
Connection	获取或设置用于执行命令的 Connection 对象。在执行命令时，连接必须打开，否则就会抛出异常
CommandText	获得或设置要执行的命令，可以是表名称、T-SQL 代码或存储过程
CommandType	设置命令的类型，可以是以下三种 Text：默认值，说明 CommandText 中的值是 T-SQL 代码 StoredProcedure：指定要执行的存储过程名称 TableDirect：CommandText 中的值是表名，返回该表中所有的数据
CommandTimeout	确定声明执行的命令超时前 SqlCommand 类等待的时间。如果发生超时，命令就会中止并抛出一个异常
Parameters	检索执行存储过程或参数化的 T-SQL 语句时已设置的参数集合
Transaction	设置或获取要在其中执行该命令的 SqlTransaction 对象。如果该命令使用的连接上已有事务处理对象，该属性就会默认设置为当前打开的事务处理
UpdatedRowSource	它与 SqlDataAdapter 上的 Update 方法一起使用。确定如何将命令的结果应用于 DataRow

CommandText 是 SqlCommand 类中最常用的属性，可以由任何有效的 T-SQL 命令或 T-SQL 命令组组成。例如，包括 SELECT、INSERT、UPDATE 和 DELETE 语句及存储过程。还可以指定由逗号分隔的表名或存储过程名。在调用方法执行 CommandText 中的命令前，还要正确设置 CommandType 和 Connection 属性。

（2）SqlCommand 的方法

执行 SqlCommand 中存放的命令，就需要调用方法，见表 6.9。

表 6.9 SqlCommand 的方法

方法	说明
ExecuteNonQuery	执行不返回任何数据行的命令，如 CREATE 或 INSERT
ExecuteReader	执行返回数据行的 T-SQL 命令，并以 SqlDataReader 对象形式返回数据行
ExecuteScalar	执行返回数据行的 T-SQL 命令，但是只返回第一行第一列的值。对于返回单一列、单一行值的 COUNT(*)是最理想的语句
ExecuteXmlReader	执行以 XML 格式返回数据行的 T-SQL 命令（SELECT 语句中有 FORXML）
CreateParameter	创建 SqlParameter 对象，用于在存储过程或参数化的 T-SQL 之间传递任何参数
Cancel	如果有任何可执行程序在运行，它就会将 Cancel Execution 请求发送到服务器。只有当服务器能处理 Cancel 方法时，可执行程序才会实际停止。在 SqlCommand 对象自己的可执行程序同步运行时，如果用户有多线程应用程序并且正在执行与其他线程异步的 SqlCommand 对象，那么它就是很有用的
ResetCommandTimeout	将 Command Timeout 重置为默认值 30s

SqlCommand 提供四种不同的方法在 SQL Server 上执行 T-SQL 语句，所有这些方法其内部的工作方式都非常相似。每种方法都会将在 SqlCommand 对象中形成的命令详细信息传递给指定的连接对象。然后，通过 SqlConnection 对象在 SQL Server 上执行 T-SQL 语句，最后根据语句执行结果生成一组数据，这些数据在不同的方法中有不同的表现形式。

无论用哪种方法执行命令，必须先打开 Connection 属性所指定的连接对象。

1）ExecuteNonQuery。ExecuteNonQuery 方法将 SQLServer 上执行指定的 T-SQL 语句，但是它只返回受 T-SQL 语句影响的行数。因此，它适合执行不返回结果集的 T-SQL 命令。这些命令有数据定义语言（DDL）命令，如 CREATE TABLE、CREATE VIEW、

DROP TABLE，及数据操纵语言（DML）命令，如 INSERT、UPDATE 和 DELETE。这也可以用于执行不返回结果集的存储过程。

2）ExecuteReader。ExecuteReader 方法用于返回包含由 SQL Server 执行的命令返回的行的 DataReader 对象。这点在后续设计任务当中将详细介绍，DataReader 对象是一种从 SQL Server 中检索单一结果集的高速只读方法。

3）ExecuteScalar。ExecuteScalar 方法用于运行返回单一行中的单一列的查询，例如，COUNT(*)之类的聚合函数。下列代码使用 ExecuteScalar 方法在表上执行 COUNT(*)。返回 COUNT(*)的结果并输出到控制台窗口。

2. 修改销售系统登录密码的设计步骤

（1）确定修改销售系统登录密码的 SQL 数据库操作语句

销售管理信息系统的登录用户名、密码存放于 OperatorInfo 表，当用户做修改密码的操作时，需要从 Web 窗体读取当前用户名、旧密码、新密码，组成条件更新语句，修改数据表记录，从而实现修改密码的目的。

假如 admin 的旧密码是 123456，现该用户希望将密码更改为 abcdef，那么实现该操作的 SQL 数据库操作语句是：

```
Update OperatorInfo Set Password='abcdef' Where UserName='admin' and
Password='123456'
```

实际情况是 SQL 语句里面的 admin、123456 等数据来源于 Web 窗体界面的文本框，如图 6.3 所示。在需要编写程序实现将用户在 Web 窗体输入的修改密码的相关信息与 SQL 组合在一起，见实例 6.8。

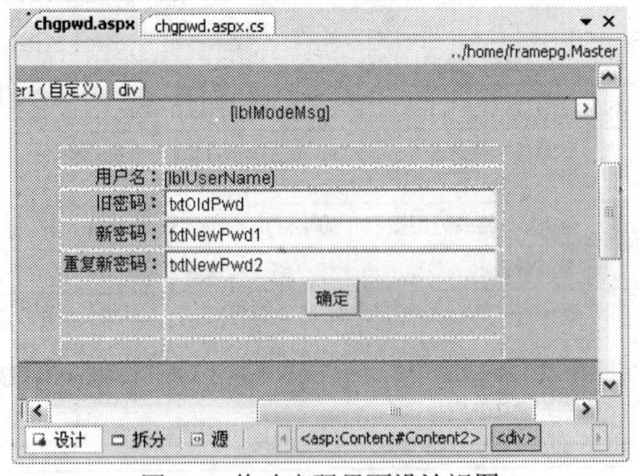

图 6.3　修改密码界面设计视图

实例 6.8

```
protected void btnSave_Click(object sender, EventArgs e)
{
        … 省略部分代码 …
    string strUsr=this.lblUserName.Text;
    string strOldPwd=this.txtOldPwd.Text;
    string strNewPwd=this.txtNewPwd1.Text;
    string strSqlCmd=string.Format("Update OperatorInfo Set "
```

```
    + "Password='{0}' Where UserName='{1}' and Password='{2}'",
    strNewPwd, strUsr, strOldPwd);
      … 省略部分代码 …
}
```

（2）设置 Command 组件通过 Connection 组件访问数据库

从图 6.4 可看出，Command 组件并不直接与数据库服务器打交道，同时通过 Connection 对象的连接来访问数据库系统。

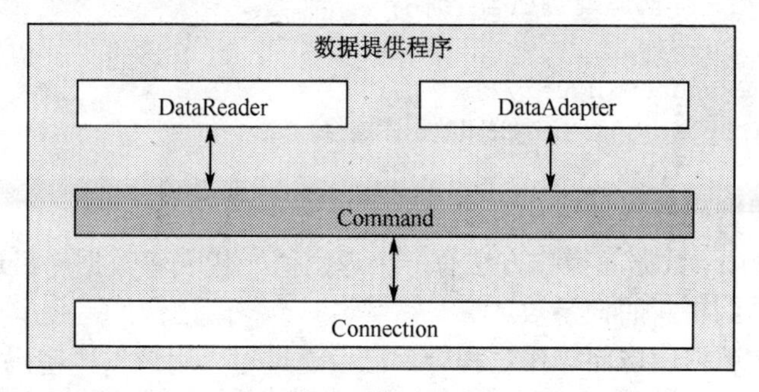

图 6.4　Command 与 Connection 的关系

程序源代码见实例 6.9。

实例 6.9

```
protected void btnSave_Click(object sender, EventArgs e)
{
    // 从配置文件中读取数据库连接串
    string strConn = ConfigurationManager.AppSettings["DBConnStr"];
    SqlConnection conn = new SqlConnection(strConn);
    conn.Open();   // 打开数据库连接
        …省略部分代码…
    SqlCommand cmd = new SqlCommand();
    cmd.Connection = conn;
        …省略部分代码…
}
```

（3）使用 Command 组件执行 SQL 数据库操作语句

SqlCommand 类提供的 CommandText 属性可以设置需提交给数据库系统执行的 SQL 语句、存储过程，同时使用 ExecuteNonQuery 方法将设置完成的 SQL 提交到数据库系统执行操作。源代码见实例 6.10。

实例 6.10

```
protected void btnSave_Click(object sender, EventArgs e)
{
    // 从配置文件中读取数据库连接串
    string strConn=ConfigurationManager.AppSettings["DBConnStr"];
    SqlConnection conn=new SqlConnection(strConn);
    conn.Open();   // 打开数据库连接
        … 省略部分代码 …
    string strUsr=this.lblUserName.Text;
```

```
        string strOldPwd=this.txtOldPwd.Text;
        string strNewPwd=this.txtNewPwd1.Text;
        string strSqlCmd=string.Format("Update OperatorInfo Set "
            + "Password='{0}' Where UserName='{1}' and Password='{2}'",
            strNewPwd, strUsr, strOldPwd);
        SqlCommand cmd=new SqlCommand();
        cmd.Connection=conn;
        cmd.CommandText=strSqlCmd;
        conn.Open();
        cmd.ExecuteNonQuery();
        conn.Close();   // 关闭数据库连接
    }
```

（4）判断修改密码操作结果

ExecuteNonQuery 数据库操作方法有一个返回值，代表着数据库最近一次执行 SQL 语句后，数据表受到更新的记录数。

在修改密码的数据库访问操作过程中，已经通过对“用户”、“密码”的条件更新数据的语句，若返回值为零，表示按照数据表记录更新语句的 Where 条件无任何记录被更改，意味着用户名或当前旧密码错误；若返回值为一，则表示按照数据表记录更新语句的 Where 条件有一条记录被更改，意味着密码修改成功。源代码见实例 6.11。

实例 6.11

```
    protected void btnSave_Click(object sender, EventArgs e)
    {
            …省略部分代码…
        conn.Open();
        int i = cmd.ExecuteNonQuery();
        if (i == 1)
        {
            //弹出对话框显示密码修改成功
            Response.Write(" <script language=javascript> ");
            Response.Write("    alert('密码修改成功！'); ");
            Response.Write(" </script> ");
        }
        else if(i == 0)
        {
            //弹出对话框显示用户名或旧密码不正确
            Response.Write(" <script language=javascript> ");
            Response.Write("    alert('弹出对话框显示密码失败！'); ");
            Response.Write(" </script> ");
        }
        conn.Close();   // 关闭数据库连接
    }
```

（5）编译项目文件

启动调试运行本系统。

任务 3　新增产品信息及会员信息的设计

前面使用 Command 组件已经完全实现了修改密码的操作，本任务将完成新增产品信息及会员信息两个功能的数据库访问设计，两个任务相比较，其实都是依靠 ADO.NET 实现写数据操作，设计方法应该说是完全相同的。

但是前面的设计有一个比较严重的安全漏洞需要引起注意，用于 SQL 语句直接由 SQL 关键字和文本框内容拼接而成，内部设计细节被暴露，一旦有人故意输入单引号、分号或者输入一些字符串与内部 SQL 关键字拼接后成为危害系统安全的 SQL 语句，这就是注入式攻击。为了避免这个安全漏洞，从本任务开始，外界提供的数据一律封装成参数对象才提供给 Command 组件当中的 SQL 语句。

1. 了解 SqlParameter 参数类

ADO.NET 执行带参数的 SQL 语句或存储过程之前，需要传递参数值。这个工作通过 SqlParameter 类来完成。SqlParameter 类位于 System.Data.SqlClient 命名控件，主要属性参见表 6.10。

表 6.10　SqlParameter 类的主要属性

属　性	说　明
Direction	获取或设置一个值，这个值指示参数是只可输入、只可输出、双向还是存储过程返回值参数。Direction 属性是 ParameterDirection 类型枚举值，使用方法如 param.Direction= ParameterDirection.Input
ParameterName	获取或设置参数的名称
Size	获取或指出是列中数据的最大、大小（以字节为单位）
SqlDbType	获取或设置参数在 SQL Server 数据库中的类型。SqlDbType 属性是 SqlDbType 类型枚举值，使用方法如 SqlDbType.NVarChar
Value	获取或设置参数的值

在 ADO.NET 当中， SqlParameter 类的每一个实例对应一个存储过程参数。例如，SQL 语句或存储过程有三个参数，调用时需要创建三个 SqlParameter 对象用于传递参数值。

2. 新增产品信息的设计步骤

（1）确定新增产品信息的 SQL 数据库操作语句

产品信息存放于 ProductInfo 表，当用户新增产品信息时，需要从 Web 窗体读取产品名称、型号、成本和售价等信息，构成插入记录 SQL 语句的参数来源，从而实现新增产品信息的操作，如图 6.5 所示。

实现新增产品信息操作、带输入参数的 SQL 语句如下，语句当中带@的字符串就是参数，起到变量的作用：

```
Insert Into ProductInfo(ProductName, Model, CurrentCosts,
CurrentStdSalesPrice, DateCreated)
Values(@ProductName, @Model, @CurrentCosts, @CurrentStdSalesPrice,
@DateCreated)
```

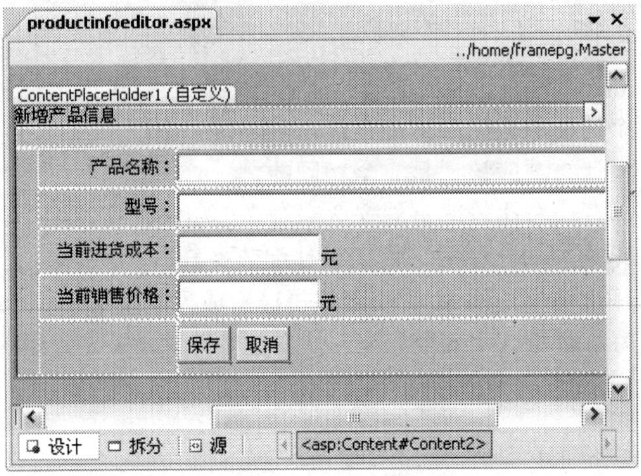

图 6.5　新产品信息界面设计视图

（2）封装参数对象

使用 SqlParameter 类将来自用户在 Web 窗体输入的产品信息封装成参数对象，程序源代码见实例 6.12。

实例 6.12

```
protected void btnSave_Click(object sender, EventArgs e)
{
        … 省略部分代码 …
    //从 Web 窗体读取用户输入的产品信息
    string strProductName=txtProductName.Text; //商品名称
    string strModel=txtModel.Text;  //型号
    float fCurrentCosts=float.Parse(txtCurrentCosts.Text);//成本
    float fCurrentStdSalesPrice
       =float.Parse(txtCurrentStdSalesPrice.Text); //售价
    // 将上述变量值封装成参数对象
    SqlParameter pProductName
       =new SqlParameter("@ProductName", strProductName);
    SqlParameter pModel=new SqlParameter("@Model", strModel);
    SqlParameter pCurrentCosts
       =new SqlParameter("@CurrentCosts", fCurrentCosts);
    SqlParameter pCurrentStdSalesPrice
       =new SqlParameter("@CurrentStdSalesPrice",
                         fCurrentStdSalesPrice);
        … 省略部分代码 …
}
```

（3）将参数对象加入 Command 组件，并执行 SQL 数据库操作语句

SqlCommand类提供的CommandText属性可以设置需提交给数据库系统执行的带参数的 SQL 语句或存储过程；SqlCommand 类 Parameters 属性是一个集合，将前面封装的参数对象添加到该集合当中，参数对象当中的参数值将自动赋值给 SQL 语句或存储过程中的参数。源代码见实例 6.13。

实例 6.13

```
protected void btnSave_Click(object sender, EventArgs e)
{
        …省略部分代码…
    // 从配置文件中读取数据库连接串
    string strConn = ConfigurationManager.AppSettings["DBConnStr"];
    SqlConnection conn = new SqlConnection(strConn);
    // 定义带参数的 SQL 语句
    SqlCommand cmd = new SqlCommand();
    cmd.Connection = conn;
    cmd.CommandText = strSqlCmd;
    //将参数添加到 Parameters 集合
    cmd.Parameters.Add(pProductName);
    cmd.Parameters.Add(pModel);
    cmd.Parameters.Add(pCurrentCosts);
    cmd.Parameters.Add(pCurrentStdSalesPrice);
        …省略部分代码…
}
```

（4）判断新增产品信息的操作结果

本任务仍然是以 Command 组件的 ExecuteNonQuery 方法返回值为新增产品信息是否成功的判断依据。若返回值为零，表示新增数据出现错误；若返回值为一，则表示用户新增产品信息操作成功。源代码见实例 6.14。

实例 6.14

```
protected void btnSave_Click(object sender, EventArgs e)
{
        …省略部分代码…
    conn.Open();
    int i = cmd.ExecuteNonQuery();
    if (i == 1)
    {
        //弹出对话框显示密码修改成功
        Response.Write(" <script language=javascript> ");
        Response.Write("    alert('密码修改成功！'); ");
        Response.Write(" </script> ");
    }
    else if(i == 0)
    {
        //弹出对话框显示用户名或旧密码不正确
        Response.Write(" <script language=javascript> ");
        Response.Write("    alert('弹出对话框显示密码失败！'); ");
        Response.Write(" </script> ");
    }
    conn.Close();   // 关闭数据库连接
}
```

（5）编译项目文件

启动调试运行本系统。

3. 新增会员信息的设计

会员信息是本系统的基础数据，销售系统中的销售记录、消费积分情况等数据均引用了会员信息。会员信息管理功能向管理人员提供注册、更新会员资料的功能。

当用户录入按照会员注册表单（如图 6.6 所示）的数据项提示逐项录入信息单击保存后，将出发“保存”按钮的鼠标单击事件并调用事件函数，下面将在该事件函数中编写代码，实现将表单数据存储到数据库系统。

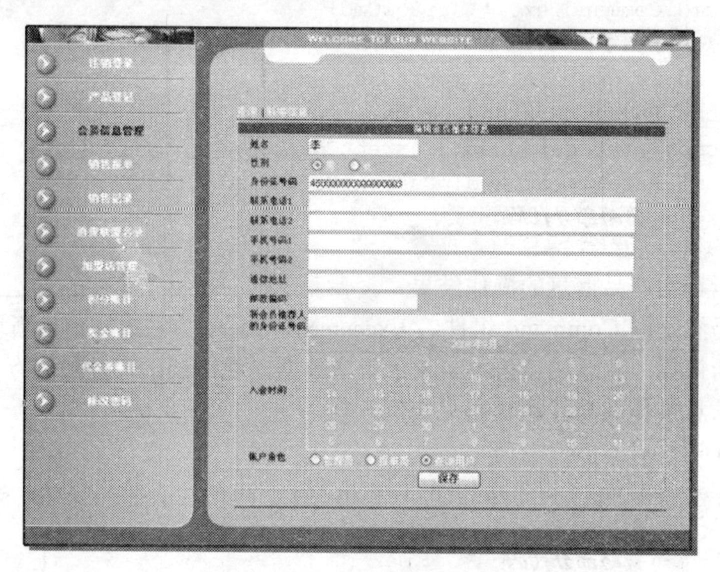

图 6.6　新增会员界面设计视图

新增会员信息的设计步骤与新增产品信息的设计类似，同样是首先通过 Connection 连接数据库系统；其次，是根据需存储到数据库的表单数据生成 SQL 操作语句，由 Command 对象将 SQL 语句发送到数据库系统并执行数据库操作；执行完毕及时关闭 Connection 对象的数据库连接。

任务 4　销售单录入的功能设计

销售单录入是销售管理信息系统的核心功能，用户在本功能所提交的销售单也是整个系统的核心数据，是销售情况分析的重要依据。如图 6.7 所示。

销售单录入的运行流程与前面的产品信息录入操作不太一样，当用户提交一个销售单录入时，系统不仅需要保存销售单，还需要对销售单的相关数据进行分析，按照业务规则计算会员应得积分、奖金等数据。通常情况下，这类的简单业务逻辑既可以设计在 Web 程序当中，也可以设计在数据库的存储过程中。考虑到在数据库存储过程中进行多表操作性能更好，销售单录入功能通过调用存储过程来实现数据库访问。

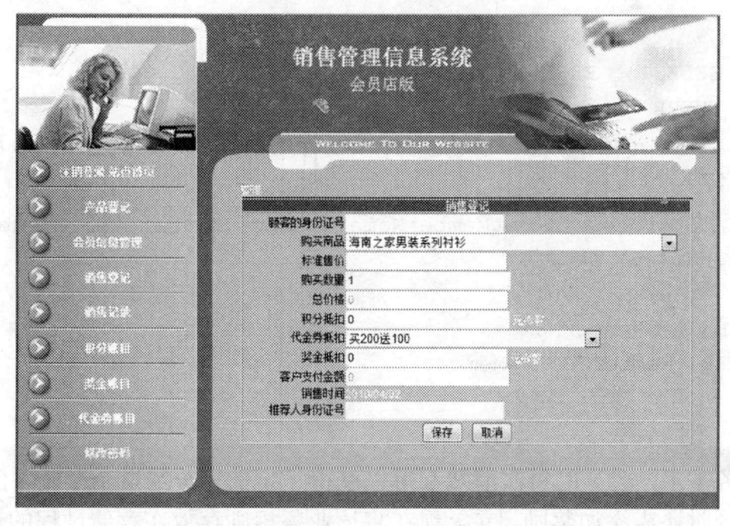

图 6.7　销售单录入界面设计视图

1. 销售单录入数据库的访问需求

当用户提交一份销售单时，需要通过调用自定义的存储过程实现如下三项操作。

1）首先将数据写入 SalesRecord 表，即销售记录表，该表作为销售过程的原始记录。

2）其次根据会员消费金额核算消费积分：每消费 10 元获得 1 个积分，若销售单填写了推荐人，推荐人也可获得 1 个积分。向 Award 表写入记录（AwardType 字段设置为 C）可以记录会员或推荐人所获得的积分。

3）最后根据会员消费金额向会员本人提供奖金：当消费达到 1000 元以上送奖金 100 元，达到 2000 元以上送奖金 200 元，以此类推下去。向 Award 表写入记录（AwardType 字段设置为 A）可以记录会员所获得的奖金。

综上所述，销售单录入的数据访问是对三个表进行写操作。

2. 认识存储过程

在 SQL 中，使用 CREATE Procedure 来创建存储过程，基本语法如下：

```
CREATE Procedure 存储过程名 [@参数名 数据类型] AS 要执行的SQL 命令
```

1）例如，可以在存储过程中声明一个或多个参数，也可以不带参数。除非定义了参数的默认值，否则在执行存储过程时必须提供所有的参数值。

下面是一个不带参数的存储过程的示例代码，见实例 6.15。

实例 6.15

```
CREATE Procedure GetAllMembersProc
AS
 SELECT * FROM tblMembers
```

2）下面是一个带输入参数的存储过程的示例代码，见实例 6.16。其中，参数以“@参数名”的形式存在。

实例 6.16

```
CREATE Procedure GetOneMemberProc(@stuid char(8))
```

```
AS
    SELECT * FROM tblMembers
    WHERE MemberID=@stuid
```

3）下面是一个带输入、输出参数的存储过程的示例代码，见实例 6.17。

实例 6.17

```
CREATE Procedure getMemberName(@MemberID char(8), @MemberName
varchar(20) OUTPUT)
AS
 SELECT @MemberName = [Name] FROM tblMembers
 WHERE MemberID = @MemberID
```

3. *奖励*

根据业务需求，会员的每次消费都可以获得一定的积分或奖金奖励，意味着在添加销售记录的同时还需添加奖励记录。现在将该业务规则存放在存储过程的设计中，设计一个实现销售单录入数据库访问操作的存储过程，在存储过程里面首先添加销售记录，然后根据消费金额计算奖励额度，添加奖励记录。参考代码见实例 6.18。在代码当中实现了顾客每消费 10 元，会员卡可累积 1 个积分，每消费 1000 元返 100 元代金券。

实例 6.18

```
CREATE Procedure AddSalesOrder(@FkMemberBaseInfoID bigint,
                               @ FkProductInfoID bigint,
                               @SalesCount float, @AmountPrice float,
                               @ScoreDiscount float,
                               @AwardDiscount float, @ConsumerPay float)
AS
Begin
      Insert Into SalesRecord(FkMemberBaseInfoID,FkProductInfoID,
                             SalesCount,AmountPrice,ScoreDiscount,
                             AwardDiscount, ConsumerPay, DateCreated)
           Values(@FkMemberBaseInfoID,@FkProductInfoID,@SalesCount,
           @AmountPrice,@ScoreDiscount, @AwardDiscount ,
           @ConsumerPay,  getdate())
      Declare @FkSalesRecordID bigint
      Set @FkSalesRecordID = @@identity
      Declare @AwardScore float
      Declare @AwardMoney float
      Set @AwardScore = @ConsumerPay /10
      Set @AwardMoney = @ConsumerPay/1000*100
      Insert Into Award(FkSalesRecordID,FkMemberBaseInfoID,
           AwardType,Deposit, Mono, DateCreated)
           Values(@FkSalesRecordID,@FkMemberBaseInfoID,C',
           @AwardScore,'积分奖励',getdate())
Insert Into Award(FkSalesRecordID,FkMemberBaseInfoID,AwardType,
      Deposit, Mono, DateCreated)
      Values(@FkSalesRecordID,@FkMemberBaseInfoID, 'A',
```

```
    @AwardMoney, '奖金奖励',getdate())
End
```

4. 调用销售单录入存储过程的设计步骤

当用户提交销售单时，系统将用户在 Web 窗体输入的数据封装到 Parameter 参数对象，然后连接数据库，调用存储过程并输入参数值，即刻完成整个操作流程。具体设计见实例 6.19。

实例 6.19

```
protected void btnSave_Click(object sender, EventArgs e)
{
    // 从配置文件中读取数据库连接串
    string strConn=ConfigurationManager.AppSettings["DBConnStr"];
    SqlConnection conn=new SqlConnection(strConn);
    conn.Open();   // 打开数据库连接
    //读取用户在Web窗体输入的数据…
        … 省略部分代码 …
    // 将上述变量值封装成参数对象
    SqlParameter pFkMemberBaseInfoID
      =new SqlParameter("@FkMemberBaseInfoID",FkMemberBaseInfoID);
    SqlParameter pFkProductInfoID
      =new SqlParameter("@FkProductInfoID", FkProductInfoID);
    SqlParameter pSalesCount
      =new SqlParameter("@SalesCount", SalesCount);
    SqlParameter pAmountPrice
      =new SqlParameter("@AmountPrice", AmountPrice);
    SqlParameter pScoreDiscount
      =new SqlParameter("@ScoreDiscount", ScoreDiscount);
    SqlParameter pAwardDiscount
      =new SqlParameter("@AwardDiscount", AwardDiscount);
    SqlParameter pConsumerPay
      =new SqlParameter("@ConsumerPay", ConsumerPay);
    SqlCommand cmd=new SqlCommand();
    cmd.Connection=conn;
    cmd.CommandText="AddSalesOrder";
    cmd.CommandType=CommandType.StoredProcedure;
    conn.Open();
    int i=cmd.ExecuteNonQuery();
    if(i >=1)
    {
      //弹出对话框显示登记成功
      Response.Write(" <script language=javascript> ");
      Response.Write("    alert('销售单登记成功！'); ");
      Response.Write(" </script> ");
    }
    else
```

```
        {
          //弹出对话框显示登记失败
          Response.Write(" <script language=javascript> ");
          Response.Write("    alert('销售单登记失败！'); ");
          Response.Write(" </script> ");
        }
      conn.Close();   // 关闭数据库连接
    }
```

任务 5 实现系统的登录验证功能

登录验证是销售管理系统的重要组成部分，它使系统能够验证操作用户的合法身份，保证系统数据的安全。登录验证实际上是根据数据库存档的帐户密码与当前登录用户提供的密码进行对比，如果帐户密码对比通过，即表示当前用户是合法用户。

在前面的工作任务当中，已经初步掌握应用 ADO.NET 访问数据库系统的方法。不过前面的 ADO.NET 访问数据库只设计写数据操作，尚未涉及如何查询数据库、如何阅读查询结果。在登录验证的设计中，需要查询和读取存档在数据库的帐户信息，由此介绍一项新的内容：通过 DataReader 数据阅读器获取查询结果。

1. 了解 DataReader 数据阅读器

DataReader 快捷地读取数据库查询结果，可以逐行、逐字段访问数据，也可以将查询结果当作数据源绑定到 GridView 等网格控件中，无须编写遍历行列的代码即可将整个查询结果显示在页面上。

DataReader 组件针对 SQL Server 查询结果的访问是 SqlDataReader 类。SqlDataReader 不与 SQL Server 连接直接交互，需要调用 SqlCommand.ExecuteReader()方法将查询结果传递给 DataReader 对象，然后就可以通过 DataReader 对象依次访问每行中的值，可以从图 6.8 理解 DataReader 在整个数据库访问流程中起到的作用。

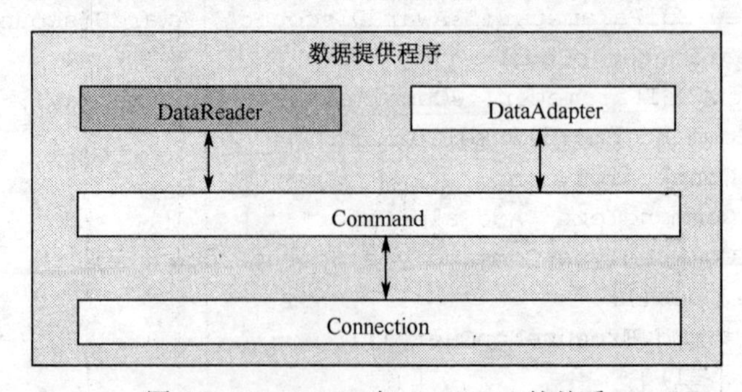

图 6.8 DataReader 与 Command 的关系

为了能够顺利完成本设计任务，请读者首先了解 SqlDataReader 的常用属性和方法。

（1）SqlDataReader 的属性

SqlDataReader 对象的常用属性见表 6.11。

表 6.11 SqlDataReader 对象的常用属性

属 性	说 明
FieldCount	返回当前行中的列数
Item	返回当前行中特定的值
RecordsAffected	受 INSERT、UPDATE 或 DELETE 命令影响的记录数。如果执行的是 SELECT 命令，它就会返回-1
Depth	表明当前行的嵌套深度。最外面的表的深度为 0
IsClosed	表明 DataReader 是否关闭

（2）SqlDataReader 的方法

SqlDataReader 类的常用方法见表 6.12。

表 6.12 SqlDataReader 类的常用方法

方 法	说 明
Close	关闭 SqlDataReader。SqlDataReader 一旦使用完毕，必须马上调用 Close 方法
GetBoolean、GetByte、GetChar、GetDecimal、GetDouble、GetFloat、GetGuid、GetInt16、GetInt32、GetInt64	以指定的 System 数据类型返回列值。不转换列值，因此必须保持数据类型一致
GetBytes、GetChars	从列中指定的偏移量的位置获取字节流或字符流
GetDataTypeName	返回指定列的 SQL Server 数据类型名称
GetFieldType	返回指定列的对象类型。它可以通过调用 SqldataReader 对象的 item(ordinal).GetType 方法来确定
GetName	返回序号引用所指定的列的名称
GetSchemaTable	返回包含结果集中的列元数据的 DataTable 对象
GetSqlBinary、GetSqlBoolean、GetSqlByte、GetSqlDateTime、GetSqlDecimal、GetSqlDouble、GetSqlGuid、GetSqlInt16、GetSqlInt32、GetSqlInt64、GetSqlMoney、GetSqlSingle、GetSqlString	按指定的 SQL 数据类型返回列值。它不转化列值，因此它必须已是所要求的数据类型，或者是可以兼容的基类型，如 System.Int16 和 SQLInt16
GetSqlValue / GetValue	分别以其本地的 SQL Server 或.NET 数据类型返回列值
GetSqlValues / GetValues	分别以其本地的 SQL Server 或.NET 数据类型的列值填充数组
IsDBNull	用于检查列中是否会有 NULL 值。在调用其中一种数据类型前就应该使用它检查列，由于 NULL 列上有数据类型就会抛出异常
NextResult	如果存在下一个结果集，就移动到 SqlDataReader 中的下一个结果集。如果没有下一个结果集，就返回 False，否则就返回 True
Read	如果当前结果集中有下一行，就移动到下一行。如果没有下一行，就返回 False，否则返回 True

（3）注意问题

虽然 DataReader 可以快捷地访问查询结果，但读者必须注意 DataReader 有如下限制。

1）DataReader 只能读取数据，不能对记录进行数据的编辑、添加和删除。

2）DataReader 只能在记录间“向前”移动，一旦移动到“下一个”记录，就不能再回到前一个记录了，除非再执行一遍所有的 SQL 查询。

3）DataReader 不能再 IIS 内存中存储数据，数据直接在显示对象（例如，DataGrid）上显示。

4）DataReader 是工作在连接模式下的，即应用程序读取 DataReader 中的数据时，到数据库的连接必须处于打开状态。

2. 实现系统登录验证功能的设计步骤

从前面“DataReader 类的位置”图可以看出，DataReader 位于 ADO.NET 访问数据库工作流程当中的最末端，因此系统登录验证功能的设计步骤与前面几个任务的设计步骤无太大差异，读者只需关注如何处理查询结果即可。设计步骤如下所述。

（1）确定查询登录帐户信息的 SQL 语句

前面已经讲过，销售管理信息系统的登录用户名、密码存放于 OperatorInfo 表。为了确保系统安全，应该以用户名作为查询条件获取帐户信息查询结果，然后在 ASP.NET 程序内部从查询结果中读取标准密码用于验证用户输入的密码。请不要使用用户名、密码组合条件查询帐户信息，以是否得到查询结果作为身份认证是否通过的依据。

假如提取 admin 用户的帐户信息的 SQL 数据库操作语句是：

```
Select * from OperatorInfo Where UserName='admin'
```

由于实际情况是 SQL 语句里面的 admin 等数据来源于 Web 窗体界面的文本框，如图 6.9 所示。

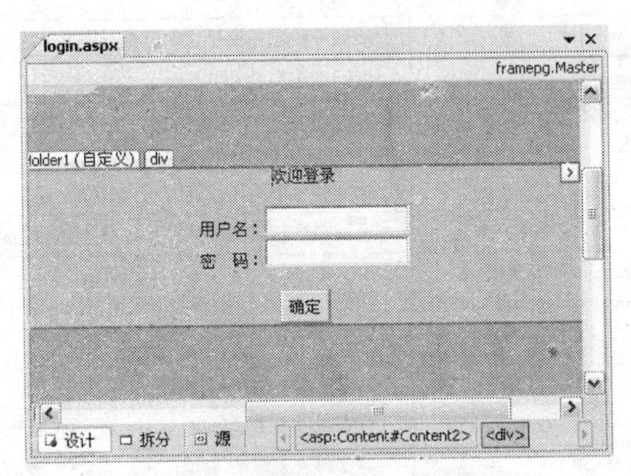

图 6.9　系统登录界面设计视图

将用户名封装成为参数同 SQL 语句提供给 SqlCommand，代码见实例 6.20。

实例 6.20

```
using System.Data.SqlClient;
using System.Configuraton;
        … 省略部分代码 …
protected void btnLogin_Click(object sender, EventArgs e)
{
        … 省略部分代码 …
    string strUserName=this.txtUserName.Text;
    string strPassword=this.txtPassword.Text;
    SqlParameter pUserName=new SqlParameter("@UserName",strUserName);
    // 根据用户输入的用户名作为查询条件前往访问数据库系统检索帐户信息
    string strConn=ConfigurationManager.AppSettings["DBConnStr"];
```

```
    SqlConnection conn=new SqlConnection(strConn);
    string strSqlCmd
         ="Select * from OperatorInfo Where UserName=@UserName";
    SqlCommand cmd=new SqlCommand();
    cmd.Connection=conn;
    cmd.CommandText=strSqlCmd;
    cmd.Parameters.Add(pUserName);
        … 省略部分代码 …
}
```

（2）使用Command组件执行SQL数据库操作语句

此步骤与前面的任务类似，不过不再使用ExecuteNonQuery方法来提交并执行数据库操作语句，而是使用ExecuteReader方法。前者用于执行无查询结果返回的SQL语句，后者用于执行有查询结果返回的SQL语句，主要用于查询数据。

经过调用ExecuteReader方法提交执行SQL查询语句之后，将得到一个DataReader对象。通过DataReader对象的反复调用Read方法可以实现逐行读取，从Read方法的返回值可得知是否有数据可读，通过DataReader对象的索引器即可读取当前行指定字段的数据。参考源代码见实例6.21。

实例6.21

```
using System.Data.SqlClient;
using System.Configuraton;
      …省略部分代码…
protected void btnLogin_Click(object sender, EventArgs e)
{
      …省略部分代码…
    conn.Open();
    SqlDataReader drReader = cmd.ExecuteReader();
    string strStdPasswordInDB = ""; //标准密码
    bool bExistAccount; //是否存在帐户
    if (drReader.Read())
    {
        bExistAccount = true;
        strStdPasswordInDB = drReader["Password"].ToString();
    }
    else
    {
        bExistAccount = false;
    }
    conn.Close();
      …省略部分代码…
}
```

（3）使用从DataReader对象获取的标准密码验证用户输入的密码

这一步骤非常简单，在前一步设计中已经留下一个标记变量bExistAccount，表示用户输入的用户名是否存在，同时还留下一个字符串变量strStdPasswordInDB，表示标准密码。

利用这两项数据并配合使用if判断，即可得出验证结果，代码见实例6.22。

实例 6.22

```
using System.Data.SqlClient;
using System.Configuraton;
      …省略部分代码…
protected void btnLogin_Click(object sender, EventArgs e)
{
      …省略部分代码…
    if (bExistAccount)
    {
        // 用户名验证通过的情形
        if (strPassword == strStdPasswordInDB) //用户名、密码验证通过
        {
        …省略部分代码…
            //将用户名保存到 Session 对象作为登录标记
            Session["username"] = strUserName;
            //系统从当前页面重定向到主页面（欢迎页面）
            Response.Redirect("../home/welcome.aspx");
        }
        else
        {
            //弹出对话框显示验证失败
            Response.Write(" <script language=javascript> ");
            Response.Write("    alert('密码错误！'); ");
            Response.Write(" </script> ");
        }
    }
    else
    {
        //弹出对话框显示验证失败
        Response.Write(" <script language=javascript> ");
        Response.Write("    alert('用户名错误！'); ");
        Response.Write(" </script> ");
    }
}
```

（4）编译项目文件

启动调试运行本系统。

6.3 思考与提高

1）ADO.NET 有哪两个标准的数据提供程序？

2）使用 SqlCommand 访问存储过程时，除了设置 CommandText 属性，还需要设置哪个属性？

3）调用 SqlDataReader.Read()方法访问数据时，需注意哪些问题？

阶段 7

显示商品信息、消费及积分记录

1）熟练掌握应用 SqlDataAdapter、DataSet 以离线方式访问数据库。

2）掌握数据源绑定技术。

3）熟练应用 GridView 控件，掌握数据项模板自定义数据显示格式，掌握分页显示技术。

7.1 任 务 分 析

7.1.1 显示商品信息、消费及积分记录的设计需求

在前一阶段的项目当中已经详细介绍了应用 ADO.NET 访问数据库系统，实现存储会员、商品、销售等相关信息，体现了应用程序读取数据库的设计方法，但是未介绍如何在页面上显示数据表查询结果。

本项目的设计任务与数据表查询结果的页面显示设计相关内容，具体任务包括以下几项。

1）销售单录入操作界面的“购买商品”项所显示商品信息备选项，在项目 6 的设计中是直接写死在程序源代码中的，这不符合实际应用需求，备选项应该来源于用户录入到数据库商品信息表的数据。

2）设计二维表格格式的会员信息列表。表格页眉不要直接显示英文字段名，而应该显示中文列名，能够使表格样式美观，列宽设置合理。

3）允许用户在会员信息列表上直接编辑、删除会员信息。用户单击某行记录上的“编辑”按钮，即可使该记录进入编辑状态、显示相应的编辑文本框，用户可单击某行记录上的“删除”按钮，删除该行记录。

4）以自定义表格格式显示销售记录。

5）以分页方式显示销售记录，以避免页面过长。

7.1.2 解决方案

1. 应用数据绑定技术

数据绑定是.NET 平台之下的一项重要特性，支持数据绑定的控件只需经过简单的

字段属性映射定义，设置好数据源，即可显示来自数据库的查询结果。通过本项目的设计任务，将全面介绍 DropDownList、GridView 控件的数据绑定技术，讨论数据分页显示、排序、过滤等视图设计问题。

2. 应用 DataSet、DataAdapter 对象

由于通过 DataReader 对象访问数据过程中需独占数据库访问连接，不便于应用程序的分层设计，为此下面将介绍 ADO.NET 访问数据库系统的第二种技术线路：即使用 DataSet 对象、DataAdapter 对象访问数据库。.NET 的数据提供程序、数据源和 DataSet 之间的连接，由于 DataSet 不依赖于数据源，所以这种数据访问模式也称为断开连接模式。在 ADO.NET 中，DataSet 用于在断开式连接环境中存储从数据源中收集的数据。

7.2 设计与实现

任务1 使“购买商品”备选项绑定数据库查询结果

在销售单录入操作界面的“购买商品”项显示了商品信息备选项，如图 7.1 所示。

图 7.1 商品信息备选项的数据绑定

在已往的设计中，备选项往往是直接写死在程序源代码中的，见实例 7.1。

实例 7.1

```
protected void Page_Load(object sender, EventArgs e)
{
   if (Page.IsPostBack == false)  //或 if(!Page.IsPostBack)
   {
      ListItem liItem;
      liItem = new ListItem("海南之家男装系列衬衫", "H0001");
      ddlProducts.Items.Add(liItem);
      liItem = new ListItem("啄木鸟西装", "H0002");
      ddlProducts.Items.Add(liItem);
   }
}
```

将“购买商品”项的备选项写死在程序源代码中是不符合实际应用需求的，备选项应该来源于用户录入到数据库商品信息表的数据。

1. 了解数据绑定

在前一阶段，可以通过调用 Command 对象的 ExecuteReader 方法执行数据库查询语

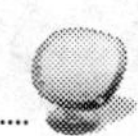

句，返回的查询结果是一个 DataReader 对象，需要通过 DataReader 对象逐行读取查询结果方可将结果显示在页面上，代码见实例 7.2。

实例 7.2

```
//假设 cmd 是 SqlCommand 对象，执行对商品基本信息表(ProductInfo)的查询
SqlDataReader drProducts=cmd.ExecuteReader();
this.ddlProducts.Items.Clear();
while(drProducts.Read())
{
    string strProductName=drProducts["ProductName"].ToString();
    long lngPIID=(long)drProducts["ProductInfoID"];
    ListItem liItem;
    liItem=new ListItem(strProductName, lngPIID.ToString());
    this.ddlProducts.Items.Add(liItem);
}
```

通过上述程序代码片断发现，仅仅添加两个字段的数据到下拉选项框当中就需要编写复杂的记录遍历程序，其实.NET 平台支持非常高效、快捷的数据绑定技术。

在.NET 平台中，数组、集合、DataReader、DataTable 等对象均可作为数据源，绑定到 Web 窗体控件上面，Web 窗体能够自动套用字段定义显示查询结果，用户无需编写遍历数据库记录的任何语句。代码见实例 7.3。

实例 7.3

```
//假设 cmd 是 SqlCommand 对象，执行对商品基本信息表(ProductInfo)的查询
SqlDataReader drProducts = cmd.ExecuteReader();
this.ddlProducts.DataTextField = "ProductName";
this.ddlProducts.DataTextField = "ProductInfoID";
this.ddlProducts.DataSource = drProducts;
this.ddlProducts.DataBind();
```

上述程序代码片断实现的功能完全没有变化，而程序设计却得到了简化。

2. 了解 DataSet 对象

在前面给出的解决方案提到，通过 DataReader 对象访问数据过程中需独占数据库访问连接，不便于应用程序的分层设计。而通过 ADO.NET 访问数据库系统有两种技术线路，如图 7.2 所示。

图 7.2 中的加黑线条表示将要学习的访问数据库系统的第二种技术线路：使用 DataSet 对象、DataAdapter 对象访问数据库。

DataSet 在数据库应用程序中起到的作用等同于 DataReader 对象，即起到存储数据库访问查询结果并提供遍历方式给应用程序访问查询结果。DataSet 与 DataReader 对象的最大区别是 DataSet 对象不依赖于数据源，能够在断开式连接环境中存储从数据源中收集的数据，意味着 DataSet 对象得到数据库查询结果后，能够在断开数据库连接的状态下从 DataSet 对象获取查询结果。

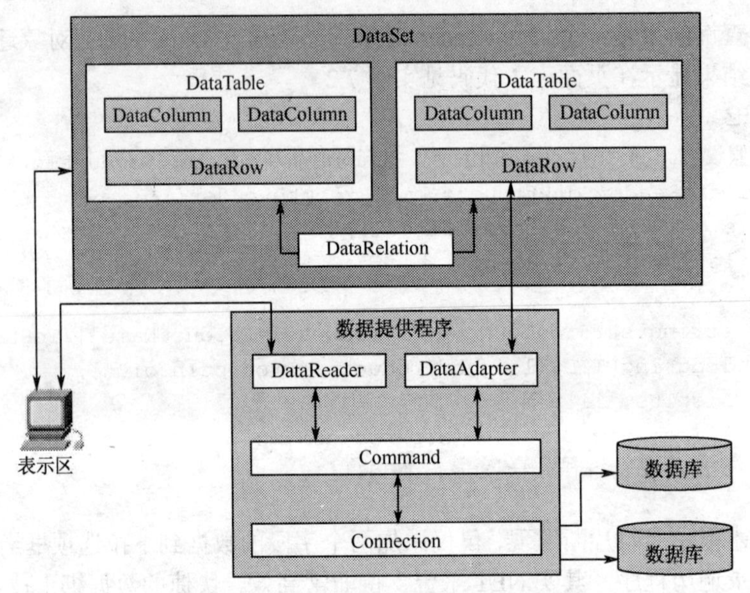

图 7.2　商品信息备选项的数据绑定

3. 了解 DataAdapter 对象

在前一阶段介绍的通过 DataReader 对象访问的查询结果来源于 Command 对象的 ExecuteReader 方法，而通过 DataSet 对象访问的查询结果来源于调用 DataAdapter 对象的 Fill 方法。

DataAdapter 对象也称为数据适配器，其主要功能是在数据集和数据库之间移动记录，即可以将数据库查询结果填充到内存中的数据集，也可以将内存中的数据集更新到数据库。根据被访问的不同类型数据源，ADO.NET 提供了几个 DataAdapter 类——SqlDataAdapter、OleDbDataAdapter、OdbcDataAdapter 等，对应适用于访问 SQL Server、Access 等数据库。销售管理信息系统使用 SQL Server 数据库，因此本项目应适用使用 SqlDataAdapter 类来创建数据适配器。

SqlDataAdapter 的主要属性见表 7.1。

表 7.1　SqlDataAdapter 的主要属性

属　性	说　明
SelectCommand	适用 Command 对象封装起来的查询记录数据库操作语句
InsertCommand	适用 Command 对象封装起来的新增记录数据库操作语句
UpdateCommand	适用 Command 对象封装起来的修改记录数据库操作语句
DeleteCommand	适用 Command 对象封装起来的删除记录数据库操作语句

其中，SelectCommand 属性用于连接实现数据库查询操作的 SqlCommand 组件，而 InsertCommand、UpdateCommand、DeleteComand 三项属性通常通过 SqlCommandBuilder 组件来获得自动生成的 SQL 操作命令。

SqlDataAdapter 的主要方法见表 7.2。

表7.2　SqlDataAdapter的主要方法

方　法	说　明
Fill	调用SelectCommand属性所指向的Command对象，执行SQL查询操作，查询结果填充到Fill方法参数所指向的DataSet数据集
Update	调用InsertCommand/UpdateCommand/DeleteCommand属性所指向的Command对象，执行新增/修改/删除的SQL操作。

由此可见，将数据库查询结果填充到内存中的数据集的基本设计步骤如下所述。

1）设置SelectCommand属性指向一个封装了查询记录SQL语句的Command对象。

2）调用Fill方法，Fill方法将自动调用SelectCommand属性所指向的Command对象，执行数据库查询操作，并且将查询结果填充到Fill方法参数所指定的DataSet数据集当中。

3）在DataSet数据集访问查询结果。

4. 在销售单录入的"购买商品"项显示商品信息备选项的设计步骤

（1）建立数据库访问连接及拟执行的SQL查询语句

本步骤与ADO.NET访问数据库系统的第一种技术线路相同，仍然使用SqlConnection对象建立数据库连接，使用SqlCommand对象建立SQL命令发送器。程序源代码见实例7.4。

实例7.4

```
using System.Data.SqlClient;
        …省略部分代码…
protected void Page_Load(object sender, EventArgs e)
{
    if (Page.IsPostBack == false)
    {
        // 从配置文件中读取数据库连接串
        string strConn = ConfigurationManager.AppSettings["DBConnStr"];
        SqlConnection conn = new SqlConnection(strConn);
        // 定义带参数的SQL语句
        SqlCommand cmd = new SqlCommand();
        cmd.Connection = conn;
        cmd.CommandText = "select * from ProductInfo";
        …省略部分代码…
    }
}
```

（2）创建DataSet数据集、DataAdapter数据适配器

其中DataSet数据集将作为产品信息查询结果的存储空间，DataAdapter用于从数据库系统获取产品信息查询结果并填充到DataSet数据集当中。程序见实例7.5。

实例7.5

```
using System.Data.SqlClient;
        …省略部分代码…
protected void Page_Load(object sender, EventArgs e)
```

```
{
    if (Page.IsPostBack == false)
    {
        …省略部分代码…
        DataSet dsTables = new DataSet();
        SqlDataAdapter daAdapter = new SqlDataAdapter();
        …省略部分代码…
    }
}
```

（3）执行数据库查询操作，查询结果填充到 DataSet 数据集

DataAdapter 对象调用 Fill 方法执行填充操作时，填入 DataSet 数据集的查询结果将以 DataTable 数据表对象的形式作为存储结构，例如，表名命名为 table1。程序源代码见实例 7.6。

实例 7.6

```
using System.Data.SqlClient;
        …省略部分代码…
protected void Page_Load(object sender, EventArgs e)
{
    if (Page.IsPostBack == false)
    {
        …省略部分代码…
        conn.Open();
        daAdapter.Fill(dsTables, "table1");
        conn.Close();
        …省略部分代码…
    }
}
```

（4）取出查询结果，绑定到 DropDownList 控件显示出来

从阶段 2 的设计获知，ddlProducts 是 DropDownList 控件，用于产品信息的选择输入。通过绑定方式实现显示备选项，需要设置 DataSource 属性指向需绑定的数据源。

由于 DropDownList 控件只能显示数据表中的一列数据，需要通过属性字段的映射方式设置 DropDownList 控件所显示的备选项对应数据表的哪个字段，将该字段名（ProductName 字段）设置到 DataTextField 属性。

当用户选择了一个选项，读者希望获知用户所选选项的选项值（例如，选项编号）而非备选项所显示的文字，那么就可以为每个备选项设置选项值。选项值起到标识选项唯一性的作用，相当于数据表当中的主键值，因此将数据表的 ProductInfoID 字段设置到 DataValueField 属性。

DropDownList 控件的数据源绑定设置完成后，需要调用 DataBind 方法使绑定设置生效。

程序源代码见实例 7.7。

实例 7.7

```
using System.Data.SqlClient;
```

```
    …省略部分代码…
protected void Page_Load(object sender, EventArgs e)
{
    if (Page.IsPostBack == false)
    {
        …省略部分代码…
        //以绑定方式访问数据集的 DataTable 对象
        this.ddlProducts.DataTextField = "ProductName";
        this.ddlProducts.DataValueField = "ProductInfoID";
        this.ddlProducts.DataSource = dsTables.Tables["table1"];
        this.ddlProducts.DataBind();
    }
}
```

到此为止，整个设计步骤全部完成。通过调试运行发现产品信息备选项已经正确显示，选项数据来源于产品信息数据表，与产品信息管理功能模块实现了数据共享。

5. 深入了解 DataSet 对象

（1）DataSet 对象的存储结构

在整个数据库访问流程中，DataSet 起到存储数据的作用，可以将 DataSet 看作是一个内存中的关系数据库，DataSet 就像真实数据库那样由数据表、行、列等对象构成，如图 7.3 所示。

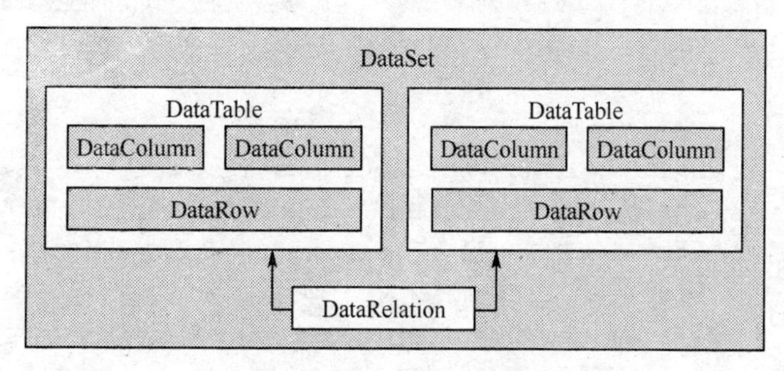

图 7.3　DataSet 的存储结构

从图 7.3 中直接体现出来，DataSet 数据集可存储多个 DataTable 数据表对象，每个 DataTable 对象相当于物理数据库当中的数据表，由若干个 DataColumn 列对象和若干个 DataRow 行对象构成；还可以建立通过 DataRelation 对象建立表与表之间的关系。

本设计任务中的如下语句正表示从 DataSet 数据集读取一个 DataTable 数据表：

```
this.ddlProducts.DataSource = dsTables.Tables["table1"];
```

其中，Tables 属性是一个集合，代表 DataSet 对象所存储的数据表。dsTables.Tables["table1"] 表示以数据表名作为集合的索引关键字读取集合当中的一个数据表对象，将该数据表对象提供给 ddlProducts 控件绑定显示（而非让 ddlProducts 控件绑定显示整个 DataSet 数据集）。因此上述代码也可以拆分为两个语句表达：

```
DataTable dtTable = dsTables.Tables["table1"];
this.ddlProducts.DataSource = dtTable;
```

（2）如何任意访问 DataSet 对象中的表、行、列数据

DataSet 数据集对象的 Tables 属性存储了多个 DataTable 数据表对象的集合。在每个 DataTable 数据表对象中，所有的行（DataRow）组成了 Rows 集合（RowsCollection），所有的列（DataColumn）组成了 Columns 集合（ColumnsCollection），所有的表（DataTable）组成了 Tables 集合（TablesCollection）。

因此当得到已填充数据的 DataSet 数据集对象后，除了可以用于绑定到 Web 窗体控件，还可以任意访问 DataSet 对象当中的表、行、列数据，实例 7.8 显示了以遍历记录方式访问 DataSet 对象所存储的产品信息表的行、列数据。

实例 7.8

```
using System.Data.SqlClient;
        … 省略部分代码 …
protected void Page_Load(object sender, EventArgs e)
{
    if(Page.IsPostBack ==false)
    {
        … 省略部分代码 …
        conn.Open();
        daAdapter.Fill(dsTables, "table1");
        conn.Close();
        this.ddlProducts.Items.Clear();
        //以任意访问 DataSet 对象中的表、行、列数据的方式访问数据集的 DataTable 对象
        DataTable dtTable=dsTables.Tables["table1"];
        for(int i=0; i < dtTable.Rows.Count; i++)
        {
            DataRow drRow=dtTable.Rows[i];
            string strProductName=drRow["ProductName"].ToString();
            long lngPIID=(long)drRow["ProductInfoID"];
            ListItem liItem;
            liItem=new ListItem(strProductName,lngPIID.ToString());
            this.ddlProducts.Items.Add(liItem);
        }
    }
}
```

（3）如何通过编程方式创建 DataSet 数据集和 DataTable 数据表

DataTable 中的数据并非必须来自数据源。如果有必要，开发人员完全可以通过编程方式自行创建 DataSet 对象并向其中添加表和数据，而不需要与数据库建立连接。由于 DataSet 完全保存在内存的缓冲中，可以在非连接模式下工作，这个特点给编程带来了很大的方便。

例如，常常遇到这样的情况，DataTable 的内容是用户在页面上动态选定的，而且在这个过程中，用户的选择也会随时改变，只有当用户最终提交时，这个表的内容才确定下来，并且要将修改更新到实际的数据库中。这时，可以使用一个 DataSet 对象先在内存里保存这个 DataTable，因为 DataTable 的数据可以动态地更新而不用与数据库建立连接，所以处理数据的速度非常快。最常见到的一个例子是在线商店的购物篮，用户可

以用一个DataSet保存用户的选购物品集合，随着用户增删商品而不断变化，最后提交时再将选定的商品信息添加到实际数据库中。

实例7.9演示了如何构建一个在线商店的购物篮。

实例7.9

```
DataSet dsCart=new DataSet();
//建立一个DataTable对象，并设置Column属性
DataTable dtProductInfo=new DataTable("商品");
DataColumn dc01
   =new DataColumn("商品编号",System.Type.GetType("System.String"));
DataColumn dc02
   =new DataColumn("商品名称",System.Type.GetType("System.String"));
DataColumn dc03
   =new DataColumn("产地", System.Type.GetType("System.String"));
DataColumn dc04
   =new DataColumn("颜色", System.Type.GetType("System.String"));
dtProductInfo.Columns.Add(dc01);
dtProductInfo.Columns.Add(dc02);
dtProductInfo.Columns.Add(dc03);
dtProductInfo.Columns.Add(dc04);

//将"商品"表添加到数据集里
dsCart.Tables.Add(dtProductInfo);
//为"商品"表设置一个主键
DataColumn[] Key={ dsCart.Tables["商品"].Columns["商品编号"] };
dsCart.Tables["商品"].PrimaryKey=Key;

//添加一条记录
DataRow row=dtProductInfo.NewRow();
row[0]="001";
row[1]="洗衣机";
row[2]="上海";
row[3]="红色";
dtProductInfo.Rows.Add(row);

//建立另一个DataTable对象，并设置Column属性
DataTable dtOrders=new DataTable("订单");
DataColumn dc11
   =new DataColumn("订单编号", System.Type.GetType("System.String"));
DataColumn dc12
   =new DataColumn("商品编号", System.Type.GetType("System.String"));
DataColumn dc13
   =newDataColumn("订货时间",System.Type.GetType("System.DateTime"));
DataColumn dc14
   =new DataColumn("商品数量", System.Type.GetType("System.Int32"));
dtOrders.Columns.Add(dc11);
```

```
dtOrders.Columns.Add(dc12);
dtOrders.Columns.Add(dc13);
dtOrders.Columns.Add(dc14);
//将“订单”表添加到数据集里
dsCart.Tables.Add(dtOrders);

//为“商品”表和“订单”表建立关系
DataColumn parentCol=dsCart.Tables["商品"].Columns["商品编号"];
DataColumn childCol=dsCart.Tables["订单"].Columns["商品编号"];
DataRelation relation
   =new DataRelation("商品订单关系", parentCol, childCol);
//将“商品订单关系”添加到数据集里
dsCart.Relations.Add(relation);

//此时得到购物车数据集 dsCart
//该数据集由商品信息表、订单表构成
```

在实例 7.9 中直接创建了一个 DataSet 对象，并向其中添加了两个表：“商品”和“订单”，同时通过 DataRelation 对象在两个表之间建立了关系。

DataSet 对象一个非常突出的优点就是可以用来创建它们所保存的各种 DataTable 对象之间的关系，而不管那些表中的数据源来自何处。ADO.NET 关系机制主要用于确认表中的一个父列和另一个表中的子列。只要完成这一任务，就有可能选择父表（包含有父列的表）中的一行，并获得一个包含子表中所有行的集合，其中子表中子列的值与父列的值是完全匹配的。

创建一个 DataRelation 对象的方法有许多种，但是在实例 7.9 中所用的方法只需要指定关系的名称（以便在关系集合中能够被识别出来）、关系的父列及关系的子列名称。需要注意的是，在 DataRelation 对象的构造函数中指定的父列和子列必须具有相同的数据类型（并不要求列名相同）。

通过上面的实例，可以概括出创建一个 DataRelation 对象的过程如下。

1）为父列声明一个 DataColumn 对象，并指出哪个列作为父列。

```
DataColumn  parentCol = ds.Tables["商品"].Columns["商品编号"];
```

2）为子列声明一个 DataColumn 对象，并指出哪个列作为子列。

```
DataColumn  childCol = ds.Tables["订单"].Columns["商品编号"];
```

3）创建一个 DataRelation 对象，并为关系、父列和子列指定名称。

```
DataRelation  relation = new DataRelation("商品订单关系", parentCol,
childCol);
```

4）最后，向 DataSet 的 Relation 集合中添加一个新的 DataRelation 对象。

```
ds.Relations.Add(relation);
```

注意：*在 DataSet 的 Relation 集合的 Add 方法中，必须使用 DataRelation 对象的名称。*

在定义了 DataTable 对象之间的关系之后，假定在父表中有一个 DataRow，用户希望获得子表中与该行相关的所有行，那么可以使用 DataRow.GetChildRows()方法。将关系的名称传递给该方法，然后获得子表中与父表的 DataRow 相对应的 DataRow 对象数组。具体过程如下。

① 定义一个 DataRow 数组来保存由 GetChildRows()方法返回的 DataRow 对象。

```
DataRow[] childRow;
```

② 现在就可以真正地得到子行了。

```
childRow = parentRow. GetChildRows("relation");
```

③ 当访问其他数组时，可以使用 childRow(nowNumber)来访问子行。只要得到一个子行，就能够以普通的方法来访问它的列。

```
childRow[0][ "订单编号"]
childRow[1]["订货时间"]
...
```

任务2　应用 GridView 控件设计二维表格格式的会员信息列表

1. 了解 GridView 控件

根据设计需求，现需要设计一个二维表格格式的会员信息列表显示界面，表格所显示的信息来源于数据库查询结果，如图 7.4 所示。

身份证号码	姓名	性别
450000000000000000	管理员	男
450000000000000001	有加盟店用户	男
450000000000000002	测试用户2	男
450000000000000003	李	男
450000000000000004	王	男
450000000000000005	刘	男
450000000000000006	赵	男
450000000000000007	宋	男
450000000000000008	宁	男
450000000000000009	苏	男
450000000000000010	区	男
450000000000000012	世	男

图 7.4　会员信息的数据绑定

读者或许认为，由于该二维表格需要与查询结果融合在一起，设计步骤比较复杂，其实不然，ASP.NET 准备了面向二维表格数据绑定应用开发的数据网格控件——GridView 控件。

应用 GridView 控件能够使开发人员以可视化方式快速地设计出绑定数据源的二维表格，能够非常便捷地进行行列格式定义，可以很方便地定制其样式（比如 CSS、颜色等），支持数据编辑、数据操作按钮命令、数据排序、数据分页显示等丰富功能。

GridView 控件的确十分强大，弥补了在 ASP.NET 1.1 中使用 DataGrid 控件时的许多不足。因为在 ASP.NET 1.1 中使用 DataGrid 时，很多情况下依然要编写大量的代码，而且有时需要很多设计技巧。而使用 GridView 控件，很多情况下只需要拖拉控件，设置属性即可，不需要编写任何代码。

2. 会员信息列表的设计步骤

（1）新建用于显示会员信息列表的 Web 内容窗体

应用母版页 framepg.Master 在文件夹 sysmng 中新建 Web 内容窗体页面，按如图 7.5 所示设计好基本界面。

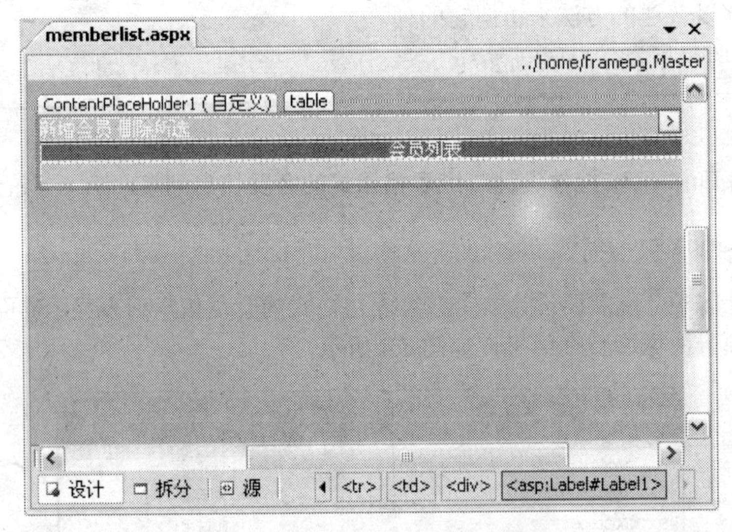

图 7.5　新建会员信息界面设计视图

在图 7.5 中的“新增会员”、“删除所选”都是 LinkButton 按钮控件，两个控件分别命名为 lbtnAdd、lbtnDeleteSelected。

（2）添加 GridView 控件

从工具箱的数据分组选择 GridView 控件拖放到页面上，如图 7.6 所示。

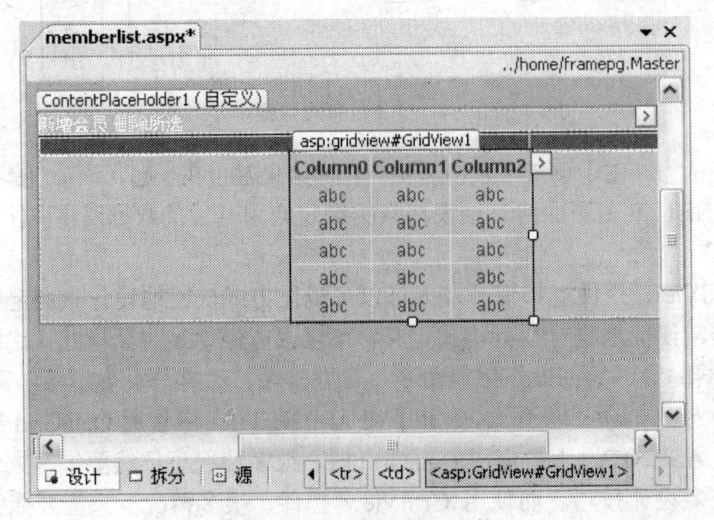

图 7.6　添加 GridView 控件

（3）定义 GridView 字段

选中 GridView 控件，在属性表中选中 Columns 集合，此时弹出字段定义窗体。也可以单击 GridView 控件右上角的▷按钮弹出 GridView 任务对话框，如图 7.7 所示，选择“编辑列…”亦可弹出字段定义窗体。

在字段定义窗体中，添加四列 BoundField 字段定义，每个 BoundField 字段的 HeaderText 属性设置表格页眉显示文字，DataField 属性设置 BoundField 字段映射到数据源（数据库查询结果）的字段名，如图 7.8 所示。

GridView 任务
自动套用格式...
选择数据源: (无)
编辑列...
添加新列...
编辑模板

图 7.7　GridView 任务对话框

图 7.8　GridView 绑定设置

字段定义过程中应注意以下两点。

1）移除“自动生成字段”的选项，否则运行时将产生多余的列。

2）设置“入会日期”列的日期显示格式，找到 DataFormatString 属性，属性值设为{0:yyyy-MM-dd}，表示日期时间字段按“年-月-日”格式显示。若需要显示“年-月-日 时:分:秒”的日期时间格式，该属性可以设置为{0:yyyy-MM-dd　HH:mm:ss}。

常用的数据格式设置表达式见表 7.3。

表 7.3　常用的数据格式设置表达式

格式设置表达式	适用的数据类型	说　明
{0:C}	numeric/decimal	显示以货币格式表示的数字，如“￥50”，若有{0:C2}，则精确到小数点后两位
{0:D4}	integer	在由零填充的 4 个字符宽的字段中显示整数
{0:N2}	numeric	显示精确到小数点后两位的数字
{0:P}	numeric	显示为百分数，如 123.45%
{0:000.0}	numeric/decimal	四舍五入到小数点后一位的数字。不到三位的数字用零填充
{0:D}	date/datetime	长日期格式
{0:d}	date/datetime	短日期格式
{0:yy-MM-dd}	date/datetime	用数字的年-月-日表示的日期（83-08-05）

（4）定义 GridView 列宽

该步骤仍然是在字段定义窗体当中完成定义操作。分别选中每个字段，在属性表中找到 HeaderStyle 属性，展开该属性继续寻找下一层的 Width 属性，设置该字段的显示宽度。

四个字段的显示宽度定义见表 7.4。

表 7.4　字段列宽设置

字　段	宽　度
身份证号/会员号	HeaderStyle.Width：200px
姓名	HeaderStyle.Width：100px
性别	HeaderStyle.Width：40px
入会日期	HeaderStyle.Width：130px

GridView 列宽定义完成后，得到如图 7.9 所示的设计视图。

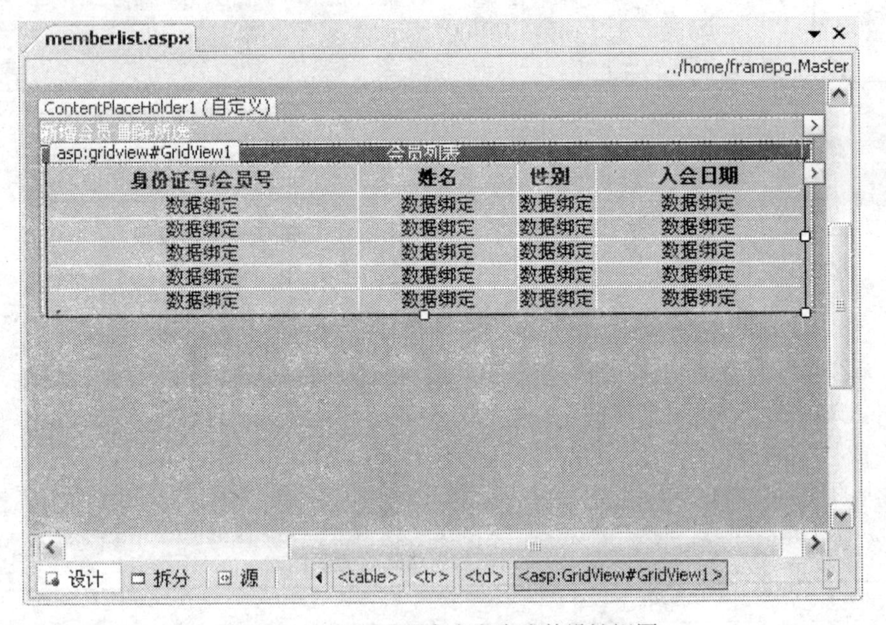

图 7.9　GridView 列宽定义完成的设计视图

（5）套用格式

如果感觉设计表格外观存在困难，可以使用 GridView 提供的自动套用格式功能。在 GridView 任务对话框中选择“自动套用格式…”，发现 GridView 预设置了十几套格式，读者可根据个人爱好选用合适的格式，如图 7.10 所示。

如果没有完全合适的格式，可以选择最接近设计需求的一套格式，然后再在 GridView 的属性设置当中对字体、颜色、尺寸等属性进行修改定义。

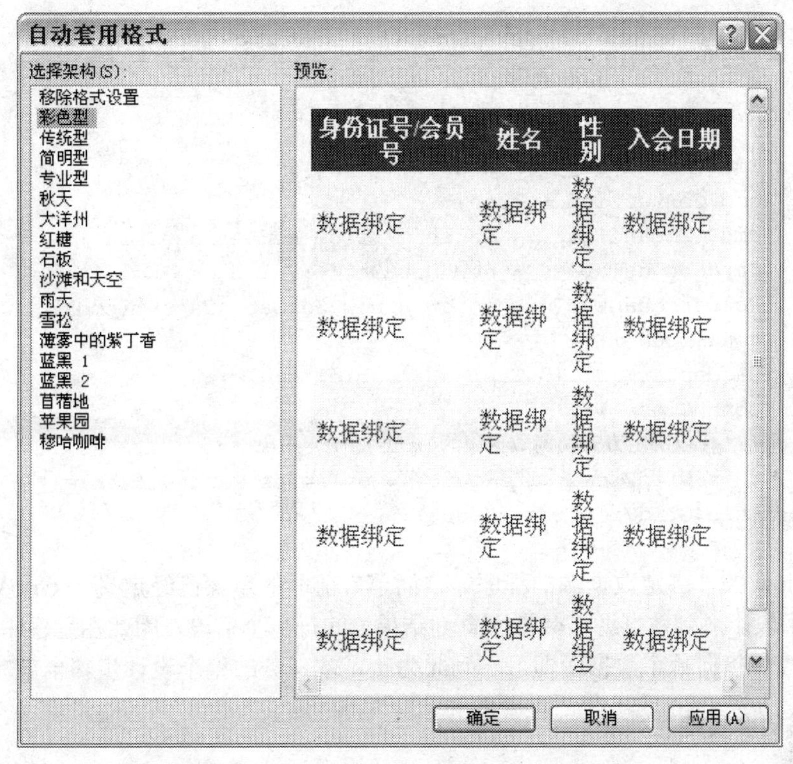

图 7.10　GridView 自动套用格式设置

（6）绑定数据源

在页面的 Page_Load 事件函数中编写程序。由于页面打开时即立刻显示会员信息，参照任务 1 的设计，通过 Page_Load 事件函数实现当页面打开时刻的初始化操作，在此可应用 DataAdapter 对象、DataSet 对象取得数据库 MemberBaseInfo 表的查询结果，绑定到 GridView 控件。由于后续设计中 GridView 控件需要多次绑定数据源，将该程序封装成函数。

程序源代码见实例 7.10。

实例 7.10

```
using System.Data.SqlClient;
        …省略部分代码…
protected void Page_Load(object sender, EventArgs e)
{
    if (Page.IsPostBack == false)
    {
        //调用函数查询数据库、查询结果绑定到GridView
        this.GridViewBind();
    }
}

protected void GridViewBind()
{
```

```
    // 从配置文件中读取数据库连接串
    string strConn = ConfigurationManager.AppSettings["DBConnStr"];
    SqlConnection conn = new SqlConnection(strConn);
    // 定义带参数的 SQL 语句
    SqlCommand cmd = new SqlCommand();
    cmd.Connection = conn;
    cmd.CommandText = "select * from MemberBaseInfo";
    DataSet dsTables = new DataSet();
    SqlDataAdapter daAdapter = new SqlDataAdapter(cmd);
    conn.Open();
    daAdapter.Fill(dsTables, "table1");
    conn.Close();
    //** 以绑定方式访问数据集的 DataTable 对象 **
    this.GridView1.DataSource = dsTables.Tables["table1"];
    this.GridView1.DataBind();
}
```

GridView 控件绑定数据源的程序非常简单。前面的步骤已经定义了 GridView 控件的每一个字段影射到数据源（数据库查询结果）的每一个字段，因此在程序中只需设置 GridView 控件指向哪个数据源即可。到此为止，本任务的整个设计步骤全部完成。

任务 3　编辑会员信息列表

1. 了解 GridView 控件的编辑状态

为便于用户管理会员信息，现需要在会员信息列表每行记录上放置修改、删除会员信息的按钮，用户一旦发现会员信息有误，可直接单击列表上的按钮修订会员信息，应用 GridView 控件能实现这个需求，如图 7.11 所示。

新增会员

会员列表

	身份证号/会员号	姓名	性别	入会日期
编辑	450101198001010001	张三	男	2009-02-03
编辑	450101198001010002	李四	女	2009-02-03
编辑	450101198001010003	王五	男	2009-02-03
编辑	450101198001010004	赵六	男	2009-02-03

图 7.11　带编辑操作按钮的会员信息列表

在任务 2 中，应用 GridView 控件设计了会员信息列表，但前面设计的列表只是一张只读的，但不可编辑的二维表。其实 GridView 控件支持编辑数据项，只需将需编辑的某行 GridView 数据项设置为编辑状态，当用户结束编辑数据项时，只需将 GridView 控件从编辑状态设置回只读状态即可。

2. 了解编辑按钮列及其事件

（1）编辑按钮列

编辑按钮列是 GridView 控件为实现编辑数据项操作界面的设计而提供的 CommandField 列。编辑按钮列由 “编辑”、“更新”、“取消” 三组按钮构成。其中“编

辑”按钮使对应的 GridView 数据项进入编辑状态，相应的数据项将显示为可编辑文本，如图 7.12 所示。

新增会员

会员列表				
	身份证号/会员号	姓名	性别	入会日期
更新 取消	450101198001010001	张三	男	2009-02-03
编辑	450101198001010002	李四	女	2009-02-03
编辑	450101198001010003	王五	男	2009-02-03
编辑	450101198001010004	赵六	男	2009-02-03

图 7.12　GridView 会员信息列表进入编辑状态

从图 7.12 可见，当数据项进入编辑状态后，“编辑”按钮变为显示“更新”、“取消”两个按钮，用户可以单击“更新”、“取消”按钮来保存或放弃保存修改结果，并返回到正常状态。

（2）按钮事件

前面已经了解到，当用户单击“编辑”按钮时，会使对应的 GridView 数据项进入编辑状态，而单击“更新”或“取消”按钮可保存或放弃保存修改结果，同时又会使进入编辑状态的数据项回到正常状态。这些技术特性并非自动实现，而是在基于 GridView 控件编辑按钮列触发对应的按钮事件（见表 7.5）的基础上，运行由开发人员编写程序实现的。

表 7.5　按钮列的事件

按　钮	响 应 事 件	触 发 条 件
编辑	RowEditing	编辑按钮被单击时触发
更新	RowUpdating	更新按钮被单击时触发
取消	RowCancelingEdit	取消按钮被单击时触发

开发人员需利用这些事件所调用的事件函数编写程序控制对于数据项的编辑状态，获取数据项行号、主键值，从而能够将修改结果更新到数据库。

3. 设计步骤

（1）为 GridView 控件添加编辑按钮列

在字段定义对话框当中添加一个“编辑、更新、取消”按钮列，如图 7.13 所示。

添加按钮列之后，需要对按钮列设置一些重要属性。

1）ButtonType 属性：设置按钮列类型，该属性的备选项有 Link、Image、Button 三个选择，分别代表编辑按钮列的按钮样式是超链接、图片、标准按钮。本案例的编辑按钮列需以超链接的样式存在，因此设置 ButtonType = Link。

2）设置按钮标签文字：为“编辑”、“更新”、“取消”按钮分别设置按钮标签文字，属性表已经给出默认设置。如果希望修改按钮标签文字，例如，把“编辑”按钮显示成“修改”按钮、将“更新”按钮显示成“保存”按钮，可在属性表里设置。

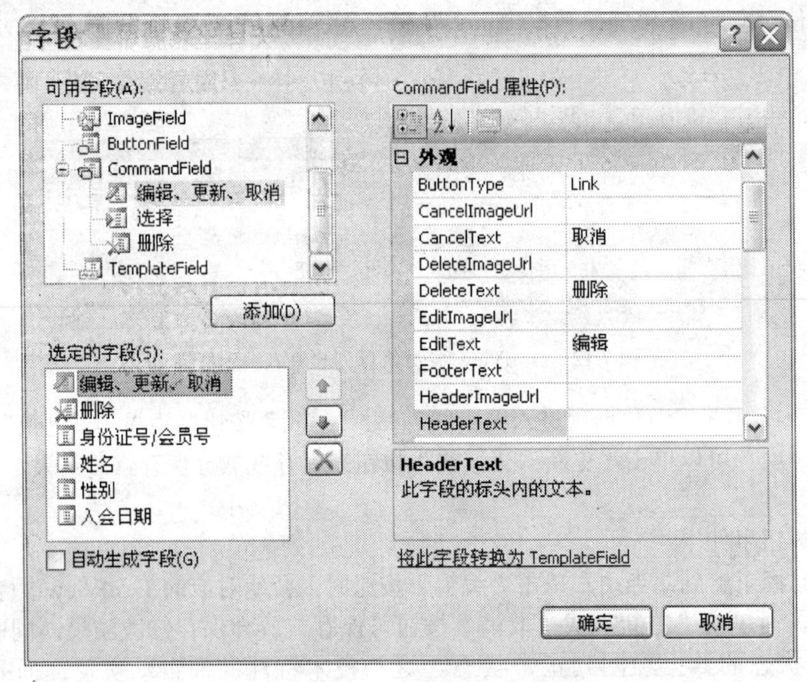

图 7.13　定义编辑按钮列

3）设置按钮列宽度：展开 ItemStyle，找到 Width 属性，设置按钮列宽度；同时找到 Wrap 属性，取值 False，设置按钮列文字不自动换行，防止按钮标签文字因单元格太窄被折断成两行显示。

与此同时，还需要对每一个 BoundField 字段绑定列设置一些重要属性。

1）设置每个字段绑定列在编辑状态之下的宽度：HeaderStyle 或 ItemStyle 之下 Width 属性只是字段绑定列在正常状态之下的列宽，而数据项位于编辑状态之下的文本框宽度则需设置 ControlStyle 之下的 Width 属性，各列宽度设置见表 7.6。

表 7.6　字段列宽设置

字　段	宽　度
身份证号/会员号	ControlStyle.Width：130px
姓名	ControlStyle.Width：50px
性别	ControlStyle.Width：30px
入会日期	ControlStyle.Width：70px

2）在前面的任务中，已经通过 DataFormatString 属性设置了“入会日期”列的日期显示格式，但该设置在默认情况下只对位于正常状态之下的数据项有效，一旦数据项被设置为编辑状态，单元格变成可编辑的文本框之后，文本框显示的日期不受 DataFormatString 属性影响。为解决这个问题，需要将“入会日期”列的 ApplyFormatInEditMode 属性设置为 True，以便该列的数据项位于编辑模式之下时，能够按照 DataFormatString 属性所设置的日期格式显示日期。

（2）建立 RowEditing 事件

当用户单击“编辑”按钮拟编辑某行数据项时，按钮的单击将触发 RowEditing 事件，在 RowEditing 事件当中需要完成以下两个环节。

1）将 GridView 需要编辑的数据项设置为编辑状态，见实例 7.11。

实例 7.11

```
protected void GridView1_RowEditing(object sender, GridViewEditEvent
Args e)
{
    //获取被单击的"编辑"按钮对于 GridView 所显示的数据的行号
    int iRowNo = e.NewEditIndex;
    //将 GridView 需要编辑的数据项设置为编辑状态
    this.GridView1.EditIndex = iRowNo;
    …省略部分代码…
}
```

上述代码清晰地体现了 GridView 数据项进入编辑状态需要经历的程序。一是获取需编辑的数据项的行号，二是设置 GridView 控件的 EditIndex 属性，指定行号的数据项将进入编辑状态。

2）重新绑定数据源（即数据库查询结果）。GridView 控件与 Windows 桌面程序的一个重要区别是：当 GridView 控件的数据项属性被修改之后，必须重新绑定数据源方可生效。由于重新绑定数据源的程序代码与该页面 Page_Load 事件初始化页面过程中查询数据库操作、绑定查询结果的程序代码相同，因此可以将该程序代码封装成函数，供 Page_Load、RowEditing 以及后续更多的事件函数调用，参考程序源代码见实例 7.12。

实例 7.12

```
protected void Page_Load(object sender, EventArgs e)
{
    if (Page.IsPostBack == false)
    {
        //调用函数查询数据库,查询结果绑定到 GridView
        this.GridViewBind();
    }
}

protected void GridView1_RowEditing(object sender, GridViewEditEvent
Args e)
{
    //获取被单击的"编辑"按钮对于 GridView 所显示的数据的行号
    int iRowNo = e.NewEditIndex;
    //将 GridView 需要编辑的数据项设置为编辑状态
    this.GridView1.EditIndex = iRowNo;

    // 调用函数查询数据库、重新绑定数据源，使数据项属性设置生效
    this.GridViewBind();
}
```

```
protected void GridViewBind()
{
    // 从配置文件中读取数据库连接串
    string strConn = ConfigurationManager.AppSettings["DBConnStr"];
    SqlConnection conn = new SqlConnection(strConn);
    // 定义带参数的 SQL 语句
    SqlCommand cmd = new SqlCommand();
    cmd.Connection = conn;
    cmd.CommandText = "select * from MemberBaseInfo";
    DataSet dsTables = new DataSet();
    SqlDataAdapter daAdapter = new SqlDataAdapter(cmd);
    conn.Open();
    daAdapter.Fill(dsTables, "table1");
    conn.Close();
    //** 以绑定方式访问数据集的 DataTable 对象 **
    this.GridView1.DataSource = dsTables.Tables["table1"];
    this.GridView1.DataBind();
}
```

（3）建立 RowUpdating 事件

当用户完成编辑操作，单击“更新”按钮后，触发 RowUpdating 事件，在该事件中需要完成以下三个环节。

1）根据已编辑数据项的行号获取编辑结果。当 GridView 控件处于编辑状态时，每个编辑框都是 TextBox 控件，若需读取用户编辑结果，首先取得编辑项的 TextBox 文本框，然后访问 TextBox 文本框的 Text 属性，参考程序源代码如实例 7.13 所示。

实例 7.13

```
protected void GridView1_RowUpdating(object sender,
GridViewUpdateEventArgs e)
{
    //获取被单击的“编辑”按钮对于 GridView 所显示的数据的行号
    int iRowNo=e.RowIndex;
    TextBox txtIDCardNo=(TextBox)this.GridView1.Rows[iRowNo]
        .Cells[2].Controls[0];
    string strIDCardNo=txtIDCardNo.Text;
    TextBox txtMemberName=(TextBox)this.GridView1.Rows[iRowNo]
        .Cells[3].Controls[0];
    string strMemberName=txtMemberName.Text;
    TextBox txtGender=(TextBox)this.GridView1.Rows[iRowNo]
        .Cells[4].Controls[0];
    string strGender=txtGender.Text;
    TextBox txtDateCreated=(TextBox)this.GridView1.Rows[iRowNo]
        .Cells[5].Controls[0];
    DateTime dtDateCreated=DateTime.Parse(txtDateCreated.Text);
        … 省略部分代码 …
}
```

2）获取更新数据记录所需的主键值

更新数据库记录需要使用主键，在数据库中 MemberBaseInfo 表的 MemberBaseInfoID 字段被定义为主键，要想在 GridView 控件获取指定数据项的主键值，首先需要在绑定数据库操作时让 GridView 控件绑定主键字段。

请读者修改 GridViewBind 函数，见实例 7.14，使 GridView 控件能够绑定主键字段。

实例 7.14

```
protected void GridViewBind()
{
        …省略部分代码…
    //** 以绑定方式访问数据集的 DataTable 对象 **
    this.GridView1.DataKeyNames = new string[] { "MemberBaseInfoID" };
    this.GridView1.DataSource = dsTables.Tables["table1"];
    this.GridView1.DataBind();
}
```

如果 GridView 控件绑定了主键字段，可以访问 GridView 控件的 DataKeys 属性获取指定数据项的主键值，参考程序源代码见实例 7.15。

实例 7.15

```
protected void GridView1_RowUpdating(object sender, GridViewUpdate
EventArgs e)
{
        …省略部分代码…
    //获取更新数据库所需的主键（MemberBaseInfoID）值
    long lngMemberBaseInfoID
            = Convert.ToInt64(this.GridView1.DataKeys[iRowNo]
            ["MemberBaseInfoID"]);
        …省略部分代码…
}
```

3）参考阶段 6 介绍的方法更新数据库。首先定义带输入参数的 SQL 数据库更新语句，然后将前面取得的数据项编辑结果封装成为参数对象，参考代码见实例 7.16。

实例 7.16

```
protected void GridView1_RowUpdating(object sender, GridViewUpdateEventArgs e)
{
        … 省略部分代码 …
    // ** 将编辑结果更新到数据库 **
    //定义带参数的更新数据库语句
    string strSqlCmd="update MemberBaseInfo set "
        + "IDCardNo=@IDCardNo, MemberName=@MemberName,"
        + "Gender=@Gender, DateCreated=@DateCreated where "
        + "MemberBaseInfoID=@MemberBaseInfoID";
    // 将上述变量值封装成参数对象
    SqlParameter pIDCardNo
        =new SqlParameter("@IDCardNo", strIDCardNo);
    SqlParameter pMemberName
        =new SqlParameter("@MemberName", strMemberName);
```

```
    SqlParameter pGender
       =new SqlParameter("@Gender", strGender);
    SqlParameter pDateCreated
       =new SqlParameter("@DateCreated", dtDateCreated);
    SqlParameter pMemberBaseInfoID
       =new SqlParameter("@MemberBaseInfoID",lngMemberBaseInfoID);
       … 省略部分代码 …
}
```

4）将 SQL 数据库更新语句和参数对象一起提交给数据库系统执行数据库更新操作。操作完成后，请勿忘记将位于编辑状态之下的数据项设置回正常状态，并调用自定义的 GridViewBind()函数重新读取数据库、重新绑定数据源，使所有设置生效。参考程序源代码见实例 7.17。

实例 7.17

```
protected void GridView1_RowUpdating(object sender,
GridViewUpdateEventArgs e)
{
       … 省略部分代码 …
    // 从配置文件中读取数据库连接串
    string strConn=ConfigurationManager.AppSettings["DBConnStr"];
    SqlConnection conn=new SqlConnection(strConn);
    // 定义带参数的 SQL 语句
    SqlCommand cmd=new SqlCommand();
    cmd.Connection=conn;
    cmd.CommandText=strSqlCmd;
    //将参数添加到 Parameters 集合
    cmd.Parameters.Add(pIDCardNo);
    cmd.Parameters.Add(pMemberName);
    cmd.Parameters.Add(pGender);
    cmd.Parameters.Add(pDateCreated);
    cmd.Parameters.Add(pMemberBaseInfoID);
    conn.Open();
    int i=cmd.ExecuteNonQuery();
    conn.Close();
    // 将 GridView 从编辑状态设置回正常状态
    this.GridView1.EditIndex=-1;
    // 调用函数查询数据库、重新绑定数据源，使数据项属性设置生效
    this.GridViewBind();
}
```

（4）建立 RowCancelingEdit 事件

当用户需要放弃保存编辑结果时，可单击“取消”按钮触发 RowCancelingEdit 事件，在该事件中只需将 GridView 控件从编辑状态设置回正常状态即可，设置完成后同样需要重新访问数据库、重新绑定数据源。参考程序源代码见实例 7.18。

实例 7.18

```
protected void GridView1_RowCancelingEdit(object sender,
```

```
                GridViewCancelEditEventArgs e)
{
    // 将 GridView 从编辑状态设置回正常状态
    this.GridView1.EditIndex = -1;
    // 调用函数查询数据库、重新绑定数据源，使数据项属性设置生效
    this.GridViewBind();
}
```

到此为止，编辑修改数据操作的设计全部完成。为更好地掌握设计步骤，请读者注意抓住如下重点。

1）"编辑"、"更新"、"取消"按钮触发相应事件时，在各事件中获取按钮所在数据项行号的属性见表 7.7。

表 7.7　获取按钮所在数据项行号的属性

按　钮	响 应 事 件	获取被单击的按钮对应的 GridView 行号的属性
编辑	RowEditing	e.NewEditIndex
更新	RowUpdating	e.RowIndex
取消	RowCancelingEdit	e.RowIndex

2）数据项的编辑状态或正常状态设置完成时，必须重新访问数据库、重新绑定数据源，设置方可生效。

任务 4　删除会员信息

1. 了解删除按钮列

删除按钮列是 GridView 控件为实现编辑数据项操作界面的设计而提供的 CommandField 列。当 GridView 控件显示数据列表时，每行数据项将对应显示一个删除按钮。用户单击"删除"按钮将触发 RowDeleting 事件，通过 RowDeleting 事件函数获取删除按钮对应的数据项的行号，结合访问数据库操作即可实现删除数据的操作。

2. 设计步骤

（1）定义"删除"按钮列

在字段定义对话框中添加一个"删除"按钮列，如图 7.14 所示。

（2）建立删除按钮的鼠标单击事件

当用户单击"删除"按钮拟删除某行数据项时，按钮的单击将触发 RowDeleting 事件，见表 7.8。

在 RowDeleting 事件中需要完成以下两个环节。

1）从参数 e 获取需要删除的数据项设置的行号，根据行号从 GridView 获取需删除的数据项的主键值，程序见实例 7.19。

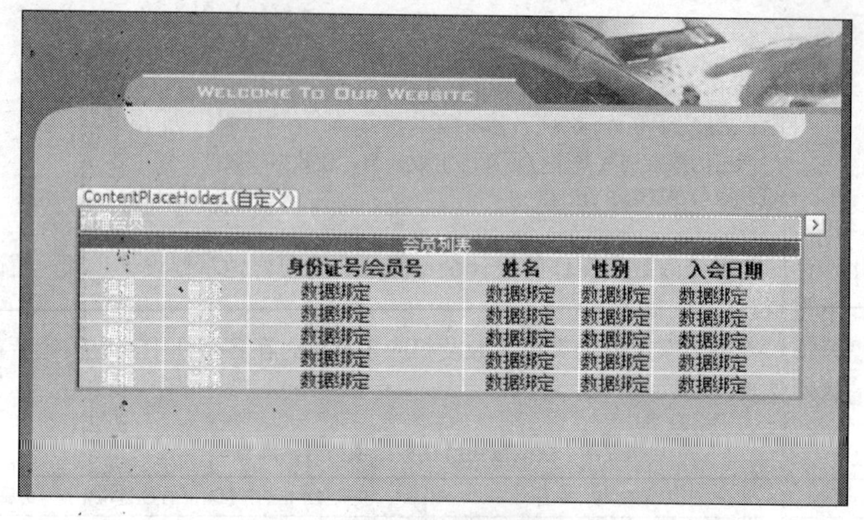

图 7.14　定义删除按钮列

表 7.8　删除按钮的事件

按钮	响应事件	获取被单击的按钮对应的 GridView 行号
删除	RowDeleting	e.RowIndex

实例 7.19

```
protected void GridView1_RowDeleting(object sender,
GridViewEditEventArgs e)
{
    //获取被单击的“删除”按钮对于GridView所显示的数据的行号
    int iRowNo=e.RowIndex;
    //根据行号从GridView获取待删除的数据项的主键值
    long lMemberBaseInfoID
       =(long)this.GridView1.DataKeys[i]["MemberBaseInfoID"]
       … 省略部分代码 …
}
```

代码中获取待删除的数据项主键值的目的是:构造删除数据库记录的SQL语句。

2）构造 SQL 语句，执行删除数据库记录操作。根据变量 lMemberBaseInfoID 获得的主键值作为记录检索条件，构造删除会员信息记录的 SQL 语句，通过 SqlCommand 组件提交到数据库系统执行记录删除操作。参考程序源代码见实例 7.20。

实例 7.20

```
protected void GridView1_RowUpdating(object sender,
GridViewUpdateEventArgs e)
{
       … 省略部分代码 …
    // 定义带参数的删除会员信息记录SQL语句
       string strSqlCmd="delete from MemberBaseInfo where
           MemberBaseInfoID=@MemberBaseInfoID";
    // 将上述变量值封装成参数对象
```

```
        SqlParameterpMemberBaseInfoID=newSqlParameter("@MemberBaseInfoID",
                lngMemberBaseInfoID);
        // 从配置文件中读取数据库连接串
        string strConn=ConfigurationManager.AppSettings["DBConnStr"];
        SqlConnection conn=new SqlConnection(strConn);
        // 定义带参数的 SQL 语句
        SqlCommand cmd=new SqlCommand();
        cmd.Connection=conn;
        cmd.CommandText=strSqlCmd;
        //将参数添加到 Parameters 集合
        cmd.Parameters.Add(pMemberBaseInfoID);
        conn.Open();
        int i=cmd.ExecuteNonQuery();
        conn.Open();
        // 调用函数查询数据库、重新绑定数据源，使 GridView 更新数据项
        this.GridViewBind();
    }
```

经过该设计步骤，数据删除功能建立完成。程序在运行时每个数据项上面能够对应显示“删除”操作按钮，单击“删除”按钮能立即触发 RowDeleting 事件调用上述事件函数，从数据库中删除对应的数据项。

（3）删除确认的设计

前面两个设计步骤完成后，虽然数据删除功能基本建立起来，但系统实际应用起来容易发生数据删除误操作，用户若不小心单击了“删除”按钮，系统没有任何确认提示即直接执行删除操作，给用户带来误删除操作。为此，现在需要为数据删除功能增加一个删除确认对话框。

删除确认对话框有多种设计方法，例如，可以制作一个专门显示删除确认的 Web 页面，也可以编写 JavaScript 客户端脚本来提示确认框。就考虑服务器负载而言，从而使用 JavaScript 客户端脚本实现的提示确认框可避免在删除确认环节刷新页面，如图 7.15 所示，减轻了服务器负载，提高了运行效率。

图 7.15　删除确认对话框

使用 JavaScript 客户端脚本实现提示确认框，一种较简单的设计方法是：向“删除”按钮列控件添加 OnClientClick 客户端事件即可。

OnClientClick 客户端事件是在控件被鼠标单击时触发，通常是 HTML 代码，见实例 7.21。

实例 7.21

```
    <asp:LinkButton ID="lbtnDelete" runat="server" OnClientClick
        ="javascript:return confirm('您确认要删除数据吗？');">删除
    </asp:LinkButton>
```

运行时，当用户单击“删除”按钮，操作界面将弹出确认对话框，此时用户只有做

确认操作后，“删除”按钮服务端事件才会触发，事件函数中的数据库删除操作才能得到执行。

任务 5　查看会员详细信息

1. 了解 Button 按钮列

在会员信息管理模块中，会员信息列表受到表格宽度的限制，只能简单显示身份证号、姓名等几项信息，更多的会员个人信息无法直接在列表中显示。为了解决该问题，考虑在每一条个人信息的位置增加一个“查看”按钮，如图 7.16 所示，当用户单击此按钮时，系统将跳转到一个新页面以表单样式显示该会员的全部信息。

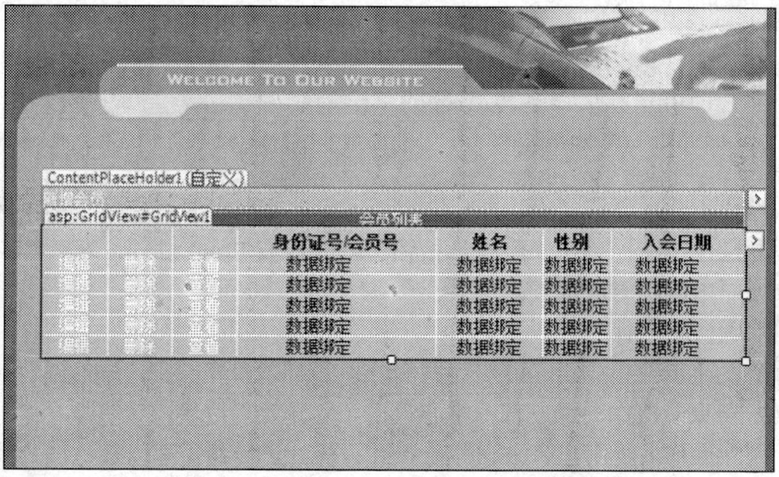

图 7.16　带查看按钮列的会员信息列表

GridView 控件提供的“编辑”、“删除”等按钮列给开发人员在数据列表维护功能方面的设计带来极大的便利，但这些按钮列只局限应用于编辑、删除列表数据项，在本系统的会员信息管理模块中除了要实现对会员记录的删除功能，还需要实现查看详细信息的功能。在不同的模块功能中，数据列表需要实现的业务操作是多样化的，操作按钮所表示功能也是多样化的。考虑到这个问题，GridView 控件提供了 Button 按钮列，该按钮列允许开发人员自定义对数据项操作的功能和名称，例如，可以应用 Button 按钮列设计对会员记录实施“查看会员详细信息”的操作，对帐户记录实施“重置密码”的操作，甚至 Button 按钮列可以替代“删除”按钮列实现删除数据项的功能。

2. 设计步骤

（1）定义 ButtonField 按钮列

ButtonField 按钮列是 GridView 控件为实现数据项通用操作界面的设计而提供的按钮命令列，将该列的 Text 属性设置为“查看”，以便 ButtonField 按钮列显示为“查看”按钮。

一个 GridView 表允许添加一列或多列 ButtonField 按钮列，因此需要对每一列 ButtonField 按钮列设置 CommandName 属性，以便在事件触发时，能够区分到底是哪一列 ButtonField 按钮列被鼠标单击。

（2）定义 RowCommand 事件

前面已经了解到，当用户单击 ButtonField 按钮列，即“查看”按钮时会激发如下事件，见表 7.9。

表 7.9　Button 按钮列事件

按　钮	响 应 事 件	触 发 条 件
ButtonField	RowCommand	按钮被单击时触发

开发人员需利用这些事件所调用的事件函数编写程序，获取数据项行号、主键值，从而能够根据主键值获取该会员的详细个人信息，见实例 7.22。

实例 7.22

```
protected void GridView1_RowCommand(object sender,
GridViewCommandEventArgs e)
{
    int iRowNo=Convert.ToInt32(e.CommandArgument);
    long lMemberBaseInfoID
        =this.GridView1.DataKeys[iRowNo]["MemberBaseInfoID"];
    // 将 lMemberBaseInfoID 值发送到会员详细信息查看页面并提取会员详细信息
        … 省略部分代码 …
}
```

注意：只有使用 GridView 控件提供的按钮列才能通过 CommandArgument 属性获得数据项行号，在模板当中添加的按钮不能通过该属性获取行号，除非已经对 CommandArgument 属性做过数据绑定设置。

3. 深入了解 Button 按钮列的 CommandName 属性

在上述设计中， CommandName 属性的作用是在 RowCommand 事件中从多个按钮列当中区分出触发事件的按钮列。CommandName 允许开发人员自由命名，如果 CommandName 属性被设置为如下名称时，Button 按钮列在触发 RowCommand 事件的同时还会触发如表 7.10 所示的其他事件。

表 7.10　Button 按钮 CommandName 取指定值时对应响应的事件

Button 按钮的 CommandName 属性	功能与其相同的按钮列	响应事件
Edit	“编辑”按钮列	RowEditing
		RowCommand
Delete	“删除”按钮列	RowDeleting
		RowCommand
Update	“更新”按钮列	RowUpdating
		RowCommand
Cancel	“取消编辑”按钮列	RowCancelingEdit
		RowCommand
Select	“选择”按钮列	SelectedIndexChanging
		RowCommand

为此，在应用 Button 按钮设计像“查看详细信息”、“重置密码”等业务操作时，CommandName 属性应当避免使用 editor、delete 等命名。

相反，在设计数据列表的删除、编辑等几种常见功能时，如果有必要，也可以使用 Button 按钮列来替代几种特定操作按钮列。

任务 6 以自定义表格格式显示销售记录

1. 了解模板

销售单记录的字段较多，由于页面宽度有限，如果全部字段都以二维表格的样式显示在页面上，多个字段将会出现换行、行间距过大的问题，如图 7.17 所示。

身份证号码	姓名	产品名称	成本	单价	数量	合计	积分抵扣	奖金抵扣	代金券抵扣	实际支付	销售日期
450000000000000002	测试用户2	海南之家XXX系列男装	0	80	5	400	0	0	0	400	2008-02-27
450000000000000002	测试用户2	海南之家XXX系列男装	0	80	20	1600	0	0	0	1600	2008-02-27

图 7.17 行间距过大的销售记录列表

为了减少表格列，但又能够使销售记录所有字段都显示出来，需要采用自定义表格格式显示记录。GridView 控件的绑定字段只能设计标准二维表格，而通过应用模板可设计复杂的自定义表格格式，如图 7.18 所示。

GridView 的模板能够解决一些个性化的需求，例如，显示特殊格式、显示多个字段数据，甚至嵌套另一个 GridView 数据表。GridView 控件的每个模板列可设置五套模板应用于不同的场合，见表 7.11。

会员	产品名称	价格	支付	销售日期
测试用户2 450000000000000002	海南之家XXX系列男装	成本：0 单价：80 数量：1 合计：80	积分抵扣：0 奖金抵扣：0 代金券抵扣：0 实际支付：80	2008-02-16
测试用户2 450000000000000002	海南之家XXX系列男装	成本：0 单价：80 数量：5 合计：400	积分抵扣：0 奖金抵扣：0 代金券抵扣：0 实际支付：400	2008-02-27
李 450000000000000003	海南之家XXX系列男装	成本：0 单价：80 数量：5 合计：400	积分抵扣：0 奖金抵扣：0 代金券抵扣：0 实际支付：400	2008-02-27
刘 450000000000000005	海南之家XXX系列男装	成本：0 单价：80 数量：20 合计：1600	积分抵扣：0 奖金抵扣：0 代金券抵扣：0 实际支付：1600	2008-02-27

图 7.18 自定义表格格式显示销售记录

表 7.11　GridView 模板的种类

模 板 名 称	用　途
ItemTemplate	常规模式的数据项模板，用于常规情况之下的数据显示
AlternatingItemTemplate	常规模式的交替数据项模板，例如，用于设置灰、白两种背景颜色的交替显示
EditItemTemplate	编辑模式的数据项模板，当用户需要编辑某个数据项时，该模板将被应用
HeaderTemplate	页眉模板，用于设置该列的页眉（列标题）显示内容
FooterTemplate	页脚模板，用于设置该列的页脚显示内容

为了缩减销售记录的 GridView 绑定字段，使表格的显示更加工整，可以应用 ItemTemplate 模板将多个字段值整合到数据项上面，形成自定义表格格式。

2. 自定义表格格式的设计步骤

（1）定义 GridView 列

创建新的内容页 saleslist.aspx，添加 GridView 控件。

展开 GridView 任务菜单，选择“编辑列”菜单打开“字段”对话框，如图 7.19 所示。

图 7.19　“字段”对话框

取消选中“自动生成字段”复选项，应用 BoundField 绑定字段定义“产品名称”、“销售日期”两个表格列，应用 TemplateField 模板定义“会员”、“价格”、“支付”三个表格列。各列的属性设置见表 7.12。

表 7.12　GridView 各列的属性设置

字　段	类　型	属　性
会员	TemplateField	HeaderText: 会员
产品名称	BoundField	HeaderText: 产品名称；DataField:ProductName
价格	TemplateField	HeaderText: 价格
支付	TemplateField	HeaderText: 支付
销售日期	BoundField	HeaderText: 销售日期；DataField: SalesDateTime；DataFormatString: {0:yyyy-MM-dd}

单击“确定”按钮完成设置。

（2）设置模板列

展开 GridView 任务菜单，选择“编辑模板”菜单，打开模板设置对话框，如图 7.20 所示。

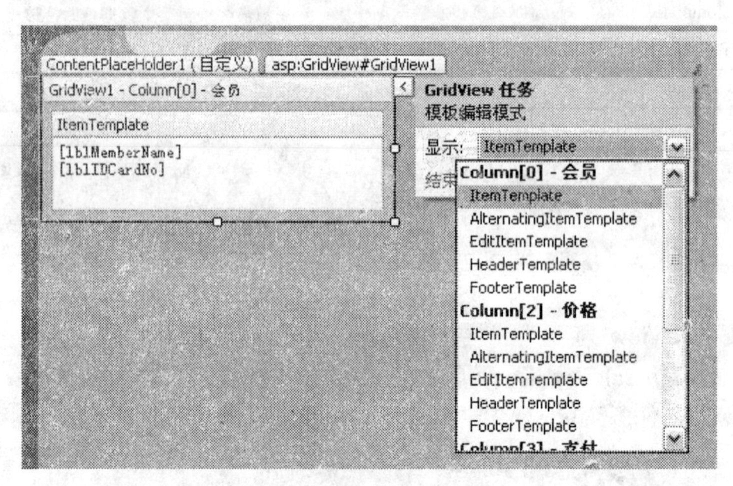

图 7.20　模板设置对话框

选择模板列“Column[0]-会员”之下的 ItemTemplate 模板，添加 lblMemberName、lblIDCardNo 两个 Label 标签，分别用于显示会员姓名、身份证号码等两列数据。以此类推设置“Column[2]-价格”、“Column[3]-支付”等三个模板列，见表 7.13。

表 7.13　GridView 各列的属性设置

模板列	Label 标签控件名	数据绑定
会员	lblMemberName	MemberName：会员姓名
	lblIDCardNo	IDCardNo：身分证号码
价格	lblCosts	Costs：成本
	lblStdSalesPrice	StdSalesPrice：售价
模板列	Label 标签控件名	数据绑定
价格	lblSalesCount	SalesCount：销售数量
	lblAmountPrice	AmountPrice：总价格
支付	lblScoreDiscount	ScoreDiscount：积分抵扣额
	lblAwardMoneyDiscount	AwardMoneyDiscount：奖金抵扣额
	lblCouponDiscount	CouponDiscount：代金券抵扣额
	lblConsumerPay	ConsumerPay：顾客实际支付金额

（3）模板列的数据绑定设置

使用 BoundField 列显示数据源需要进行字段绑定设置，模板列当中的 Label 标签显示数据源同样需要进行字段绑定设置。

以 lblMemberName 标签的字段绑定设置为例，首先选中 lblMemberName 标签，展开属性菜单，选择“编辑 DataBindings…”，如图 7.21 所示。

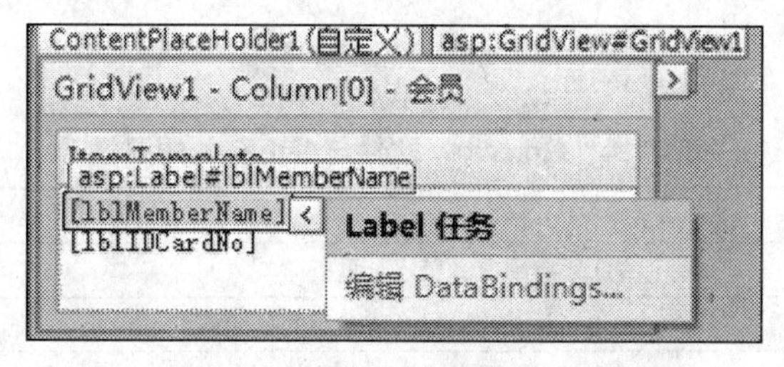

图 7.21 销售记录的模板列设置

此时打开 DataBindings 设置窗体，在可绑定属性项中选中标签 Text 属性，然后在自定义绑定项中填写绑定表达式：

```
DataBinder.Eval(Container, "DataItem.MemberName")
```

标签数据绑定设置如图 7.22 所示。

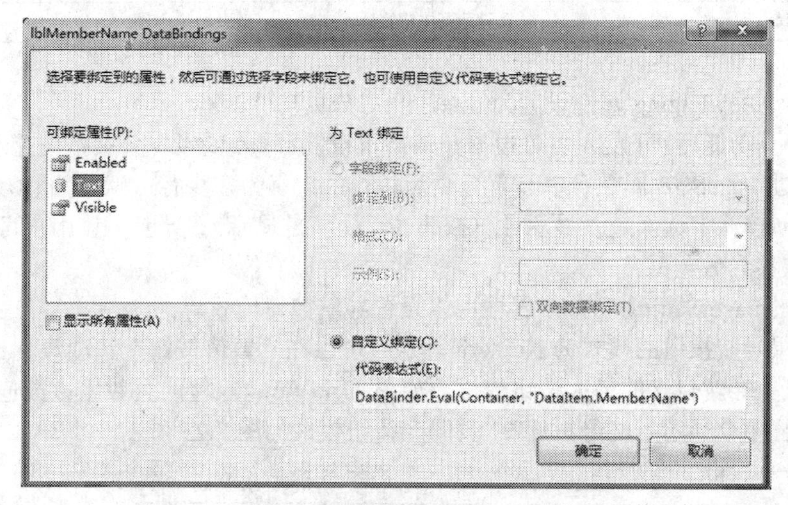

图 7.22 模板列各标签的数据绑定设置对话框

单击“确定”按钮，lblMemberName 标签的字段绑定设置完成。请读者参照同样的方法对模板中 lblIDCardNo、lblCosts、lblStdSalesPrice 等几个剩余的 Label 标签进行字段绑定设置。

任务 7 分页显示销售记录

1. 了解记录的分页显示

销售记录数据量非常大，若要在一张 Web 页面显示全部数据是不可能的，在此需要考虑分页显示数据。在以前的各种 Web 编程技术中，分页显示是一件令人头疼的事情，经常要写大量的记录拆分处理代码才能完成。而在 ASP.NET 中， GridView 控件本身带有分页功能，只需要简单的几项设置便能完成。

2. 设计步骤

（1）设置 GridView 分页属性

GridView 控件只需要简单的几项设置便能实现分页显示数据项，重要的分页属性设置有见表 7.14。

表 7.14　GridView 控件与分页有关的属性

属　性	说　明
AllowPaging	启用或者禁止分页
PageIndex	获取或设置当前显示的页的索引（相当于页码，只不过索引从 0 开始）
PageSize	获取或者设置当前页的大小为多少行
PagerSettings.Mode	导航按钮模式（前后翻页/页码翻页/首尾+前后翻页/首尾+页码翻页）
PagerSettings.FirstPageText	首页翻页按钮提示文字
PagerSettingsLastPageText	尾页翻页按钮提示文字
PagerSettings.PreviousPageText	前一页翻页按钮提示文字
PagerSettings.NextPageText	下一页翻页按钮提示文字
PagerSettings.PageButtonCount	页码翻页按钮的最大数量

在此将 AllowPaging 属性设置为 true，开启分页功能。

开启分页功能后，开发人员可根据具体需求设置每页记录数、分页按钮显示等属性。

1）通过 PageSize 属性可以设置分页后每页的大小为多少行（默认为 10），还可以在 GridView 控件中选择是否显示导航按钮（默认值是显示）。导航栏让用户可以很容易地从一页转移到另一页。

2）通过 PagerSettings.Mode 属性可以设置导航按钮模式。

3）如果导航按钮的模式为 Numeric，那么可以在“数值按钮”选项设置一个数值。它用来定义页导航包含的最大按钮数量。如果 GridView 控件的页数比该数值多，那么“页导航”栏中会显示省略号按钮，“页码”按钮模式如图 7.23 所示。

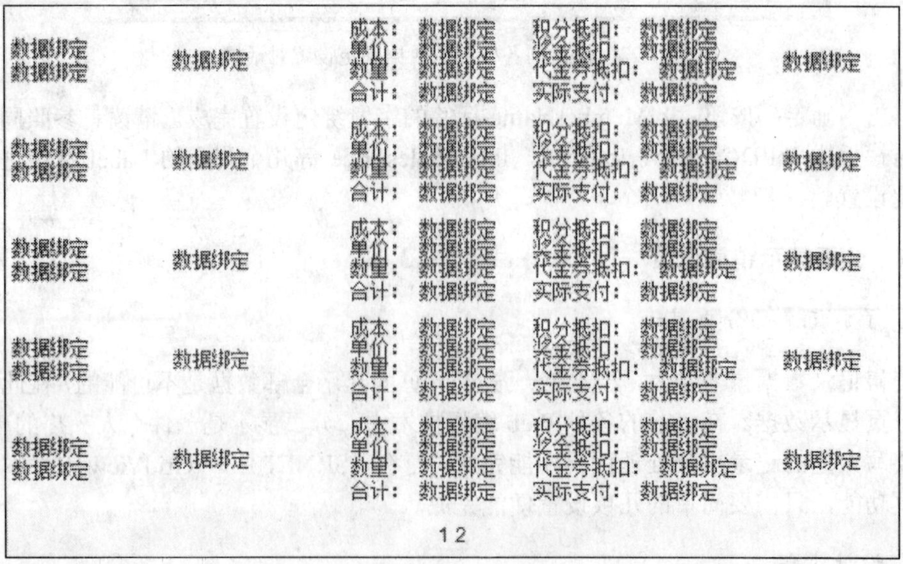

数据绑定 数据绑定	数据绑定	成本：数据绑定　积分抵扣：数据绑定 单价：数据绑定　奖金抵扣：数据绑定 数量：数据绑定　代金券抵扣：数据绑定 合计：数据绑定　实际支付：数据绑定	数据绑定
数据绑定 数据绑定	数据绑定	成本：数据绑定　积分抵扣：数据绑定 单价：数据绑定　奖金抵扣：数据绑定 数量：数据绑定　代金券抵扣：数据绑定 合计：数据绑定　实际支付：数据绑定	数据绑定
数据绑定 数据绑定	数据绑定	成本：数据绑定　积分抵扣：数据绑定 单价：数据绑定　奖金抵扣：数据绑定 数量：数据绑定　代金券抵扣：数据绑定 合计：数据绑定　实际支付：数据绑定	数据绑定
数据绑定 数据绑定	数据绑定	成本：数据绑定　积分抵扣：数据绑定 单价：数据绑定　奖金抵扣：数据绑定 数量：数据绑定　代金券抵扣：数据绑定 合计：数据绑定　实际支付：数据绑定	数据绑定
数据绑定 数据绑定	数据绑定	成本：数据绑定　积分抵扣：数据绑定 单价：数据绑定　奖金抵扣：数据绑定 数量：数据绑定　代金券抵扣：数据绑定 合计：数据绑定　实际支付：数据绑定	数据绑定

1 2

图 7.23　设置 GridView 支持分页操作

4）如果导航按钮的模式为 NextPrevious（前后翻页按钮），那么可以自己定义按钮上显示的文本。默认“下一页”按钮文本为“>”，显示为一个“>”符号；默认“上一页”按钮文本为“<”，显示为一个“<”符号，如图 7.24 所示。读者可以将翻页按钮提示文字设置为中文提示文字。

数据绑定 数据绑定	数据绑定	成本：数据绑定 单价：数据绑定 数量：数据绑定 合计：数据绑定	积分抵扣：数据绑定 奖金抵扣：数据绑定 代金券抵扣：数据绑定 实际支付：数据绑定	数据绑定
数据绑定 数据绑定	数据绑定	成本：数据绑定 单价：数据绑定 数量：数据绑定 合计：数据绑定	积分抵扣：数据绑定 奖金抵扣：数据绑定 代金券抵扣：数据绑定 实际支付：数据绑定	数据绑定
数据绑定 数据绑定	数据绑定	成本：数据绑定 单价：数据绑定 数量：数据绑定 合计：数据绑定	积分抵扣：数据绑定 奖金抵扣：数据绑定 代金券抵扣：数据绑定 实际支付：数据绑定	数据绑定
数据绑定 数据绑定	数据绑定	成本：数据绑定 单价：数据绑定 数量：数据绑定 合计：数据绑定	积分抵扣：数据绑定 奖金抵扣：数据绑定 代金券抵扣：数据绑定 实际支付：数据绑定	数据绑定
数据绑定 数据绑定	数据绑定	成本：数据绑定 单价：数据绑定 数量：数据绑定 合计：数据绑定	积分抵扣：数据绑定 奖金抵扣：数据绑定 代金券抵扣：数据绑定 实际支付：数据绑定	数据绑定

< >

图 7.24　GridView 的翻页按钮

5）如果导航按钮的模式为 NextPreviousFirstLast（首尾+前后翻页按钮），则前后翻页按钮与第 4）项相同，而首尾翻页的默认“首页”按钮文本为“> >”，显示为一个“>>”符号；默认“尾页”按钮文本为“< <”，显示为一个“<<”符号，如图 7.25 所示。

数据绑定 数据绑定	数据绑定	成本：数据绑定 单价：数据绑定 数量：数据绑定 合计：数据绑定	积分抵扣：数据绑定 奖金抵扣：数据绑定 代金券抵扣：数据绑定 实际支付：数据绑定	数据绑定
数据绑定 数据绑定	数据绑定	成本：数据绑定 单价：数据绑定 数量：数据绑定 合计：数据绑定	积分抵扣：数据绑定 奖金抵扣：数据绑定 代金券抵扣：数据绑定 实际支付：数据绑定	数据绑定
数据绑定 数据绑定	数据绑定	成本：数据绑定 单价：数据绑定 数量：数据绑定 合计：数据绑定	积分抵扣：数据绑定 奖金抵扣：数据绑定 代金券抵扣：数据绑定 实际支付：数据绑定	数据绑定
数据绑定 数据绑定	数据绑定	成本：数据绑定 单价：数据绑定 数量：数据绑定 合计：数据绑定	积分抵扣：数据绑定 奖金抵扣：数据绑定 代金券抵扣：数据绑定 实际支付：数据绑定	数据绑定
数据绑定 数据绑定	数据绑定	成本：数据绑定 单价：数据绑定 数量：数据绑定 合计：数据绑定	积分抵扣：数据绑定 奖金抵扣：数据绑定 代金券抵扣：数据绑定 实际支付：数据绑定	数据绑定

<< <　> >>

图 7.25　GridView 的翻页按钮

（2）事件处理程序

为 GridView 控件生成 PageIndexChanging 事件处理程序，并为分页事件添加代码，见实例 7.23。

实例 7.23

```
protected void GridView1_PageIndexChanging(object sender, GridView
PageEventArgs e)
{
    // 设置翻倒新一页的页码
    GridView1.PageIndex = e.NewPageIndex;
    // 调用函数查询数据库、重新绑定数据源，使 GridView 更新数据项
    this.GridViewBind();
}
```

运行时，所有导航按钮自动呈现为 LinkButton 控件。当用户单击导航按钮时，会触发 PageIndexChanging 事件，用户请求的页面索引被传递到 PageIndexChanging 事件处理程序中，并可以通过 e.NewPageIndex 来读取。程序所要做的就是为 GridView 当前显示的页的索引（GridView.PageIndex）设置一个具体的值，这个值就是用户请求的页的索引（e.NewPageIndex），然后重新进行数据绑定（GridViewBind()过程），以显示新页的数据。

注意：GridView 控件不会自动设置新的页索引，它只会将页请求的索引值传递给 PageIndexChanging 事件处理程序。因此必须为 PageIndex 属性赋值。另外，由于要显示新页的数据，所以必须重新进行数据绑定，将数据源中的数据重新调用一次才能在新页中显示数据。

7.3 思考与提高

1）数据集 DataSet 中可以存放多个数据表吗？如果可以，简述访问每个数据表的方法。

2）DataSet 和 DataReader 的技术特征和具体应用上有何区别？

阶段 8

部署安装“会员销售管理信息系统”

1）熟练掌握 Web 项目安装包的构建。

2）熟练掌握 Web 项目的两种安装部署方式。

8.1 任务分析

8.1.1 安装部署会员销售管理信息系统

经过前面几个阶段的项目开发，销售管理信息系统已经开发完成，现在需要将该项目安装部署到 Web 服务器上，使之能够被网络用户访问。

8.1.2 系统部署方案

可以使用 Visual Studio 构建 Web 项目安装包进行部署，也可以使用 XCOPY 或文件传输协议（FTP）方式来部署 ASP.NET 应用程序。使用 Visual Studio 构建 Web 项目安装包进行部署，安装程序能够自动复制项目文件到 Web 服务器上，能够实现组件注册和 IIS 配置等许多部署项目管理功能。

8.2 设计与实现

任务 1 构建 Web 项目安装包部署“销售管理信息系统”

Visual Studio 提供了部署 Web 项目的便捷方式：构建 Web 安装项目，通过这种方式，安装程序能够自动复制项目文字，同时实现组件注册和 IIS 配置等部署操作。图 8.1 显示了在“添加新项目”对话框中选择的 Web 安装项目。

Web 安装项目允许指定各种有关如何部署 ASP.NET 应用程序的选项，如包含哪些文件、部署的应用程序的名称及部署文件的位置等。Web 安装项目将生成一个 Windows 安装程序文件（具有.msi 扩展名），该文件为用户提供一个易于理解的指导安装的图形用户界面，可以将该文件复制到目标机器，以执行应用程序的部署。

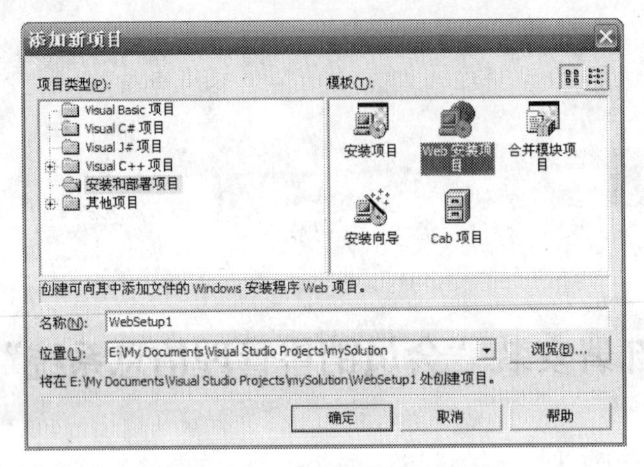

图 8.1 “添加新项目”对话框

使用 Web 安装项目部署 ASP.NET 应用程序的步骤如下。

1）在 Visual Studio 中打开一个现有的 ASP.NET 应用程序解决方案。

2）在解决方案资源管理器中右键单击解决方案图标，在快捷菜单中选择“添加”→“新建”命令，出现 “添加新项目”对话框。

3）选择“安装和部署项目”类型，再选择“Web 安装项目”模板，输入项目名称并指定项目位置后单击“确定”按钮，出现如图 8.2 所示的 Web 安装项目的文件系统编辑器。

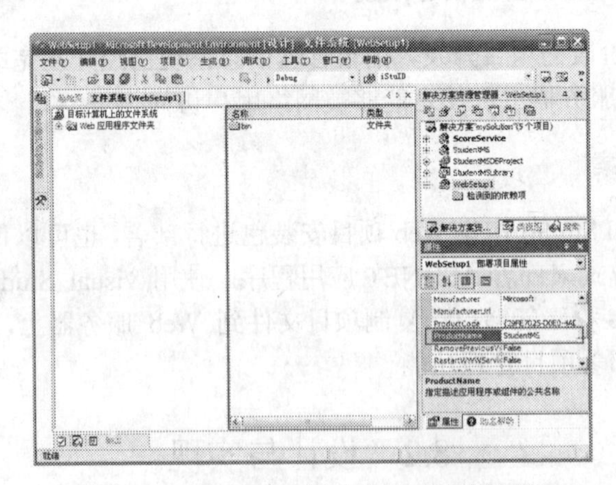

图 8.2 Web 安装项目的文件系统编辑器

4）在“WebSetup1 部署项目属性”窗口中，修改 ProductName（产品名称）属性值为准备部署的 ASP.NET 应用程序项目的名称，如 StudentMS。如果属性窗口上显示的不是“WebSetup1 部署项目属性”，请先在“解决方案资源管理器”中选择 WebSetup1 项目图标。

5）在文件系统编辑器左边的窗格中右键单击“Web 应用程序文件夹”结点，在快捷菜单中选择“添加”→“项目输出”命令，出现“添加项目输出组”对话框，如图 8.3 所示。

6）在“项目”列表中选择需要部署的ASP.NET应用程序项目名称，从列表中选择“主输出”（如DLL文件）和“内容文件”（如.aspx文件等），可以使用Ctrl键选择多个项，然后单击“确定”按钮。

7）在文件系统编辑器中，选择“Web 应用程序文件夹”结点。在属性窗口中选择VirtualDiretory（虚拟目录），该属性指定一个相对于Web服务器的虚拟目录，将在该目录下安装 Web 应用程序文件夹。把它的值改为部署目标的目录名字，如果在目标服务器上该目录不存在，则会自动创建，如图8.4所示。

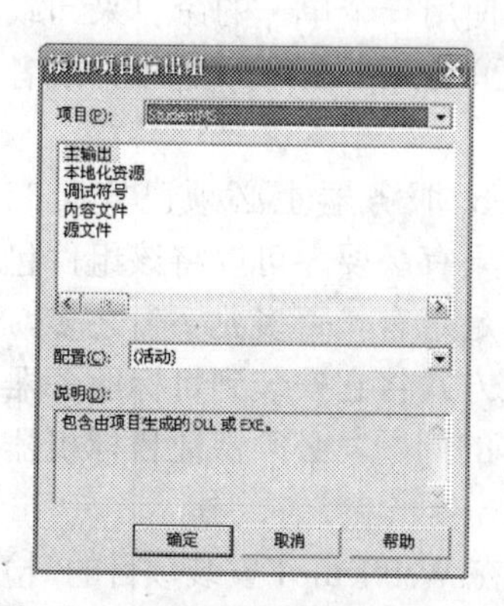

图8.3　“添加项目输出组”对话框

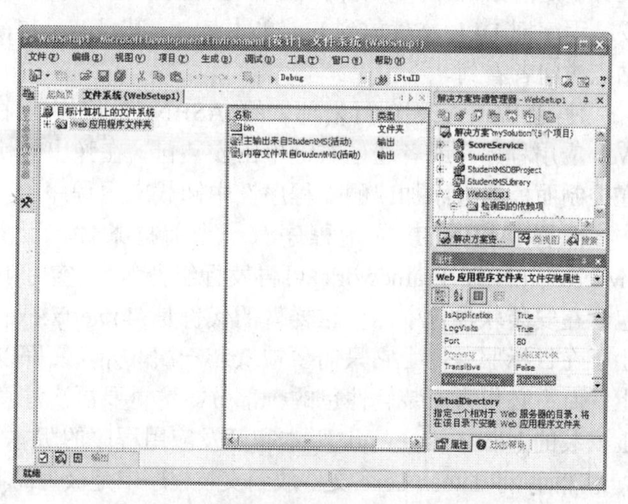

图8.4　自动创建部署目标的目录名字

8）在“Web 应用程序文件夹”属性窗口中，把DefaultDocument属性设置为准备部署的ASP.NET应用程序的默认文档名，如defalut.aspx。

9）在生成该Web安装项目之前，可以先检查一下当前安装中实际上包含了哪些文件，以避免在Web安装项目中遗漏某些文件。要了解当前所安装的文件，可以右键单击文件编辑器中间窗格中的一项，例如“内容文件来自StudentMS”，然后在弹出的快捷菜单中选择“输出”选项，则StudentMS项目的内容文件如图8.5所示。

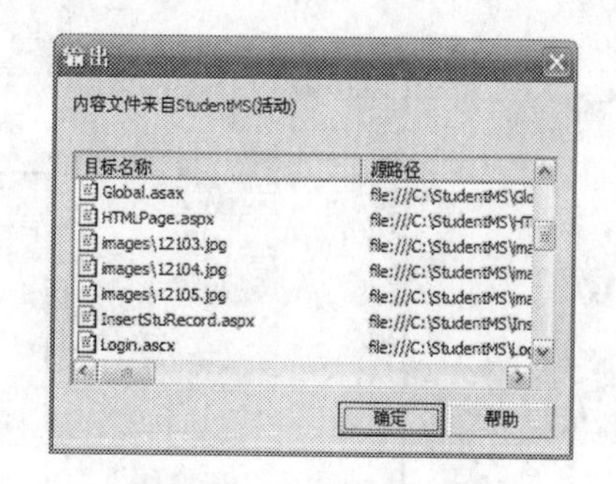

图8.5　“输出”对话框

通过该对话框可以发现输出的内容文件中包括.xsd、.aspx、.ascx、.jpg、.css、.txt、Global.asax、Web.config等，这些都是运行StudentMS应用程序项目所必需的文件。

在为ASP.NET应用程序创建Web安装项目时，能够看到输出和相关文件信息具有不可估量的价值，避免了花费大量时间寻找应该包括的文件。

10）单击“生成”菜单，选择“生成解决方案”命令来生成解决方案。

11）定位Web安装项目创建的安装包。它应该位于包含了Web安装项目的目录的Debug或Release子目录中，把该文件复制到目标Web服务器中并执行它，根据安装向导的提示完成该ASP.NET Web应用程序的安装。

12）单击 URL 链接 http://serverurl/virtualdirname/来浏览新部署的应用程序站。其中 serverurl 是 Web 服务器的 IP 地址，virtualdirname 是步骤 7）中为 VirtualDiretory 指定的虚拟目录名。如果部署能够正常工作，就会看到在步骤 8）中定义的 ASP.NET 应用程序的默认页面。

实际上，安装过程是在 Web 服务器的 Inetpub\wwwroot 文件夹中创建一个和安装项目同名的文件夹，并在 IIS 中指定它作为应用程序。如果浏览该目录，将会看到此处的所有文件都是前面用文件系统编辑器中选择的，是来自项目的“主输出”和“内容文件输出”。安装程序把 DLL 文件放到 bin 文件夹中，其目的是提高安全性，保证它们不会被外部的站点访问者看到。

使用 Web 安装项目来部署的 ASP.NET 应用程序允许使用一个单一的命令来卸载 Web 应用程序，或者通过右键单击安装包，在弹出的快捷菜单选择“卸载”选项，或者在控制面板的“添加或删除程序”中卸载应用程序。

部署 ASP.NET 应用程序有一个前提条件，就是 Web 服务器上必须已安装有“Microsoft.NET Framework 可再发行组件包”。实际上，如果有必要，可以将该组件包包含在安装软件包中。但这样做的代价是 dotnetfx.exe 文件足足有一百多兆字节之多。由于在目标服务器上它只需要被安装一次，所以最好以手工方式将它安装到目标服务器上，而不必作为安装软件包的一部分。这里要再次注意版本的问题，必须保证目标机器上安装的.NET Framework 版本和开发应用程序的版本一致。

然而，将 dotnetfx.exe 文件放到安装程序中是极为简单的。在 WebSetup1 安装项目的“检测到的依赖项”文件夹下，有一个与 dotnetfx.exe 文件名相似的文件：dotnetfxredist_x86.msm，它是一个“合并模块”文件，通过它可以将 dotnetfx.exe 文件包含在安装程序中。方法是右键单击 dotnetfxredist_x86.msm 图标，然后在快捷菜单中取消对“排除”项的勾选即可，如图 8.6 所示。

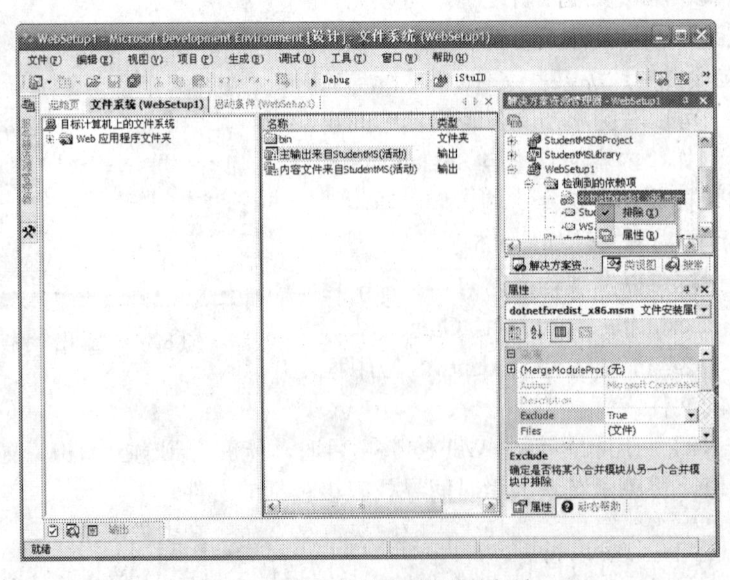

图 8.6　取消对“排除”项的勾选

此外，还可以通过文件系统编辑器向安装项目中添加 Web 文件夹、文件及程序集。

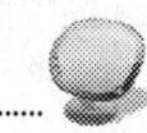

假如要在Web服务器的产品目录中创建一个Database文件夹，并向其中添加Northwind.mdb数据库文件，可以通过如下步骤进行操作。

1）在文件系统编辑器左边的窗格中右键单击“Web 应用程序文件夹”结点，在弹出的快捷菜单中选择“添加”→“Web 文件夹”命令，然后将新建的 Web 文件夹命名为 Database，如图 8.7 所示。

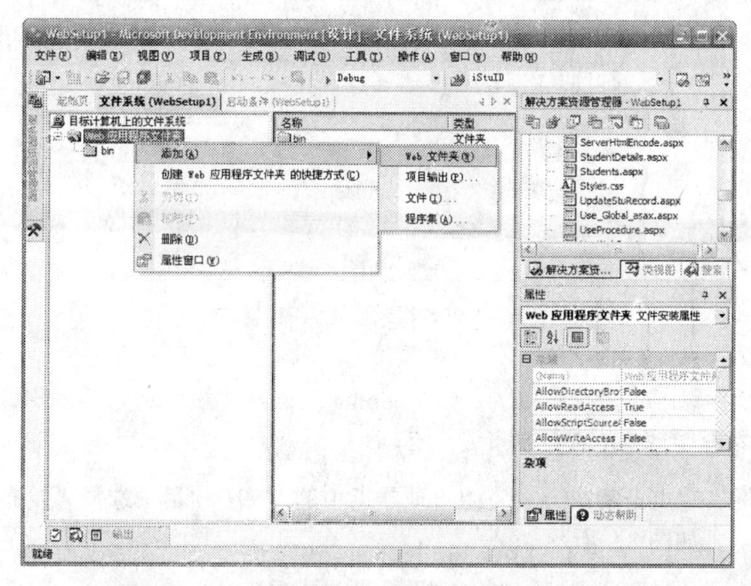

图 8.7　“添加”菜单项中的“Web 文件夹”命令

2）在文件系统编辑器左边的窗格中右键单击 Database 结点，在弹出的快捷菜单中选择“添加”→“文件”命令，在“添加文件”对话框中选择 Northwind.mdb 文件，将其添加到文件系统编辑器窗口中。

3）通过 Database 文件夹的属性窗口，可以设置该文件夹在 IIS 中的读写权限。

另外，还可以通过 Web 安装项目将 SQL 数据库文件的一个备份附加到部署服务器，从而完成应用程序数据库的安装。

任务 2　手工安装部署“销售管理信息系统”

要将 ASP.NET 应用程序部署到一个产品目录或者服务器上，就必须把所有必需的文件复制到恰当的位置。典型的做法是：本地复制时使用 Windows 资源管理器；远程部署时使用 FTP。这种类型的复制通常称为 XCOPY 部署（XCOPY 原指一个 DOS 命令，可以将一个目录中的所有文件和文件夹都复制到目标计算机）。

1. 在 IIS 中把目标文件夹配置为 Web 应用程序目录

把一个 ASP.NET 应用程序部署到产品目录之前，必须将部署 Web 应用程序的目录配置为 IIS 中的一个 Web 应用程序目录。大致的过程是：首先为部署 Web 应用程序的目录在 IIS 中创建一个虚拟目录，为它设置一个别名（这个过程请参阅本书的项目 2）然后在虚拟目录属性对话框中，把该目录设置为一个应用程序，如图 8.8 所示。

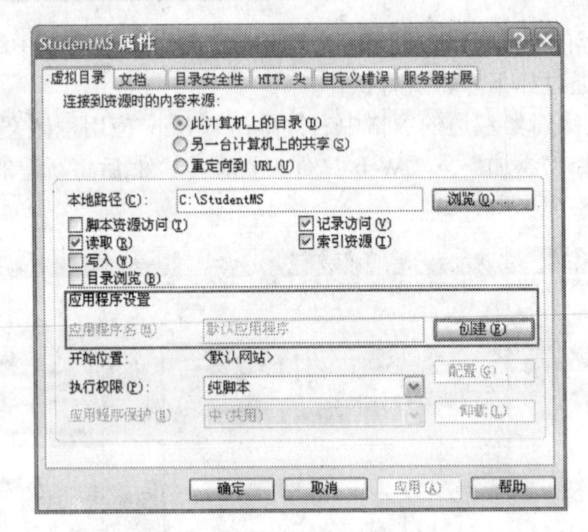

图 8.8　Web 目录设置为应用程序

2. 使用发布功能生成站点程序运行文件

请用鼠标右键点击解决方案资源管理器当中的 Web 项目，选择“发布”菜单打开 Web 发布功能，如图 8.9 所示。

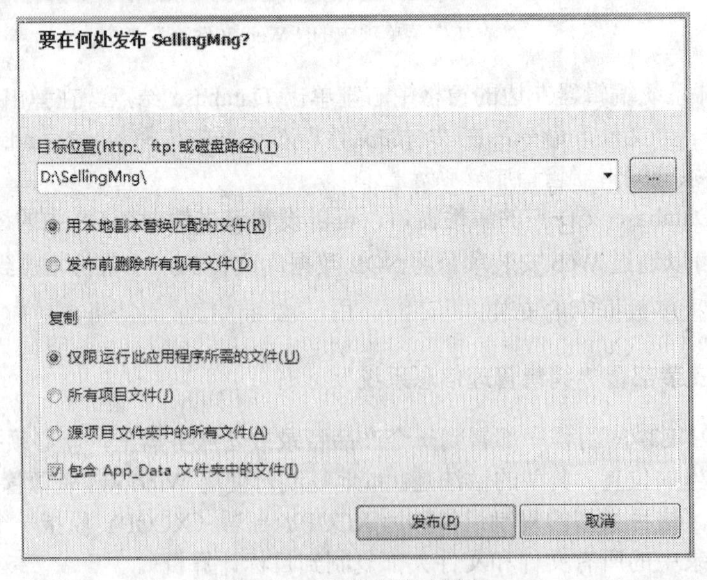

图 8.9　Web 项目发布功能

在发布操作界面当中提供了三种文件复制方式：

- 仅限运行此应用程序所需的文件。
- 所有项目文件。
- 源项目文件夹中的所有文件。

请读者选择第一种复制方式。该复制方式可生成 ASP.NET 应用程序运行时的必要文件，包括动态链接库（DLL）、页面文件、图片、CSS 等文件，同时移除.cs 源代码等安装目录不必要的文件，使 ASP.NET 应用程序不需要源代码就能够在 Web 服务器上正常运行。

（1） 安装目录中不必要的文件

1）Visual Studio 解决方案文件（.csproj、.vbproj、.vbproj.webinfo 等）。这些文件只是 Visual Studio 用来开发 ASP.NET 应用程序的，在产品中运行 ASP.NET 应用程序时并不需要它们。

2）资源文件（.resx）。这些文件会被编译成 DLL 文件，因此没有必要再部署到产品目录中。

3）代码隐藏页（.cs、.vb）。与资源文件一样被编译成 DLL 文件，没有必要再部署到产品目录中。

（2）产品服务器上必需的文件

1）\bin 目录以及里面的 DLL 文件。这些文件是被编译的资源文件和代码隐藏页。

2）所有的 Web 窗体、用户控件和 XML Web Service 文件（.aspx、.ascx、.asmx）。这些文件是用户和应用程序的接口文件。

3）配置文件，包括 Web.config 和 Global.asax。

4）本目录中的所有附加支持文件（如.css、.jpg、.gif、.xml、.mdb 等）。

3. 复制或者用 FTP 上传必要文件

在编译了 ASP.NET 应用程序并移除了所有不必要的文件之后，只要把开发目录中所有剩余的 ASP.NET 应用程序文件复制或者用 FTP 上传到产品目录中即可，此后就可以开始接受来自客户端的请求了。

当一个 ASP.NET 应用程序在一个产品目录中运行之后，可以在不重新启动服务器、IIS 或者 ASP.NET 应用程序的情况下随时更新它。开发人员开发了一个新版本的 ASP.NET 应用程序后，仅需要把新文件复制到产品目录中，覆盖原有文件即可。当下一个用户连接到这个 ASP.NET 应用程序时，就可以接收到最新的页面。这比 ASP 有了很大的改进。如果 Web 窗体已经启用了输出缓存，那么在缓存到期之前用户接收到的仍然是旧版本的页面，直到缓存页到期之后，用户才可以接收到新版本的页面。

现在回顾一下 XCOPY 部署的过程，在 Visual Studio 生成的文件中只选取了最少量的文件用于部署该 ASP.NET 应用程序项目，并把它们复制到 Web 服务器上的一个文件夹中。同时在 Web 服务器上创建了一个虚拟目录作为该位置的别名，将其配置为一个 Web 应用程序，使得用户可以通过 Web 浏览器访问该应用程序站点。

8.3　思考与提高

1）Visual Studio 提供了哪些部署选项？

2）为什么在部署 ASP.NET 应用程序时要删除代码隐藏页（.aspx.cs）？

3）请动手设计本项目的安装部署程序，通过安装视图自定义安装流程，增加一个是否同意“软件使用许可协议”的确认界面，用户如果“同意”就可以继续往下安装，用户如果选择“不同意”，则安装无法继续进行。

参 考 文 献

郭靖．2009．ASP.NET 开发技术大全[M]．北京：清华大学出版社．

康春颖，张伟，王磊，等．2008．ASP.NET 实用教程[M]．北京：清华大学出版社．

宋楚平．2008．ASP.NET 应用程序开发实用教程[M]．北京：人民邮电出版社．

万世平，等．2008．ASP.NET 2.0 Web 开发入门指南[M]．北京：电子工业出版社．

张恒，廖志芳，刘艳丽．2009．ASP.NET 网络程序设计教程[M]．北京：人民邮电出版社．

郑耀东．2009．ASP.NET 从入门到实践[M]．北京：清华大学出版社．

朱玉超等．2008．ASP.NET 项目开发教程[M]．北京：电子工业出版社．

Alex Homer Dave Sussman．2007．ASP.NET 2.0 技术详解[M]．李国权，苏全国译．北京：人民邮电出版社．